AIGC技术探索丛书

AI视频生成
原理、工具与应用实践

袁朝辉　王双　刘思岑　许义鑫 ◎ 编著

清華大學出版社

北京

内 容 简 介

本书结合 36 个典型案例，从 AI 视频生成的发展历史、现状、基本原理、平台、工具、模型、基础操作、场景应用和综合实战等几个方面详细介绍其核心知识、操作技巧与应用实战等。本书基于当前的主流开源模型、工具与平台，重点对 AI 视频的生成、换脸、转绘、重绘、编辑和控制等操作技巧与场景应用进行详细介绍，并详细展示 AI 动画和 AI 文旅视频两个综合项目案例的实现过程。本书提供配套教学视频、案例素材、提示词文件、工作流文件、教学 PPT 和软件安装文件等超值配套资源，帮助读者高效、直观地学习。

本书共 19 章，分为 6 篇。第 1 篇 AI 视频概述，介绍 AI 视频的发展历史、对社会的冲击和未来展望等；第 2 篇 AI 视频原理，介绍 AI 视频生成模型、扩散模型和混合模型等相关知识；第 3 篇 AI 视频平台、工具与模型，介绍在线 AI 视频平台与常用工具，以及开源 AI 视频模型和多模态大模型等相关知识；第 4 篇 AI 视频平台、工具与模型的使用，介绍在线视频平台、开源视频模型和 ComfyUI 工作流的具体操作等；第 5 篇 AI 视频场景应用实战，通过一系列案例展示让图片动起来、AI 视频换脸、AI 视频转绘、AI 视频重绘和 AI 视频编辑等常用技巧；第 6 篇 AI 视频项目案例实战，综合使用前面章节介绍的平台、工具、模型与技巧等，完成 AI 动画制作——复现《门后的世界》、AI 文旅视频制作——武汉宣传片两个综合项目案例。

本书内容丰富，讲解深入浅出，案例典型，适合自媒体创作、视频创作、影视创作和动漫创作等相关领域的从业者与爱好者阅读，也适合作为高等院校和培训机构影视、动画和动漫等专业的教材或培训用书。

图书在版编目（CIP）数据

AI 视频生成：原理、工具与应用实践 / 袁朝辉等编著 . -- 北京：清华大学出版社，2025. 7. -- (AIGC 技术探索丛书). -- ISBN 978-7-302-69725-1

Ⅰ . TN948.4-39

中国国家版本馆 CIP 数据核字第 2025P8V806 号

责任编辑：王中英
封面设计：欧振旭
责任校对：徐俊伟
责任印制：刘　菲

出版发行：清华大学出版社
　　　网　　　址：https://www.tup.com.cn，https://www.wqxuetang.com
　　　地　　　址：北京清华大学学研大厦 A 座　　　邮　　编：100084
　　　社 总 机：010-83470000　　　邮　　购：010-62786544
　　　投稿与读者服务：010-62776969，c-service@tup.tsinghua.edu.cn
　　　质量反馈：010-62772015，zhiliang@tup.tsinghua.edu.cn
印 装 者：小森印刷（天津）有限公司
经　　销：全国新华书店
开　　本：185mm×260mm　　　印　　张：19.25　　　字　　数：481 千字
版　　次：2025 年 7 月第 1 版　　　印　　次：2025 年 7 月第 1 次印刷
定　　价：129.80 元

产品编号：111036-01

前　言
FOREWORD

AIGC（人工智能生成内容）的发展如火如荼，正在快速席卷各行各业。各种新模型层出不穷，基于新模型的新应用场景不断涌现。AI视频生成作为AIGC的重要应用场景正在深刻地影响着人们的日常生活。从自媒体创作到视频制作，从影视创作到动画与动漫创作等，AI视频生成正在不断地重塑相关行业。可以说，AI视频生成因其高效率、低成本、低门槛等特点已经成为自媒体从业者、视频创作者、影视从业者、动画与动漫创作者等必须掌握的基本技能，也正在成为大中专院校影视动画与数字媒体等相关专业的必修课。

为了帮助AIGC从业者全面、系统、深入地学习绘画、语音和视频等生成与处理技术，"可学AI"团队于2023年便开始组织人员筹划相关图书的写作和出版事宜，并于2024年先后出版了《AI绘画大师之道：轻松入门》和《AI绘画全场景案例应用与实践》。这两部图书上市后均获得了广大读者的好评。为了帮助读者更加系统地学习AIGC相关技术，"可学AI"团队经过调研，计划进一步推出《AIGC绘画与音视频生成：ComfyUI工作流应用与实践》《AI语音与音乐生成：原理、工具与应用实践》《AI视频生成：原理、工具与应用实践》《AI绘画模型微调：原理、工具与应用实践》等图书，这些图书组成"AIGC技术探索丛书"供读者阅读。

本书为"AIGC技术探索丛书"中的《AI视频生成：原理、工具与应用实践》分册。本书结合36个应用案例详细介绍AI视频生成的基本原理、主流平台与工具、开源模型、基础操作、场景应用与综合项目实战等。

本书采用全彩印刷，效果精美。书中对一些重点中英文提示词用蓝色突出显示，对一些重点命令用紫色显示，以提高阅读体验。通过阅读本书，读者可以全面、系统、深入地掌握AI视频生成涉及的核心技术、工具、模型、技巧与场景应用等。

本书特色

- ❏ 轻松上手：通过"图书＋教学视频＋拓展学习＋答疑解惑"的立体教学方式，带领读者轻松上手。
- ❏ 内容全面：涵盖AI视频生成的发展历史、基本原理、工具与平台、开源模型、基础操作、场景应用和项目实战等，涉及25个AI视频类在线平台与工具、27款开源AI视频模型、20种常用ComfyUI工作流，带领读者一站式掌握AI视频生成的核心知识与应用。
- ❏ 技术新颖：紧跟技术发展趋势，基于当前的主流工具、平台和模型进行讲解，以确保内容的时效性与准确性。

- ❑ 图文并茂：结合 300 多幅图进行讲解，直观地展现 AI 视频生成的原理与操作过程。
- ❑ 实践性强：详解 36 个类型丰富、由易到难的经典应用案例，涵盖 AI 视频生成的常见场景应用，帮助读者快速提高 AI 视频生成的实际动手能力。
- ❑ 举一反三：针对同一功能或场景应用，提供多种实现思路，帮助读者融会贯通，从而达到举一反三的效果。
- ❑ 资源超值：提供大量的超值配套学习资源（见后文），帮助读者高效、直观地学习。
- ❑ 服务完善：提供 QQ 书友群、电子邮箱、B 站和公众号等多种服务渠道，为读者的学习保驾护航。

本书内容

第 1 篇　AI 视频概述

第 1 章介绍 AI 视频技术的发展历史与现状，让读者了解 AI 视频的发展脉络。

第 2 章介绍 AI 视频快速发展带来的冲击，包括 AI 视频电信诈骗、好莱坞演员罢工和 AI 视频作品版权等相关内容，让读者了解相应的对策。

第 3 章介绍人们如何适应 AIGC 和 AI 视频发展的未来。

第 2 篇　AI 视频原理

第 4 章介绍常见的 AI 视频生成模型，包括变分自编码器、生成对抗网络、扩散模型和自回归模型。

第 5 章介绍视频扩散模型的相关知识，包括其应用场景、基本框架、生成高清视频的技巧，以及如何保持视频时空一致性和基于多样性数据训练模型。

第 6 章介绍流行的混合模型 DiT 的相关知识以及文生视频模型 Sora 和国产视频生成模型可灵 AI 的相关知识。

第 3 篇　AI 视频平台、工具与模型

第 7 章介绍国内外 25 款在线 AI 视频平台与工具，包括腾讯智影、秒创、可灵 AI、剪映、即梦 AI、PixVerse、清影、Vidu、Runway、Pika、HeyGen、Akool、度加创作工具、快手云剪、剪辑魔法师、万彩 AI、33 搜帧、Q.AI、Fliki 等。

第 8 章介绍开源 AI 视频模型，包括 4 款通用类模型、4 款图片说话类模型、3 款动作引导类模型、3 款 SD-WebUI 插件类模型和 3 款类 Sora 知名开源模型。

第 9 章介绍几款多模态大模型，包括文心一言、通义千问和讯飞星火等。

第 4 篇　AI 视频平台、工具与模型的使用

第 10 章介绍在线视频平台 Runway、Pika 和可灵 AI 的使用方法。

第 11 章介绍 SVD、CogVideo、Animate Anyone 和 Champ 等开源 AI 视频模型的部署和使用方法。

第 12 章介绍 20 个 ComfyUI 视频工作流的用法，包括 4 个文生视频工作流、5 个图生视频工作流、2 个视频风格转绘工作流、5 个图片跳舞工作流及 4 个其他创意应用工作流。

第 5 篇　AI 视频场景应用实战

第 13～17 章分别介绍让图片动起来、视频换脸、视频转绘、视频重绘和视频编辑 5 个 AI 视频的常见场景应用。每个场景应用都通过多个具体案例展示其实现过程与效果，并进行总结和扩展。

第 6 篇　AI 视频项目案例实战

第 18 章从编写脚本、美术设计、分镜设计、AI 绘画出图、视频制作、添加声音和后期制作 7 个方面展示 AI 动画制作——复现《门后的世界》项目案例的实现。

第 19 章从编写脚本、美术设计、分镜设计、AI 绘画出图、视频制作、添加声音和后期制作 7 个方面展示 AI 文旅视频制作——武汉宣传片项目案例的实现。

读者对象

本书读者对象如下：
- 自媒体从业人员；
- 视频创作人员；
- 影视创作人员；
- 数字人、直播从业者；
- 其他 AI 视频技术爱好者；
- 高等院校影视动漫、数字媒体等专业的学生和教师；
- AI 视频培训机构的学员。

配套资源获取方式

本书赠送以下超值配套资源：
- 教学视频；
- 案例素材；
- 提示词文件；
- 视频类工作流文件；
- 教学 PPT；
- 软件安装文件。

上述配套资源有两种获取方式：一是关注微信公众号"方大卓越"，回复数字"51"自动获取下载链接；二是在清华大学出版社网站（www.tup.com.cn）上搜索到本书，然后在本书页面上找到"资源下载"栏目，单击"网络资源"按钮进行下载。另外，读者也可以在"B 站"上查找 UP 主"可学 AI"，在线观看本书配套教学视频。

意见反馈

AI 视频正在持续高速发展中，其功能迭代日新月异。虽然本书在写作中已尽力保持内容的时效性与新颖性，但是鉴于技术的快速变化和作者认知的局限性，书中难免存在一些未尽完善之处或细微疏漏，敬请各位读者批评与指正，笔者会及时进行调整和修改，您的宝贵意见是我们不断进步的动力。读者可以通过本书 QQ 书友群或电子邮箱

（bookservice2008@163.com）联系我们，也可关注微信公众号"可学 AI"，了解 AIGC 的相关进展信息。读者也可关注微信公众号"方大卓越"，回复数字"51"自动获取 QQ 书友群号等信息。

致谢

感谢夏小康、尹子成、白玉棋、张炯涛、朱美霞、秦天琪、王佑琳、肖越汉、张洋和王浩铭等在本书写作期间给予笔者团队的支持与帮助！

感谢欧振旭在本书出版过程中给予笔者的大力支持与帮助！

感谢清华大学出版社参与本书出版的所有人员！是你们一丝不苟的精神，才使本书得以高质量出版。

袁朝辉

2025 年 5 月

目　录
CONTENTS

第 4 篇　AI 视频平台、工具与模型的使用

第 5 篇　AI 视频场景应用实战

第 6 篇　AI 视频项目案例实战

第 1 篇

AI 视频概述

比尔 · 盖茨将始于 2022 年 10 月以 ChatGPT 为代表的 AIGC 浪潮称为"第四次工业革命"。作为 AIGC 的文字、图片、音频、视频四大媒介中信息密度最高的生成式视频，一直是内容创作中最重要、最困难的部分。2023 年，GPT 大模型帮助人类写作，Midjourney 辅助艺术家创作图像，Suno 协助音乐家生成音乐，姗姗来迟的 AI 视频则以时长短至 4 秒、闪烁严重、人物场景不能保持一致为大家所诟病。

直到 2024 年 2 月，OpenAI 视频生成秘密武器 Sora 横空出世，以令人惊叹的真实性和创造力宣告 AI 视频时代的到来。面对这一巨大变革，厘清 AI 视频的来龙去脉、总结其当前状况、思考其对未来的影响，将变得尤为重要。下面首先详细介绍 AI 视频的发展历史与现状，随后从伦理、版权、诈骗、就业等角度来探讨 AI 视频对社会、行业、个人带来的冲击，最后从技术发展和历史经验展望 AI 视频的未来。

☞ 第 1 章　AI 视频技术发展史

☞ 第 2 章　生产力、失业与争议

☞ 第 3 章　AI 视频未来展望

第 1 章

AI 视频技术发展史

AI 视频技术的发展经历了多个阶段，从早期的视频 High Fidelity 到现代的 AI 视频生成技术。其中，AI 视频生成主要基于 GAN、Transformer 和 Diffusion 架构的模型或框架实现。最新的 DiT 结合了扩散模型与 Transformer 架构，实现了高质量的视频生成，具有更快的学习速度、更好的稳定性和可扩展性，其中最出名的是 OpenAI 推出的 Sora 模型，其生成的首部剧情片气球人十分真实，如图 1-1 所示。

图 1-1　Sora 首部剧情片气球人

下面从早期尝试、三大类模型和最新技术 3 个方面来讲解 AI 视频技术的发展历史。

1.1　早期尝试

早在 1984 年，由 RobertAbel 和 Associates 制作的视频 High Fidelity（高保真度）很可能是第一部计算机生成图像（CGI）和动画作品，如图 1-2 所示。Robert Abel 是一位著名的视觉特效艺术家，也是计算机在电影和电视制作中应用的先驱，其团队因在计算机图形领域的突破性工作而闻名。

High Fidelity 展示了以下创新技术：

图 1-2　第一个计算机视频 High Fidelit（1984 年）

- 先进的 3D 建模和动画：视频包含使用计算机创建的复杂 3D 模型和动画，展示了这项技术在电影和电视中的潜力。
- 逼真的渲染：High Fidelity 旨在创建几乎与真实世界摄影无法区分的图像。
- 特效与合成：视频展示了计算机生成的特效与其他元素跟实拍镜头的无缝合成。

视频自动生成的基础工作可以追溯到 20 世纪末至 21 世纪初，主要基于预定义模板和脚本语言创建简单的动画和图形。High Fidelity 等早期视频自动化系统受到当时技术所限，定制性非常低且缺乏解释复杂文本输入的能力。生成过程是高度手动的，在脚本创建、场景设置和动画调整方面严重依赖人工输入。虽然其存在局限性，但是这个尝试为视频生成领域的未来探索和发展奠定了基础。

在 2000 年之前，计算机辅助视频制作更多体现在建模、动作捕捉、剪辑等自动化工作上，偏重于计算机视觉，很少用到现在提及的深度学习技术。当前，人们所说的 AI 视频一般指由人工智能技术生成或处理的视频，通常包括三大关键技术：视频编辑、视频分析和视频生成。

- 在视频编辑中，通常使用深度学习、计算机视觉、自然语言处理等算法来改善视频质量，进行自动剪辑、自动配音、自动生成字幕等。
- 在视频分析中，使用计算机视觉等技术识别视频中的场景、物体、动作和事件等元素，常用于视频监控异常入侵、违规驾驶分析等。
- 视频生成一般利用生成式 AI 技术，根据指定的文本、图像、视频等单模态或多模态数据自动生成符合人类指令的视频内容。根据使用的引导数据不同对生成方式进行划分，当前 AI 视频生成可分为使用文本引导的文生视频、使用图片引导的图生视频和使用视频引导的视频生视频。

由于当前 AIGC 浪潮主要关注生成式 AI 视频，下面根据时间和技术发展顺序，重点介绍 AI 视频生成的发展历史。

1.2　基于 GAN、Transformer 与 Diffusion 架构的视频生成模型

生成式 AI 视频主要基于深度神经网络，如卷积神经网络（CNN）、循环神经网络（RNN、LSTM）等基础深度网络架构，形成生成对抗网络模型（GAN）、自回归模型（Autoregressive Model）和扩散模型（Diffusion Model）3 种主流的视频生成模型路线，如图 1-3 所示。GAN 模型路线早在 2016 年就被提出，并持续有研究跟进；自回归模型路线始自 2020 年，但快速被扩散模型路线所取代，如表 1-1 所示。下面分别介绍三大类视频生成模型 [1]。

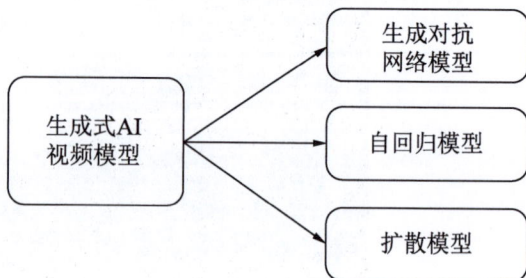

图 1-3　视频生成模型

表 1-1　部分优秀视频模型统计

模　型	年　份	类　型	模　型	年　份	类　型
VGAN	2016	GAN	VDM	2022	Diffusion
MoCoGAN	2018	GAN	LVDM	2022	Diffusion
TGANv2	2020	GAN	VIDM	2022	Diffusion
StyleGAN-V	2022	GAN	LEO	2022	Diffusion
DIGAN	2022	GAN	VideoFusion	2023	Diffusion
StylenInV	2023	GAN	PVDM	2023	Diffusion
MMVG	2023	GAN	VDT	2023	Diffusion
VT	2020	Autoregressive	PYoCo	2023	Diffusion
VideoGPT	2021	Autoregressive	Dysen-VEM	2023	Diffusion
CCVS	2021	Autoregressive	Latent-Shift	2023	Diffusion
TATS	2022	Autoregressive	ED-T2V	2023	Diffusion
CogVideo	2022	Autoregressive	Make-A-Video	2023	Diffusion
			VidenGen	2023	Diffusion

1.2.1　生成对抗网络

视频生成并不是一个新话题。早在 1996 年就有学者开始研究视频生成技术，但是限于当时的计算、数据和建模工具，早期的视频生成工作主要集中在生成动态纹理模式。随着 GPU、互联网视频和深度神经网络的出现，学者们拥有了更多手段去解决视频生成的算力、数据集和模型等问题。

2014 年，Ian Goodfellow 等人提出了生成对抗网络，它是一种由生成器和判别器组成的模型架构，用于生成与真实数据难以区分的数据。GAN 的出现极大地推动了图像和视频

生成领域的发展。

2016 年，C.Vondrick 等人提出了第一个使用生成对抗网络生成视频的模型 Video-GAN（VGAN），其生成器由两个卷积网络组成：3D 时空卷积网络，用于捕捉前景中的运动物体；2D 空间卷积模型，用于处理静态背景。

2018 年，Karras 等人提出了一种新的生成器架构，该架构借鉴风格迁移的相关研究，能够自动学习高阶属性的无监督分离，并实现对合成图像的尺度控制。这种改进显著提高了视频生成的质量和多样性。

随后，研究者们提出了数十种基于 GAN 生成视频的模型，覆盖了无条件的文生视频和有条件的语音、图片、视频引导生成视频等几乎所有应用场景。

相较自回归模型等其他模型，GAN 模型参数量小，较轻便，但其存在训练过程不稳定性、模式崩溃、训练成本高、对超参数过于敏感等问题。这也导致在视频生成领域，GAN 模型逐步被自回归模型和扩散模型所替代。

1.2.2 自回归模型

在 2016 年，Kalchbrenner 等人将像素级别的自回归图像生成工作扩展到了视频领域。随后，更多学者关注基于自回归模型（Autoregressive Model）生成视频的研究，并重点跟踪 Transformer 模型，如图 1-4 所示。

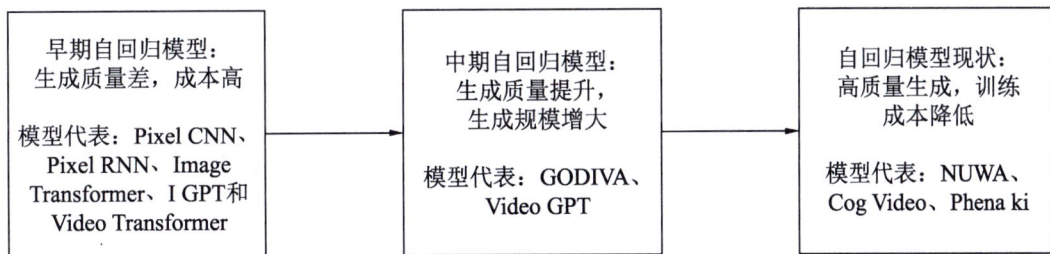

图 1-4　自回归模型

Transformer（当前没有规范的中文翻译）架构中的自注意力机制是自回归模型实现的关键部分，这类模型可用于捕获视频、上下文等长距离依赖关系。Transformer 整体架构主要分为 Encoder 和 Decoder 两大部分，能够模拟像素和高级属性（纹理、语义和比例）之间的空间关系，利用多头自注意力机制进行编码和解码。

2019 年，Jonathan Ho 等人提出了轴向注意力机制（Axial Transformer），该方法沿着多维张量的单一轴应用注意力，无须展平张量，在视频建模任务中大幅减少了标准自注意力机制所需的计算和内存量，可基于现有深度学习框架进行训练，无须额外的 GPU 或 TPU 消耗。2020 年，Dirk Weissenborn 提出了视频注意力机制（Video Transformer，VT），将一维 Transformer 推广到使用三维、块局部自注意力机制来建模三维时空体积（视频）。为了进一步减少内存需求，他使用生成一系列较小、缩放的图像切片序列的方法来对视频进行缩放。

虽然自注意力机制在诸如语言建模、机器翻译和视频生成等多种任务中表现出高保真度，但是其计算成本通常很高。例如，使用 VT 算法仅生成 $64 \times 64 \times 3$ 大小的低分辨率视频帧就需要 128 个 TPU 训练 100 万步。为减轻 GPU 利用率和内存占用并提高采样频率，研究者提出了潜在视频 Transformer（Latent Video Transformer，LVT），潜空间变换的思路后来广泛应用于各类图片与视频生成工作中。

与 GAN 模型相比，自回归模型具有明确的密度建模和稳定的训练优势，该类模型可以通过帧与帧之间的联系生成更为连贯且自然的视频。同时，GPT 等 LLM 模型广泛使用的 Transformer 自回归模型拥有优秀的 ScalingLaw 效应。一般而言，随着模型参数扩大，只要算力跟得上，生成质量理论上可以持续优化。然而，算力资源、训练集、开发时间等不是无限的，特别是考虑商业化的时候，能够在消费级显卡上运行的轻量级模型更有竞争力。自回归模型参数的数量通常远大于扩散模型（Diffusion Model），对于计算资源及数据集的需求往往也高于其他模型。

1.2.3　扩散模型

GAN 模型难以训练，Transformer 等自回归模型的训练和推理成本过高，扩散模型开始成为视频生成技术的主流。

2015 年，扩散模型被提出，并在之后的 6 年被多个团队快速完善。2019 年至 2021 年 6 月，斯坦福大学的 Yang Song、加州大学伯克利分校的 Jonathan Ho、斯坦福大学的研究人员 Jiaming Song 相继提出了生成式建模、DDPM、DDIM，在更大的数据集上表现出媲美于 GANs 模型的性能，让 AI 研究员开始重视扩散模型在内容创作领域的巨大潜力。

扩散模型快速进化，奇点时刻到来。这得益于扩散模型令人惊艳的图片生成效果，从 2021 年开始，AI 绘画进入高速发展阶段。2021 年 1 月 5 日，OpenAI 发布了 DALL-E 模型（DALL-E 是皮克斯动画电影 WALL-E 和西班牙艺术家 Salvador Dalí 名字的组合），区别于 GANs 等模型，它能够使用文本描述生成逼真的图像。随后，基于扩散模型的开源模型 Stable Diffusion 和闭源平台 Midjourney 因其易用且效果惊艳让 AI 绘画迅速爆火出圈。

扩散模型在图像生成领域的成功也被复制到了视频生成领域。视频扩散模型（Video Diffusion Model）在用于图像生成的 2D 扩散模型基础上增加了一个时间轴。这一思想的核心是在现有的 2D 扩散结构中添加一个时间层，从而显式地建模跨帧之间的依赖性，具体以视频扩散模型（2022）、Make-A-Video（2022）等为代表。同期，RaMViD 则使用 3D 卷积神经网络将图像扩散模型扩展到视频领域，并设计了一种条件技术用于视频预测、填充和上采样。

从对视频扩散模型相关论文的统计可见 [2]，在 2022 年之前，还没有视频扩散模型相关的研究论文，而到了 2023 年则快速增长到了 103 篇，如图 1-5 所示。

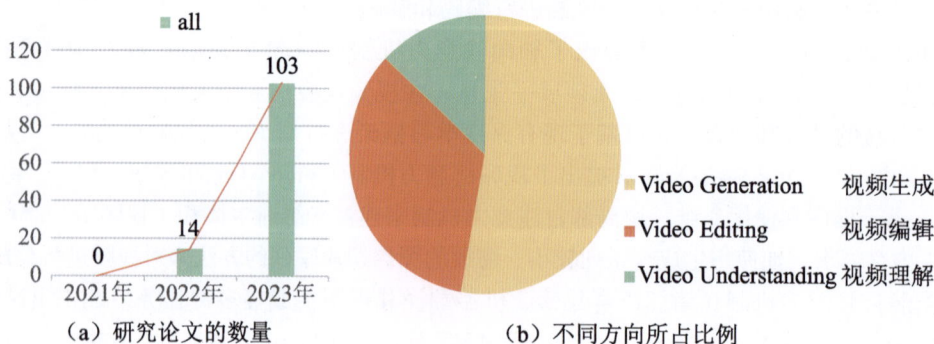

（a）研究论文的数量　　　　　（b）不同方向所占比例

图 1-5　视频生成模型论文统计

这些论文以视频生成为主，并且涉及视频编辑与视频理解，表明扩散模型有强大的可扩展性，可以添加类似于 Stable Diffusion 中的控图策略与计算机视觉中的常用技巧，如表 1-2 所示。

表 1-2　视频扩散模型及其生成方式

模型名称	组　织	发布时间	生成方式
Video Diffusion Models	Google	2022.4	是对标准图像扩散架构的自然延伸，是首个将扩散模型延展到视频生成领域的模型，该模型支持图像和视频数据联合训练，可生成高分辨率的长视频
Make-A-Video	Meta	2022.9	通过时空分解扩散模型将基于扩散的 I21 模型扩展到 T2V，利用联合文本 – 图像配对先验来绕过配对文本 – 视频数据的需求，从而潜在地将其扩展到更多的视频数据中
Imagen Video	Google	2022.10	基于 Imagen 图像生成模型，采用级联扩散视频模型，并验证了在高清视频生成中的简单性和有效性，文本生成图像设置中的冻结编码器文本调节和无分类器指导转移到视频生成中仍具有有效性
Tune-A-Video	新加坡国立大学、腾讯	2022.12	是第一个使用预训练 I21 模型生成 T2V 的模型，引入了用于 T2V 生成的一次性视频调谐（One-Shot Video Tuning）的新设置，消除了大规模视频数据集训练的负担，提出了有效的注意力调整和结构反转，可以显著提高时间一致性
Gen-1	Runway	2023.2	将潜在扩散模型扩展到视频生成领域，它将时间层引入预训练的图像模型中并对图像和视频进行联合训练，无须进行额外训练和预处理
Dreamix	Google	2023.2	提出了第一个基于文本的真实视频外观和运动编辑方法，通过一种新颖的混合微调模型，可显著提高运动编辑的质量。其通过在简单的图像预处理操作上应用视频编辑器方法，为文本引导的图像动画提供新的框架
NUWA-XL	微软亚洲研究院	2023.3	是一种 Diffusion over Diffusion 架构，基于该架构的模型"从粗到细"生成长视频，NUNA-XL 支持并行推理，大大加快了长视频的生成速度
Text2Video-Zero	Picsart AI Resarch 等	2023.3	提出零样本的文本生成视频的方法，仅使用预训练文生图扩散模型，无须进行任何微调或优化，通过在潜在代码中编码运动动力学，并使用新的跨帧注意力重新编程每个帧的自注意力，强制生成高度一致的视频
VideoLDM	英伟达	2023.4	提出了一种有效的方法用于训练基于 LDM 的高分辨率、长期一致的视频生成模型，主要利用预先训练的图像 DM 并将其转换为视频生成器，通过插入学习以时间一致的方式对齐图像的时间层
PYoCo	英伟达	2023.5	提出了一种视频扩散噪声，用于微调文本到视频的文生图扩散模型，通过用噪声微调预训练的 eDiff-I 模型来构建大规模文本到视频扩散模型

2023 年被称为 AI 视频元年，这一年见证了数 10 种视频生成模型的问世，全球已有数百万用户通过文字或图像提示来制作短视频，如图 1-6 所示。虽然这些模型处于初级阶段，

但是它们已经显示出了巨大的潜力和应用前景。

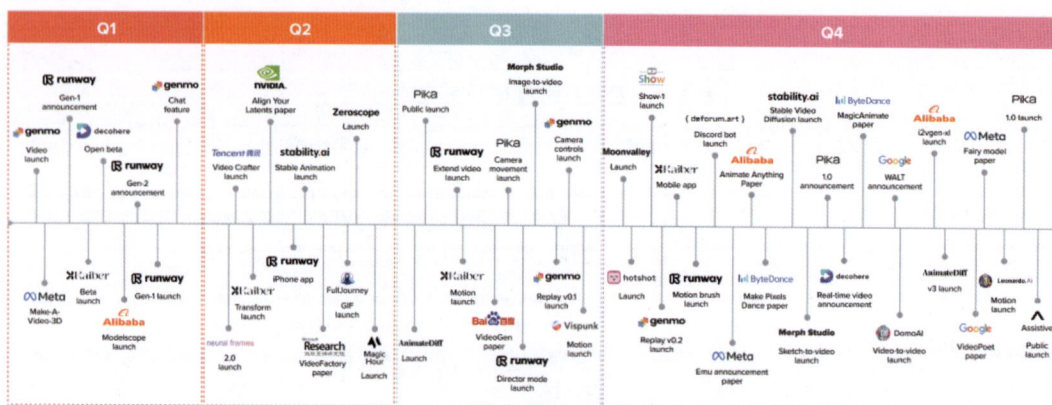

图 1-6　2023 年视频生成模型时间线 [3]

如果说 2023 年 AI 视频是快速成长的幼苗期，那么在 2024 年，AI 视频就是开花期。2024 年，生成式 AI 视频模型的能力进化更"疯狂"。在国外，OpenAI 的 Sora、Google 的 Veo、Meta 的 Emu 系列、Runway 的 Gen-3 等模型相继发布，这些模型具有高生成质量、高一致性等特点；在国内，头部互联网企业和 AI 创业公司也表现惊艳，字节跳动的 Boximator 和剪映、腾讯的 VideoCrafter2 和混元视频、快手的可灵、爱诗科技的 PixVerse、智谱的清影、生数科技的 Vidu、MiniMax 的海螺等模型相继发布，这些视频生成模型在数量、质量和效率方面甚至超过了国外相关视频生成模型。

1.3　新技术：DiT

2024 年 2 月，Sora 以席卷全球的态势让 AIGC 算法研究者们快速关注到了其使用的核心技术 DiT（Diffusion Transformer）。DiT 是一种创新的文本到视频生成方法，它将扩散模型与 Transformer 架构相结合，通过高效的视觉数据表示和时空建模能力实现了高质量视频的生成。

DiT 利用了 Transformer 架构的注意力机制，使其在处理序列数据时能够有效地捕捉长距离依赖关系。同时，与传统的卷积神经网络（CNN）或循环神经网络（RNN）相比，Transformer 提供了更高的并行化能力和训练效率，展示了良好的可扩展性，即随着模型深度和宽度的增加以及输入令牌数量的增加，其性能会持续提升。

与传统的扩散模型相比，DiT 在训练过程中表现出了更快的学习速度。通过统一的学习框架，DiT 能够在不同的模态之间进行有效的学习和生成，从而在多模态任务中表现出色，进而适应多模态数据，如图像、文本、语音和视频等。

与 GAN 相比，DiT 通过逐步引入噪声并逐渐去除噪声的方式进行训练，这有助于避免 GAN 中常见的模式崩溃问题，因此 DiT 通常更加稳定。同样，由于采用了加噪、降噪的训练方式，DiT 能够生成更高质量的图像和文本，尤其在细节和连贯性方面更出色。

　　总之，DiT 结合了 Transformer 的强大注意力机制和扩散模型的高效生成能力，使其在图像生成和多模态学习领域表现出色，同时具备良好的可扩展性和训练效率。

　　Sora 创造性地提出了 DiT 模型，然后利用这一新模型理解时序信息、物理世界并尝试生成符合逻辑的视频片段。Sora 从海量的视频资料中习得了一个"世界模型"，利用提示词可以让"世界模型"生成遵循提示词指令、逻辑自洽、符合物理规律的视频。Sora 出现后，人们认为凭借其前所未有的创意和高效率，将会彻底颠覆影视动画与短视频行业。

第**2**章
生产力、失业与争议

随着 AI 视频技术的持续进步，它不仅显著提升了生产效率，同时也对传统产业中的部分工作岗位造成了冲击，掀起了一股失业浪潮。这一现象引发了人们对 AI 视频技术利弊的广泛争议。下面从显著提高生产力、焦虑的好莱坞、AIGC 作品的版权争议和 AIGC 导致电诈更猖獗 4 个方面来讲解 AI 视频技术所带来的影响。

2.1 显著提高生产力

随着 AI 视频技术的持续进步与革新，其在显著提升内容生成效率的同时极大地推动了生产力的飞跃式增长。下面介绍 AI 视频技术如何显著提高生产力。

2.1.1 AI 视频不可阻挡

2023 年 6 月 14 日，国际著名咨询机构麦肯锡发布了关于 AI 的报告《生成式人工智能的经济潜力：下一波生产力浪潮》。为了研究 AI 跳跃式快速发展对全球经济的潜在影响，麦肯锡以 47 个国家及地区的 850 种职业（全球 80% 以上劳动人口）为对象，分析不同职业和人群面临的风险与挑战。

在报告中，分析师预测了生成式 AI 对人类经济和生产力的影响：

❑ 在未来的 30 年，现有工作的 60% ～ 70% 将实现自动化，50% 的职业将逐步被 AI取代；

❑ AI 带来的价值增长，约 75% 集中在客户运营、营销和销售、软件工程和研发 4 个领域；

❑ AI 的普及应用将使生产力全面提高 0.1% ～ 0.6%，可为全球经济带来 3.5 万亿美元左右的年度增长。

AI 将形成比尔·盖茨所形容的"堪比 PC 问世的最具变革性创新"，通过大幅度的 AI换人、自动化来显著提高人类的生产率。

在新媒体时代，快手、抖音等短视频平台快速崛起，视频这种无须费脑、信息量更大、表现形式更多样化的形式迅速消耗人们的碎片时间，人们在愉悦中被直播带货、植入广告等引导进行消费。在流量经济时代，视频集娱乐、消费、生活、沟通于一体，不可或缺且极其重要。AI 视频在搞笑短视频、无人直播、文旅宣传、创意广告、影视制作等领域已经大放异彩。

赵可傲等人[4] 总结了近 3 年知名的 AI 视频应用案例。

2023 年 4 月，Corridor Digital 团队发布了 AI 动画短片《石头剪刀布》，展示了通过文生图模型生成视频的制作流程，包括微调 Stable Diffusion 模型以生成稳定的动画形象，通过虚幻引擎 5（Unreal Engine5）渲染背景等。

2023 年 6 月，漫威剧集《秘密入侵》的片头即采用 Stable Diffusion 技术，创意性地利用 AI 生成的不稳定特征增强画面神秘感与不确定性。

在商业广告和预告片中，Runway 与 Pika 也已被广泛运用。电影《瞬息全宇宙》使用 Runway 公司的视频技术实现画面的快速抠像与风格化转换，大大提升了制作效率，从而凭借小规模团队完成了整部影片的视效制作。

Our T2 Remake 是全球首部完全由 AI 制作的长篇电影。这部电影是一个由 50 位 AI 艺术家组成的团队打造的，他们利用 Midjourney、Runway、Pika 等 AIGC 工具进行协同创作，展示了 AI 在艺术创作中的潜力和可能性。

2024 年 2 月推出的 Sora 将 AI 生成视频的质量推向了新高度，其示例短片的质量与真实感远超目前其他生成方法与应用。2024 年 4 月，OpenAI 公布了由 Sora 生成的剧情短片 Air Head 等作品。虽然这些作品在画面的一致性和细节处理上仍有改进空间，但是它们展现出了 AI 在视频制作领域的巨大潜力。

2.1.2　来自北京电影节的启示

为了应对 AI 视频生成技术飞速进步带来的冲击，相关行业需要吸纳 AI 视频这一全新的艺术表达方式，2024 年 4 月，第十四届北京国际电影节为 AI 视频作品设立了专门的 AI 视频单元。在北京电影节上，众多影视界大咖分享了对 AI 视频的个人见解。

谈及 AI 对电影行业的改变，北京光线传媒股份有限公司董事长王长田认为：第一，AI 可以提升电影制作的效率，尤其是动画电影；第二，它可以降低成本，这对于亏损率较高的电影行业来说将会是一个巨大的推动；第三，AI 作为一种技术，可以提升电影制作质量，避免低质量产品的出现。但他也表示，AI 让好的创意、独特的审美越来越难，产生大量同质化内容，这也会导致好的内容更不容易脱颖而出[5]。

导演黄建新回顾了电影技术的发展史[5]，他认为技术才是电影的支撑力和原动力。他认为：电影是由技术产生的，不是由艺术产生的。他直言，AI 是一个好东西，我们跟它建立良好的关系只会有好处，所以要拥抱 AI。

2.1.3　AI 让视频制作更快、更简单、成本更低

AI 视频技术显著提升了影视动画、短视频与广告营销等产业的生产力，让视频制作更快、更简单、成本更低。

1. 提升创作效率和质量

AI 视频技术使得动画内容生成逐渐智能化，避免把时间浪费在烦琐和密集的工作上，使创作能够更多地关注创意和创新，从而显著提高动画制作的效率和质量。

2．更快、成本更低

AI 视频大幅度缩短了传统影视动画的制作周期，使得高质量的动画娱乐内容能够更快、更经济地被创作出来。原来许多需要导演指导、室外取景、场景布置、演员表演才能获得的内容，现在可以利用在线平台和提示词引导一键生成，不满意就多试几次。

在影视行业里，玄幻、科幻等影片的特效费钱又费时，号称燃烧的经费。例如，在2015 年元旦档热映的电影《智取威虎山》，公开资料显示，特效公司在该片开拍前和开拍期间共投入了约 100 名员工，后期增加到了 200 人，其中仅老虎特效的制作研发就花了两年多的时间 [6]。如今，一些需要较高成本才能实现的特效，通过 AI 视频技术也许只需要输入几个提示词，花费 2 块钱算力和 20 分钟就能获得。

配音是影视制作中比较重要的一环，需要大量的配音演员反复尝试。AI 语音合成模型可以用大数据进行训练，获得各种非常自然的口音、语气和风格，为视频制作者提供广泛的选择。此外，AI 语音编辑可以轻松调整节奏、重音和发音等参数以满足特定的项目要求。感兴趣的读者可以尝试 YouTube 为视频自动配音的 Aloud 服务。

3．更简单的视频编辑

AI 视频编辑技术可以显著地降低视频后期的处理工作。在色彩校正、背景去除和声音编辑等专业任务中，已经大量采用 AI 技术，例如自动创建跳转剪辑、消除静音、加速场景、改进视频和播客中的编辑、精确定位剪辑的最佳版本并过滤掉不需要的镜头、自动生成 Vlog 等，让原本需要熬夜加班才能完成的工作变成了"小菜一碟"。

4．更智能的观看体验

AI 视频分析可以为视频内容自动生成字幕并翻译，使得语言不再成为障碍。同时，AI 可以自动总结并整理视频内容的大纲，以方便观众快速概览并获取关键信息。这些 AI 技术在 B 站（哔哩哔哩，简称 B 站）上已经成为日常功能。

5．更精准的推送

视频内容是在线流量的主要驱动力，约占其中的 80%。营销人员一直认为视频是接触受众最有效的营销媒介。HubSpot 的研究表明，90% 使用短视频的营销专家计划提升视频营销比重。

AI 视频分析可以跟踪观众的参与度，分析观众观看的时长与内容跳过模式等行为，以了解视频营销策略中哪些是有效的，哪些是无效的，进而完善视频营销策略以获得更大的影响力。这些富有洞察力的数据使企业能够根据人口统计、兴趣和偏好对受众进行细分和定位，为特定的观众群体定制内容并进行精准推送，提高其视频营销工作的整体有效性。

根据 Grand View Research 给出的 2022 年的数据可知，全球 AI 视频行业技术市场价值约为 4.729 亿美元，预计从 2023 年到 2030 年将以 19.0% 的年复合增长率（CAGR）增长，如图 2-1 所示。笔者认为，Grand View Research 远远低估了 AI 视频给影视动画和短视频行业带来的显著的降本增效效果。然而，我们不能简单地批评 Grand View Research 的预测有误，因为没有人会想到从 2023 年开始，AI 视频会如此快速地迭代进步，甚至让好莱坞感到焦虑。

19.0%
Asia Pacific Market CAGR
2023-2030年
亚太市场年复合增长率

\$128.9 M

\$112.6 M

2020年　2021年　2022年　2023年　2024年　2025年　2026年　2027年　2028年　2029年　2030年

图 2-1　AI 视频市场规模预测（Grand View Research，2022）

2.2　焦虑的好莱坞

随着 AI 视频技术的不断发展，许多传统影视公司倍感压力，如好莱坞的多家公司。下面进行详细的介绍。

2.2.1　好莱坞罢工反对 AI 技术

著名国际人才服务公司 RobertHalf 为研究员工对生成式人工智能的看法，在美国发起了一项针对 2 500 多名员工的调查。调查数据显示，多达 41% 的员工认为 AI 将促进其职业发展，仅 14% 的员工认为 AI 可能淘汰其职业。另外，约 26% 的员工认为 AI 的影响可以忽略不计。

通过更深入的分析发现，越年轻的人对 AI 的看法越积极。其中：16 ～ 30 岁的群体，看好 AI 的占比 63%；31 ～ 45 岁的群体，看好 AI 的占比 57%；46 ～ 60 岁的群体，看好 AI 的占比 30%；61 ～ 80 岁的群体，看好 AI 的占比 21%。通过调查可知，35% 的人认为在工作中可以用 AI 将烦琐的任务自动化完成，30% 的人认为 AI 会显著提高工作效率和生产力。

当然，这项调查的样本数并不多，其统计分析不一定具有普遍意义。我们在某些方面正在受惠于生成式 AI 带来的利益，比如 GPT 自动写作、音视频生成与剪辑等办公辅助以及婚纱写真的快速降价。但是，如果我们本身是编剧、自媒体视频创作者或演员，很可能已经被 AI 优化了。不同职业面临 AI 挑战的暴露度差别巨大。OpenAI 在 2023 年 4 月份发表的论文《GPT：大型语言模型对劳动力市场潜在影响的早期观察》中充分阐释了这一点。

ChatGPT 的写作和认知水平堪比大学生，足以威胁世界上 90% 的文字写作工作。AI 绘画在创作同等质量的图片时，其艺术创意、高效率与低成本碾压全人类；AI 视频能在短短数天内生成一部需要拍摄数月、耗费巨额资金的电影。

面对 AI 视频显而易见"砸饭碗"式的冲击，好莱坞的影视动画从业者选择了反抗。

2023 年 7 月 13 日午夜，美国演员工会及广播电视艺人联合工会（SAG-AFTRA）宣布他们与制片公司的谈判破裂，确定从即日起启动 1980 年以来首次大罢工，工会 16 万名表演者立刻停止所有影视拍摄和宣传工作。此前，美国编剧工会已在 5 月 2 日开始罢工。两大工会 63 年来首次联合罢工，直接波及已进入拍摄的作品，包括《碟中谍 8》《死侍 3》等知名大项目 [7]。

在这场席卷整个好莱坞的罢工行动中，除了往届谈判常会出现的收益分配、待遇保障等与资方的矛盾外，AI 可能取代演员和编剧的威胁成为新的争议焦点。

编剧工会提出，要对 AI 参与项目进行监督、AI 生成的内容不得作为原始素材、工会成员的剧本不得被拿来用于训练 AI，但诉求被制片人联盟拒绝，演员战线的谈判也不乐观。制片人联盟一方提出了一项提议，片方可使用专业设备对影视剧中的群演进行扫描，获取演员表演的数字素材并支付当日酬劳，而扫描获得的素材可被片方另作他用。演员工会担心片方会在没有支付酬劳或获得批准的情况下用演员的肖像结合 AI 生成表演或者对表演进行数字化修改 [8]。

这种担忧并非没有根据。2024 年播出的《黑镜》第六季第一集中极有预见性地描绘了这样一幕：一位好莱坞女明星将本人肖像权授权给片方，结果被"一键换脸"出现在 AI 创作的侮辱场景里，按合同她还不能寻求赔偿。获得过奥斯卡提名的萨尔玛·海耶克（Salma Hayek）在剧中以本人形象出演。

眼看流媒体增长趋势放缓、票房大片折戟，好莱坞高管们将希望寄托在突飞猛进的 AI 技术上，希望让 AI 参与到影视创作中，挽救摇摇欲坠的商业模式。然而编剧、演员们担心，如果同意 AI 参与剧本创作并让渡肖像权给 AI 加工，长期来看创作者会被逐步取代，受益的只有资本方。用演员工会代表的话说，"我们都面临着被机器取代的危险"。

这不仅是好莱坞 63 年来的首次全行业罢工，也被认为是人类抵抗人工智能威胁的首次集体行动。SAG-AFTRA 主席法兰·德瑞雪当日在新闻发布会上表示："如果现在不昂首挺胸，我们就会陷入困境，都将面临被机器取代的危险。"

澳大利亚、加拿大、英国、意大利等国家的编剧工会纷纷声援美国同行，澳大利亚和英国的编剧工会告知其成员不得接手因美国编剧罢工而停摆的现有项目。

美国《洛杉矶时报》称，演员与编剧同时罢工，意味着好莱坞影视业 63 年来首次全面停摆。编剧和演员称，他们组织罢工是为了扭转薪酬下降的趋势。与传统的电视、电影相比，人工智能及流媒体使他们的薪水和工作条件恶化，他们要求制片方和流媒体公司保证不会以人工智能技术生成的面孔和声音来替代演艺人员。

从 2023 年到 2024 年，AI 的飞速成长为视频产业链打开了一扇新的窗户。谈及 AI 视频大模型亦是"喜忧参半"。在看到 AI 视频模型的颠覆性迭代后，演员、电影制片人兼制片厂老板泰勒·佩里（Tyler Perry）为此搁置了耗资 8 亿美元的制片厂扩建计划。此前，佩里已经在两部电影中运用了 AI 技术。他谈道，通过人工智能的特效加持，仅仅在老化妆容的部分就省略了数个小时。

2.2.2　来自从业者的公正评价

编剧与导演谁更重要，一直是影视制作中的经典话题。编剧以创意和讲故事为核心能力，导演则负责呈现。如今，AI 视频让呈现由拍摄简化为生成，人人都可以当导演，从而让能充分利用 AI 优势的"创意"更受关注。那些有故事又有创意的创作者通过购买数百元的算力使用费，就可以把烦琐、费时且耗资巨大的拍摄过程变成只需要"输入提示词，单击生成"的简单操作，曾经的经费不足或技术问题都被 AI 轻松化解。

AI 视频如此有效，那么以影视动画为职业的从业者该何去何从，是不是要被 AI 优化了？

众所周知，游戏原画设计师是第一波被 AI 绘画替代的人。影视场景概念设计师如果不会 AI，大概率不会收到知名工作室的 Offer，因为"会使用 AI"已经成为新人的基本要求。

大学生、高校老师、行业精英从各自角度评价了 AI 视频对人们的影响[9]。

一位评析过央视 AIGC 诗词动画《千秋诗颂》的动画专业的高校学生表示："AI 所创作的动画目前已经能够达到比较完整的程度，并且还在持续发展。我不确定以后是否能够创作出比 AI 更加优秀的动画作品。"

一位高校教师表示："AI 是不可抵挡的时代趋势，我们应该适当地改变教学内容。"

快手视觉生成与互动中心负责人万鹏飞认为，当 AI 视频生成效果接近图形渲染时，将为特效、游戏、动画行业带来变革；当效果接近视频拍摄时，将对泛视频行业带来新挑战和新机遇。此外，视频创作者和消费者的界限会逐渐模糊，未来如果有越来越多的视频消费者变成创作者，那么对整个视频内容生态的繁荣将帮助极大。

习惯使用 GPT 辅助写作的我们，已经从各个细节享受到了 AI 提高人类生产力带来的"公共福利"，但如何让 AI 视频利好我们的职业生涯而非伤害，完全取决于我们的态度与行动。AI 视频师已经成为一个新的职业，在相关网络招聘平台上岗位较多且收入相对较高，如图 2-2 所示。

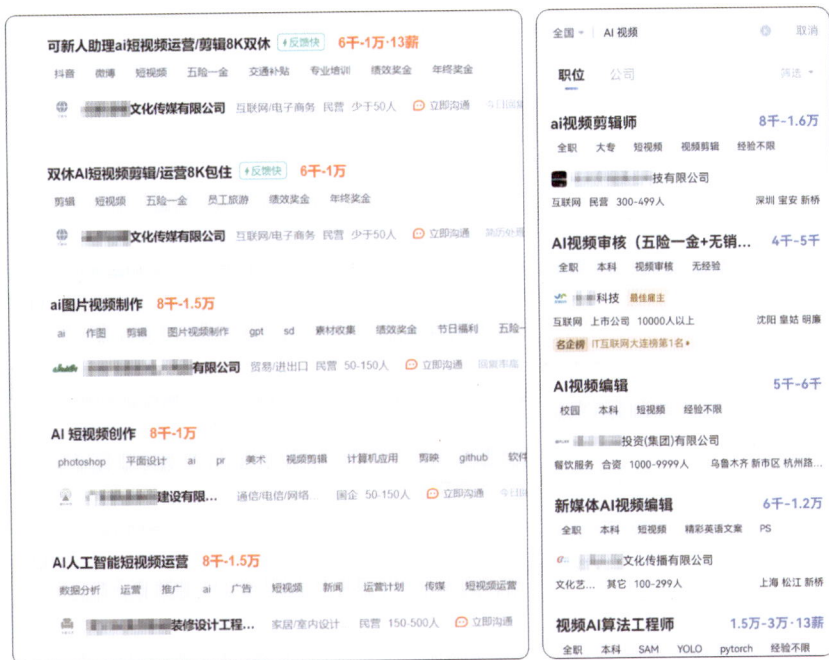

图 2-2　AI 视频招聘职位（左图为 51Job，右图为智联招聘）

有个网友的观点很有意思：影视动画专家是最适合操作 AI 视频的专业人士，而不是被 AI 替代。因为只有他们才知道如何把握节奏、讲好故事、触动情绪。

2.3　AIGC 作品的版权争议

AI 视频在社交媒体爆火之际，其全新的内容创作方式带来了许多新的争议，首当其冲的就是 AI 生成的视频是否有版权。下面详细介绍 AIGC 作品的版权争议的相关内容。

2.3.1　AIGC 作品有版权吗

人工智能生成内容的著作权确权模式仍在研究之中，其路径如图 2-3 所示。AI 视频带来了著作权制度基础的变革，导致其创作的视频内容通过著作权确权模式保护的方案存在局限。传统确权模式下作品的人类中心主义与人机共生特征不符。

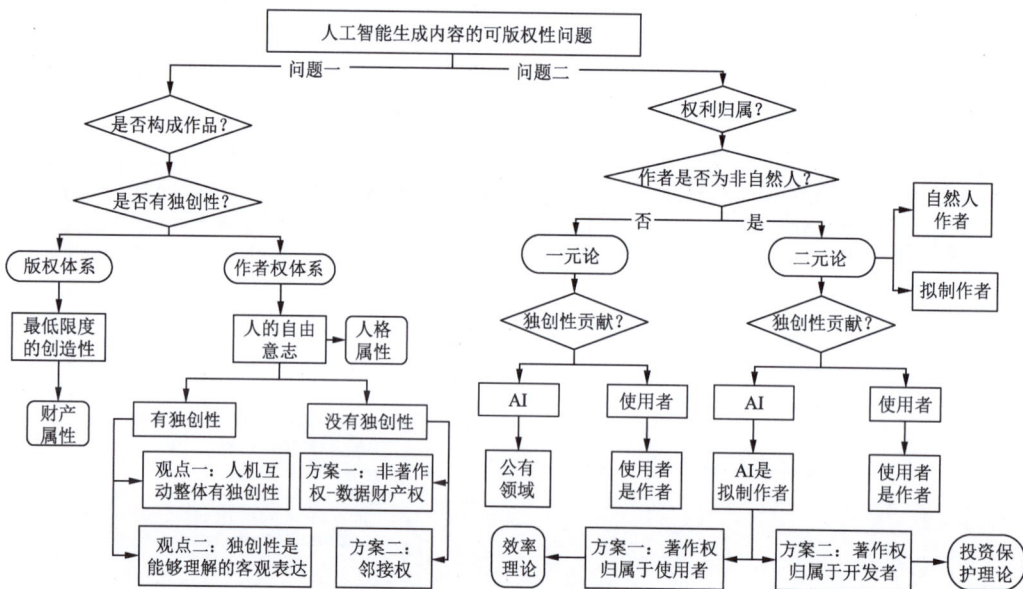

图 2-3　AIGC 可版权性证立路径 [10]

到目前为止，著作权制度是建立在以人类为中心的基础上，不论在理论层面上抑或实践操作中，都以人类的贡献作为著作权保护与否的分界。具体表现为 [10]：

- 智力成果的创作主体是人；
- 创作行为是人直接（主导）创造作品的过程；
- 作品是作者人格权的体现；
- 人的创造贡献决定了作品的著作权归属。

在 ChatGPT 出现后，我们可能会反思：GPT 生成的内容有时候更好，算不算 AI 在从事创新活动？传统的著作权确权以"人类中心主义"为基础，在 AI 时代摇摇欲坠。

从 AI 视频生成的过程来看看，人类是创作过程的启动者，向大模型提出指令，大模型独立生成具有独创性价值的视频内容。人类和大模型对生成内容是否构成作品的贡献比例虽不同，但重要性等同且缺一不可，体现为人机共生特征。以人类为中心的著作权保护先决条件，与 AI 视频的人机共生特征不符。

在当前状态下，AI 生成内容的版权理论研究和法律改革均难以及时跟进 AI 的进化速度，难以明确界定什么样的 AI 视频在什么情况下拥有什么程度的版权。不过，近两年有 3 个典型的 AI 作品侵权案例的判决，可以给我们提供参考与启发。

2.3.2　AI 视频侵权第一案

有着 20 多年影视从业经验的陈坤曾是《这！就是街舞》等大型综艺节目的总监制，他 2023 年开始探索 AI 影视制作。2023 年，陈坤发现某百万粉丝的"大 V"涉嫌抄袭其主创的《山海奇镜》预告片。

"不仅画面逻辑、剪辑节奏一样，配音、配乐、动效、字幕相同，还把有我们主创人员名单的片尾剪掉替换成他自己的，甚至拿着我这个片子为他们的课程销售引流。"陈坤告诉《每日经济新闻》记者。

2024 年 3 月 11 日，陈坤将上述账号的经营企业和短视频平台分别列为被告，以自己的著作权被侵犯为由在北京互联网法院正式对"文刻创作"提起法律诉讼，指控后者未经授权，擅自使用人工智能技术复制并公开发布了与其作品极为相似的侵权视频。陈坤的诉求是，被告删除侵权视频，公开赔礼道歉并赔偿他的经济损失 50 万元。

原告代理律师透露，被告"文刻创作"于 2024 年 1 月 18 日在抖音平台上发布了一段视频，该视频不仅抄袭了原告预告片的文案、配音和音乐，还运用 AI 技术对画面进行了重新绘制，导致整体效果和细节特征与原告作品极为相似。被告宣称该视频为原创作品，未提及作品来源，也未保留原告的署名，并利用该作品进行商业活动，通过自媒体矩阵号进行直播。被告的行为侵犯了原告的信息网络传播权、改编权、署名权等著作权，违反了《中华人民共和国著作权法》第五十二条，构成侵权。原告已向法院提起诉讼，要求被告停止侵权并寻求法律赔偿。

此案于 2024 年 4 月 11 日在北京互联网法院正式立案，为全国"人工智能影视版权"第一案。2024 年 5 月 15 日，该案进行了一审庭前谈话。

"我们做了补充证据，证明视频的制作过程——如何文生图、再图生视频。我们会还原整个制作过程，后续可能还需要再演示一遍，证明这个 AI 视频的制作需要投入大量的人力劳动。"陈坤对记者表示，AI 视听作品的版权还是一个新事物，最模糊的认定在于用 AI 做的视频有没有版权？"我打这个官司就想证明使用 AI 软件做成的短片蕴含大量人类劳动，具有版权。"

在陈坤看来，这个案例将会对整个行业起到借鉴意义。"AI 影视作品的商业化才刚刚起步，多家头部短视频平台都在投入定制 AI 短片。如果 AI 视频本身的版权链不清晰，对行业将是一个毁灭性打击。我打这个官司就想证明这一点——用 AI 做出来的影视作品也是有版权的。"

据澎湃新闻报道，对于原告陈坤的指控，被告方回应：在发布该视频前，他对作品的创作过程并不知情。此外，该作品发布后并未有任何盈利行为，并且在得知涉嫌侵权后已及时删除该视频。对于索赔 50 万元这一金额，他并不接受，称其他交由律师处理 [6]。

陈坤在"闲人一坤"微信公众号中说："不论到了哪个时代，蕴含人类创造的作品永远都有价值，都值得被保护，版权在 AI 时代一样值得被尊重，一样应该受到法律的保护。"

AI 是社会进步的工具，不应成为侵权不法行为的助手 [11]。

2.3.3　来自 AI 声音侵权案判罚的启示

2024 年 4 月 23 日，北京互联网法院对全国首例"AI 声音侵权案"进行一审宣判，判决被告方侵犯了原告配音师殷某的声音权益，并要求被告向原告书面赔礼道歉并赔偿 25 万元。

殷某以配音为职业，曾录制多部有声作品。殷某意外发现自己的声音被 AI 化后，在某 App 上以"某某小璇"名义出售。于是殷某以被告行为侵害其声音权为由，将相关 5 名侵权方告上法庭。5 名被告认为自己拥有殷某作品的著作权，均否认侵犯著作权。原告殷某在陈述中认为，本案诉请的事实依据为人格权侵权，而非著作权侵权，不应以被告有原告关于著作权的授权，想当然地推定被告有原告人格权的授权。

自然人声音以声纹、音色、频率为区分，具有独特性、唯一性、稳定性特点，能够引发一般人产生与该自然人有关的思想或感情活动，可以对外展示个人的行为和身份。自然人声音的可识别性是指在他人反复多次或长期聆听的基础上，通过该声音特征能识别出特定的自然人。利用人工智能合成的声音，如果能使一般社会公众或者相关领域的公众根据其音色、语调和发音风格关联到该自然人，可以认定为具有可识别性。

在本案中，因被告三某软件公司系仅使用原告个人声音开发涉案文本转语音产品，而且经当庭勘验，该 AI 声音与原告的音色、语调、发音风格等具有高度一致性，能够引起一般人产生与原告有关的思想或感情活动，能够将该声音联系到原告本人，进而识别出原告的主体身份。因此，原告声音权益及于涉案 AI 声音。

最终法院认为，声音作为一种人格权益，具有人身专属性，任何自然人的声音均应受到法律的保护，对录音制品的授权并不意味着对声音的授权，未经许可，擅自使用、许可他人使用录音制品中的声音，均构成侵权。

2.3.4　来自 AI 绘画侵权案判罚的启示

2023 年 5 月，李昀锴起诉被告刘某侵害作品署名权、信息网络传播权纠纷一案在北京互联网法院立案。

2023 年 2 月 24 日，原告使用开源软件 Stable Diffusion 通过输入提示词的方式生成涉案图片，后将该图片以"春风送来了温柔"为名发布在小红书平台。原告发现，百家号账号"我是云开日出"在 2023 年 3 月 2 日发布了名为《三月的爱情，在桃花里》的文章，该文章配图使用了涉案图片。被告未获得原告的许可且截去了原告在小红书平台的署名水印，使得相关用户误认为被告为该作品的作者，严重侵犯了原告享有的署名权及信息网络传播权。被告应当赔偿原告的经济损失并进行赔礼道歉以消除影响。综上，原告特依法向法院提起诉讼，请求法院判如所请。

2023 年 11 月，北京互联网法院就该 AI 生成图片著作权案进行判罚（（2023）京 0491 民初 11279 号），为后续 AIGC 案件提供了判例。

法院主审法官在判决中强调，"人们利用人工智能模型生成图片时，不存在两个主体之间确定创作者的问题，本质上，仍然是人利用工具进行创作，即整个创作过程中进行智力投入的是人而非人工智能模型。只有正确地适用著作权制度，以妥当的法律手段，鼓励更多的人用最新的工具去创作，才能更有利于作品的创作和人工智能技术的发展。在这种背景和技术现实下，人工智能生成图片，只要能体现出人的独创性智力投入，就应当被认定为作品，受到著作权法保护。"

在此侵权判罚中，明确了具备"独创性"要素的 AI 绘画图片内容，体现了人的独创性智力投入，应当被认定为作品，受到著作权法的保护。总而言之，由当前国内已有案件判例可获得如下推论：如果 AIGC 的作品中没有人类的参与，视作人类未进行独创性创作，生成的作品无版权。法院一般需要原被告进行举证，进一步证明 AI 作品中人类的参与度及其价值，进而判断人类是否拥有版权。

无独有偶，在时隔半年之后的 2024 年 6 月 20 日，北京互联网法院在线审理了 4 起插画师起诉 AI 绘画软件 X 平台的著作权侵权案件。

4 起案件的原告均为插画师，在 X 平台注册并长期分享其创作的绘画作品。4 起案件的原告发现，一些用户利用 X 平台开发的 AI 绘画软件生成了带有明显模仿原告作品痕迹的图片。

在该案中，原告提出以下 3 点主张：

- 被告抓取原告作品输入 AI 模型的行为，侵犯了原告的复制权；
- 涉案 AI 绘画软件提供原告作品与其他图片杂糅、混合产生新图的技术服务，侵犯了原告的改编权；
- 被告行为还侵犯了原告的作品作为物料训练 AI 的权利。涉案 AI 绘画软件习得原告作品的绘画风格后，"一键生成"的大批量图片可以轻松替代原告一笔一画绘制的作品，残酷挤压了原告依托其作品获得收益的空间，对原告作品未来的市场造成毁灭性打击。

原告认为：被告应当停止对原告著作权的侵害，包括但不限于停止在 AI 模型中使用原告作品、剔除模型中与原告作品相关的学习成果等，并赔礼道歉和赔偿原告的经济损失。

本案尚在审理中，但是本案中所涉及的法律问题涉及 AIGC 模型底层训练集来源以及由此导致的侵权问题，是所有开发大模型及相关微调模型的团队不能忽视的问题。众所周知，语料、图像、音视频等数据集是决定 AIGC 大模型性能与质量的关键，很多企业习惯于"免费"爬取，这在商业化中会遭遇版权问题的巨大挑战。

原则上，我们应该通过保护艺术家的作品版权来保留人类艺术创作的动力。保护作品版权必须明确版权归属，但在 AI 绘画中很难明确版权。首先，绘画大模型使用了数十亿幅图片样本，难以确定哪些图片拥有版权；其次，即便鉴别出了版权图片，大模型在学习时，其权重参数是否使用了版权图片，使用到了什么程度，在生成图片时又贡献了多少，全部都无法明确；最后，AI 绘画是人类引导与模型赋能联合完成的作品，难以确定人类在涉嫌侵犯版权的图片中的贡献以及动机。

在知识产权法律实践中，判断是否构成侵权，主要适用"实质相同＋接触"的原则[6]。AI 绘画模型从全人类艺术家作品中学习画法、画风和技巧，然后删除训练集只留下预训练模型框架与参数。使用预训练模型生成图片时，凝聚了全人类画师的技法与艺术思想，很难认定其接触并抄袭了哪一位个体画家的思想和表达。现行《中华人民共和国著作权法》

只保护作品的表达而不保护作品的思想，表达是思想的载体，思想是表达的内涵，二者也很难分辨清楚。

因而，即便我们觉得某幅 AI 图片与版权图片相似度高达 90%，人类画师也很难向 AI 画师维权。

2.4　AIGC 导致电信诈骗更猖獗

以前，我们通过写信、签名等方式来确认真实性。后来，校网贷发明了举着身份证拍脸的照片验证模型。现在，各大银行采用远程视频验证，需要用户眨眨眼、摇摇头，防止有人拿着照片造假，认为通过视频动态验证即可认定为本人。然而，在 AI 视频欺诈面前，这些方式全部失效了。

2.4.1　乔碧萝事件

"在互联网上，没有人知道你是一条狗"。这句话来自 1993 年的《纽约客》，却特别适合描述当前的互联网网红美女乱象。

乔碧萝是一名主播，是一位 90 后声优网红，在斗鱼直播间中用卡通少女遮盖面部让自己不露脸，但她会应粉丝要求，偶尔发布自己的美女形象照片。她在粉丝心目中成功塑造了一位声音甜美、长相可爱又美丽、温柔体贴的美少女形象，吸引了不少粉丝进行大额打赏。2019 年 7 月 25 日，因其在进行网络直播的过程中，遮盖脸部的特效失效，直播中的乔碧萝竟然是一位大妈形象，"萝莉变大妈"从而成为网络名梗。该账户被斗鱼封禁，还被中国演出行业协会网络表演（网络直播）分会列入黑名单，在行业内禁止注册和直播，封禁期限为 5 年。

简单遮挡面部相比今天的数字人直播技术已经落后了，如今的视频换脸、自动美颜、形象调节等技术可以假乱真，所有主播都可以成为任意类型的"美女"。由此，抖音、快手、小红书上的大美女、朋友圈中的盛世美颜，让互联网再无"真人"。单纯的发布和观看并无问题，但诱导网友打赏就会涉嫌欺诈。但这些与 AI 生成的假视频造成的恶劣影响相比简直是小菜一碟。

2.4.2　深度伪造技术

AI 技术的快速进步和平民化使得大量由深度伪造（Deepfake）技术制作的虚假视频在网络上流传。Deepfake 由 Deep Learning（深度学习）和 Fake（伪造）混合而成，指基于 AI 技术生成或合成图像、音频或视频。

注意： 这里的 Deepfake 指深度伪造研究或技术领域，Deepfakes 是 Deepfake 中的一种技术。

由于政治家、明星、网红及其他名人在网络上留下了大量公开的影像资料，为造假者使用这些资料训练 AI 提供了便利性，并且公众人物的影响力更显著，因此他们经常成为 AI 造假的受害者。例如，在 2022 年 3 月俄乌战争期间，有人利用乌克兰总统泽连斯基的信息制作并发布了虚假的"泽连斯基宣布投降"的深度伪造视频。在该视频中，泽连斯基让乌克兰士兵放下武器并放弃对俄罗斯的战斗，难辨真假，在社交媒体上引发疯传，随后被揭穿并删除。泽连斯基本人也发布了一段声明视频，重申决不投降。

视频深伪技术一般采用换脸（Face Swapping）、面部动作重现（Face Reenactment）和音频驱动 3 种方法，具体如下：

- ❏ 换脸：针对已有视频进行面部局部编辑，包括替换面部、更改表情、更改面部生物特征等。让视频中说话的人变成拟伪造的人。
- ❏ 面部动作重现：针对已有视频进行面部表情、口唇运动进行编辑，让视频中的人说假话，这些话在源视频中本来不存在。
- ❏ 音频驱动：不需要已有视频，直接用音频驱动生成视频。比如流行的让图片说话，只需要一张图片，给定伪造的音频（可以通过声音克隆实现任意自然音频），即可在伪造音频的驱动下获得音唇一致、表情自然、难以辨别的自然人说话效果。

既然视频深伪技术如此成熟，让人防不胜防，难道我们对视频造假就无能为力了吗？

虽然换脸与面部动作重现技术已经足以以假乱真，但是在已有源视频的基础上进行替换面部、更改表情等操作，需要将篡改的区域与未经过编辑的原始图像区域进行融合，融合过程会增加篡改区域与原图像区域之间的像素统计特征、模糊程度、JPEG 压缩次数等的不连续性。不连续性是此类伪造视频的共同特征，可被检测模型识别[12]。

与对现有视频进行人脸替换或表情属性篡改的造假方式相比，音频驱动深度伪造技术直接生成视频，没有将篡改区域和原图像区域进行融合，因此也不存在上面提到的不连续性，导致难以进行检测并证伪。

目前，视频检测证伪主要针对换脸、面部重现两种伪造方法。在伪造视频检测技术使用的主流数据集 Face Forensics ++ 中，可检测 4 种换脸、面部动作重现相关的伪造技术（Deepfake、Face Swapping、Face2Face、Neural Textures），未包含音频驱动相关的检测技术。因此，视频检测难以应对音频驱动这一新视频深度伪造技术。

2.4.3　诈骗 2 亿港元的视频会议

在国内，盗取公民身份信息之后通过伪造视频进行电信诈骗的案例屡见不鲜，给受害者带来巨大的损失。涉案金额最大的一起当属著名的香港 AI"深伪"诈骗案。该案涉及金额达 2 亿港元，不仅是香港历史上损失最惨重的诈骗案例，也是首次涉及 AI"多人换脸"的诈骗案。

据报道，骗子先锁定香港一个跨国公司，假冒英国总公司的首席财务官，利用伪冒短信指示香港下属财务人员开多人视频会议进行秘密交易。

诈骗者通过公司的 YouTube 视频和从其他公开渠道获取的媒体资料，成功地仿造了英国公司高层管理人员的形象和声音，再利用 Deepfake 技术制作伪冒视频，造成多人参与视频会议的效果，然而会议内只有参加的财务人员一个人为"真人"。

香港下属财务人员所看到的"财务官"及其他"财务职员"片段，均是该公司的真实公开影片，基于深伪技术更改口型及说话内容。同时，在骗子的精心准备下，"领导"、参与者动作语气及聊天内容，让香港下属难以辨别真伪。何况作为下属，第一反应是服从命令，难以去质疑、询问，导致该诈骗行为几乎毫无破绽。

为了让香港下属财务人员深信是真的,还有其他人被邀请参加视频会,骗子利用聊天信息、邮件甚至"单对单"的视频沟通形式来加深可信性。

视频是预制的,会议内容主要是"领导"向香港下属职员下达命令,在此期间,下属职员没有机会与"领导"进行交流,在整个视频会议中,职员仅被要求作一次简短的自我介绍。会后,骗子结束了会议并在 ICQ 软件中下达了转账命令。

于是,就在会议过程中,这名香港职员被对方命令马上要进行转账交易,通过前后 15 次转账,共转走 2 亿港元。

在巨额资金转移后一周,香港公司跟英国总公司确认,发现居然没有这个秘密交易,赶紧向香港警方报案。截至 2024 年 7 月,案件仍在调查之中,未逮捕任何嫌疑人。

第 3 章

AI 视频未来展望

AI 视频技术正在快速发展，虽然引发了人们对艺术创作力的担忧，但是有许多人认为应正视 AI 的存在，利用其提升艺术享受，如广东美术馆研究员王嘉。AI 视频如《山海奇镜之劈波斩浪》（简称《山海奇镜》）的成功证明了其潜力，但仍存在局限性。随着算法优化和硬件提升，AI 视频将更深地融入影视工业，带来降本增效和创意提升。下面从人类如何适应 AIGC 和 AI 视频发展的未来两个方面来讲解关于 AI 视频技术的未来展望。

3.1 人类如何适应 AIGC

AI 绘画对人类艺术创作力的"摧毁"体现在两个方面：一方面，让艺术从业者无法靠艺术谋生并从心理上摧毁他们对艺术追求的价值认同；另一方面，当人类习惯了快捷易得的艺术创作方式时，就是放弃艺术思考与灵性时，正如人类习惯了键盘与触屏，逐步丧失书写能力一样。

广东美术馆研究员王嘉认为[13]，人类大可不必担心人工智能的挑战，反而要正视其存在。AI 绘画为人类观众提供服务，人类 have the last word 并享有最终的裁判权，我们还担心什么呢？应该不断提升 AI 的能力，利用它生成更多的作品，满足人类享用廉价而高质量的艺术盛宴的美好愿望，而非担心它超越人类，这才是"积极的工具论"。人类应有"善假于物也"的万物灵长的自信。

王嘉的另一个观点更加宏大。他认为人类追求科技进步，却没有同步追求观念进步。我们应该改变观念，不应将 AI 视为"机器美学"，而应该归为"算法美学"。AI 应该精进算法，通过硅基载体和二进制逻辑，在生成内容的视觉效果上呈现人性和温情，这才是最为有价值的事情。坚守科技进步最终都要以人文关怀和人文精神为归宿这一理念，"算法美学"才是"真善美"。

最近 AI "复活"逝者的新闻让演员陈冲感触很深，她的观点颇具哲思。在她看来，如果 AI 可以重新生成一个人年轻时的相貌、行为，那么这会不会腐蚀人类对于过去的记忆、进而让人"失去"了自己？另外，她觉得 AI 最大的危险在于，它对人类的训练一点不比人类对 AI 的训练少，这是否会导致人类的思维越来越接近 AI？

陈冲说了一句充满思辨的总结[9]："不是 AI 替代了我，而是我变得越来越像 AI。"

3.2　AI 视频发展的未来

2024 年 7 月 13 日，国内首部 AIGC 原创奇幻微短剧《山海奇镜》发布。这部被称作"新物种"的纯 AI 生成的短剧作品广受好评，已经成为 AI 视频可高质量落地的最新证明。截至 7 月 21 日，发布短短 8 天时间，《山海奇镜》（包括预告片在内）仅在快手平台的播放量已突破 4 900 万，如图 3-1 所示。

图 3-1　2024 年 7 月 21 日《山海奇镜》快手平台截图

在《山海奇镜》中，创作者陈坤充分利用了 AI 视频无限创意的长处。在传统影视中，奇幻和科幻两大赛道因 CG 特效的高成本和长周期而使发展受限。AI 的出现可以让这两种类型的影视创作过程变得高效。《山海奇镜》以《山海经》为创作灵感，出现了较多奇幻场景，利用 AI 可以轻松生成这些原本需要特效制作的场景。在传统影视中，这些密集的特效场景需要耗费巨资请专业团队进行特效创作。

在《山海奇镜》短剧中，凶兽九婴、异兽鲲鹏、火神祝融、水神共工等山海经记载的上古神兽与人类神祇个个惟妙惟肖、气势磅礴，每一帧都堪比燃烧经费的 CG 特效。在这些角色出现的镜头中，构图与风格符合审美，大幅度运动符合物理规律，细节细腻逼真，衔接丝滑流畅，除了人物表情略显僵硬，几乎没有什么"AI 味"。

制作《山海奇镜》，陈坤仅用了 10 人小团队和 10 天时间，他综合采用了多种 AI 工具，如 ChatGPT、Midjourney、DALL-E3 与 PixVerse。其中，ChatGPT 主要用于生成剧本与分镜脚本；Midjourney、DALL-E3 用于生成美术设计和分镜关键帧；PixVerse 用于将分镜关键帧图片生成视频。

虽然 AI 视频工具迭代速度非常快，但是在陈坤看来，当下能做的成熟商业交付只有"图生视频"工作流。

从陈坤的 AI 视频制作经验和深入思考中可以得到以下 3 条重要经验：

☐ 充分利用 AI 视频的长处，定位于科幻、玄幻、动漫 3 条影视赛道。

❑ 利用图生图更好地控制 AI 视频，才能完成商业交付。
❑ 传统影视制作专家拥有更多技巧，可以更好地完成 AI 视频制作，而不是某些 AI 视频工具鼓吹的"人人都能当导演"。

陈坤认为，随着 AIGC 技术的快速进步，AI 视频的可控性、准确度将逐步提升并实现真正的降本增效，从而吸引更多的专业影视工作者使用 AI 进行内容生产。

同时，AI 视频大幅降低了影视动画的创作门槛，就像 AI 绘画一样，人人都可以进行创作，更多人有机会成为视频内容的生产者。陈坤[14]认为，AI 视频技术的"向下兼容性"更好，但向上对顶级创作者提出的内容要求会更高。

很多看过 AI 视频的人都会有一个印象，觉得 AI 生成的内容类似于"片段拼凑"，并且 AI 味明显。这些缺点可能注定 AI 视频只能做低端内容。陈坤[14]认为："每一种新技术的出现都会开辟新的内容赛道，随之也会诞生新的内容形式和传播方式。这一点是毋庸置疑的。我们已经看到了短视频对长视频的冲击，未来人工智能对传统视频的冲击也是可以预见的。"

总之，AI 视频已经冲击着传动影视动画的内容生成方式。Runway 和 Pika 等平台提供了用户友好的交互界面，使无 AI 操作经验的用户也能快速制作出具有真实感和简单镜头运动的短视频。基于 Stable Diffusion 视频生成技术为专业用户提供了定制化的工作流程，使他们能够生成多样化风格的视频内容。Sora 和 Vidu 的视频生成质量已达到令人难以辨别真伪的程度，用户仅需要提供文字提示便能生成长时间、物理特性准确的逼真画面[4]。

但是，目前的 AI 视频技术仍然存在明显的局限性，以下问题常常令人诟病：
❑ 不能完全遵守"世界模型"的物理和空间逻辑，生成完全符合常识的场景。
❑ 生成的有效片段时长通常为数秒，如果时长增加则会导致逻辑或一致性崩坏。
❑ 镜头变化过大时，画面容易崩坏，如人体动作扭曲、穿模等问题。
❑ 角色、风格、场景一致性保持困难，需要特殊的技巧进行控图辅助。
❑ 对算力要求很高，消费级显卡难以运行，生成速度过慢且生成成本过高。

AI 视频技术出现不到两年，仍处于初期。但谁也没想到，AI 视频几乎每个月都能给人带来惊喜，让人们觉得也许下个月就成熟了。随着算法的不断优化、数据的持续积累以及硬件计算能力的逐步提升，AI 视频必将再现"世界模型"物理常识和社会逻辑常识，在一致性、画面细节和可控性上达到商业交付门槛，并更紧密地融入现代影视工业中，显著降本增效并提升创意。

天风证券预测，在短视频、创作工具、游戏等下游领域，可灵、Sora 等 AI 原生产品有望融入工作流，增强用户体验，降低用户使用壁垒，进一步降低创作成本并极大地拓展创作者的能力边界。因此可灵大模型的推出，不仅为用户带来了全新的视频创作体验，也将为短视频行业带来技术革新的机遇。

第 2 篇

AI 视频原理

第 1 篇详细介绍了 AI 视频的发展史、现状和未来发展，接下来讲解其背后的原理。下面从生成模型、视频扩散模型和混合模型 3 个方面来讲解 AI 视频原理。

生成模型作为 AI 视频技术的基石，通过深度学习与算法优化能够创造出栩栩如生、令人信服的视频内容。视频扩散模型则进一步推动了这一领域的边界，它利用复杂的概率模型，使视频内容在保持连贯性的同时实现更多样化的创新表达。混合模型是将前两者的优势巧妙融合，既保证了视频生成的高效性，又赋予了作品独特的艺术魅力。

☞ 第 4 章　生成模型

☞ 第 5 章　视频扩散模型

☞ 第 6 章　混合模型

第4章
生成模型

在深度学习出现之后，研究者们提出了不同类型的生成模型，如图 4-1 所示展示了常见的 4 种生成模型及其基本框架。

- ❑ VAE：变分自编码器，是一种基于将数据编码到潜空间并从该空间解码以进行生成的概率生成模型。
- ❑ GAN：生成对抗网络，通过在类似游戏的场景中使两个神经网络（一个生成器和一个判别器）相互竞争，生成与训练数据相似的新数据。
- ❑ Autoregressive Model：自回归模型，一般指基于 Transformer 架构的模型，通过对给定每个数据点的前一个数据点的条件分布进行建模来生成数据。
- ❑ Diffusion Model：扩散模型，通过逐渐引入然后去除噪声来学习数据的底层分布，从而生成高质量且多样化的数据样本。

这些生成模型通常利用左侧的编码器、判别器、前向流、加噪过程对输入数据进行处理，然后利用右侧的解码器、生成器、逆向流、降噪过程输出生成的结果。

视频生成模型基本采用了类似的生成框架和生成过程，如图 4-1 所示。下面详细介绍在视频生成中使用较多的生成模型框架，包括 VAE、GAN、Transformer 与 Diffusion。

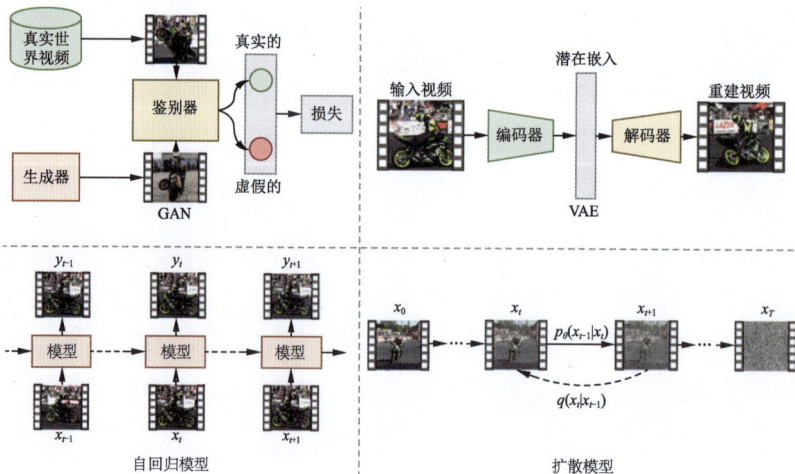

图 4-1　不同生成模型的基本框架 [15]

4.1 变分自编码器

在介绍变分自编码器（Variational Auto-Encoder，VAE）之前，首先要了解 Auto-Encoder，它是一个由编码器（Encoder）和解码器（Decoder）组成的对称神经网络结构，如图 4-2 所示。

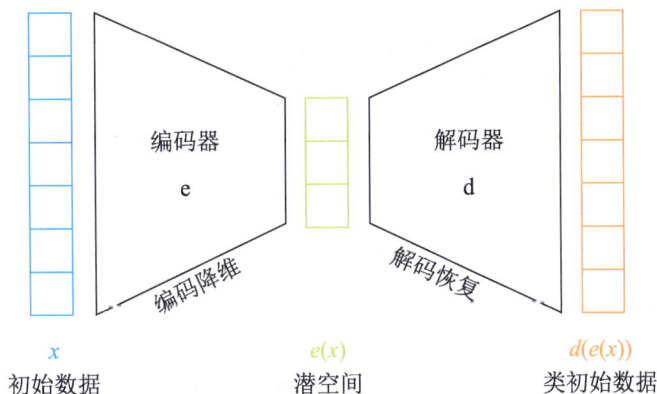

图 4-2 Auto-Encoder 的基本原理

1. 基本原理

编码器的作用主要是降维，将高维数据压缩成低维数据（从初始数据映射到潜空间，Latent Space）。图片类数据量一般较大，但其分布符合一定规律，信息量比数据量要小得多。因此，使用编码器对图片数据进行压缩后，可以提取图片的特征向量，该特征向量能在保持信息量的同时显著降低数据量。解码器是编码器的逆过程，将压缩的数据（图片的特征向量）尽量还原成初始数据。

以一张猫的照片为例，首先通过编码压缩，然后通过解码还原。计算还原后的猫与初始输入的猫之间的差值，通过最小化该差值，可以训练出一个合格的编码器神经网络。训练好的编码器可以用于提取图片特征，如图 4-3 所示的潜空间特征。

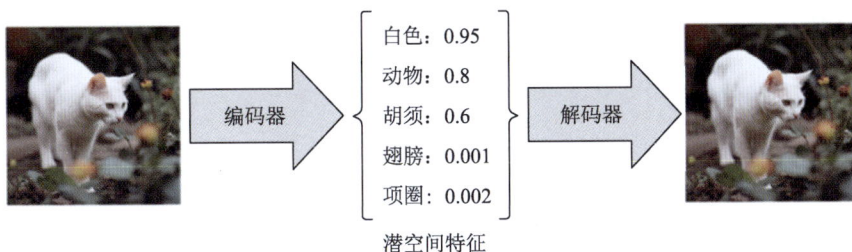

图 4-3 Auto-Encoder 示例：从猫到猫

按照上述过程，在潜空间提取图片特征向量，通过解码器解码，理论上可以恢复出曾经输入的某张图片。有读者肯定会问，是否能生成没有训练过的照片呢？给定任意一个特征向量，均能生成图片吗？

Auto-Encoder 可以还原训练过的图片，但生成新图像的能力不足。针对该问题，研究者发明了改进版的 Auto-Encoder：变分自编码器，即 VAE。VAE 使用高斯分布的概率值重新定义特征向量中的每个值，通过改变概率进而平滑地改变图片信息。比如在图 4-4 中，将 Smile、Black hair 等特征的概率取值逐步从 0 调大到 1，首排中的男性表情从严肃逐步变化到微笑，第二排中的女性的金色头发逐步加深变黑。

图 4-4　VAE 控制图片生成 [16]

图 4-4 表明，在 VAE 中可以通过控制特征的概率来操控人脸特征。VAE 使用了许多统计假设，也需要评估其生成的图片和原始图片的差距进而判断其生成效果。

2．VAE 与视频生成

使用上面同样的原理，VAE 通过编码器和解码器的协同工作，实现对视频数据的压缩、重构及生成。在视频生成方面，VAE 被用于对视频的时间结构进行建模并生成视频序列。例如，随机视频生成（SVG）框架在 VAE 的基础上进行扩展，引入了潜在变量的层次结构来捕捉视频数据的多尺度特性，基于历史视频帧对未来视频帧的分布进行建模，从而能够生成多样化且逼真的视频序列。

是否存在不需要统计假设并且自动评估生成效果的网络结构呢？ 2014 年，Ian Goodfellow 提出了可以解决上述问题的生成对抗网络（Generative Adversarial Network，GAN）。

4.2　生成对抗网络

在 2020 年，扩散模型与自回归模型模型流行以前，生成对抗网络（GAN）是生成视频中使用最广泛的技术，它们已被证明可以为视频生成和视频预测任务采样高精度结果。

1. 基本原理

GAN 网络结构和 Auto-Encoder 很像，由对称的生成器（Generator）和判别器（Discriminator）两部分组成，但二者的基本原理差异较大。生成器使用随机特征向量，通过采样网络生成图片数据，然后由判别器判断该图片是真是假。

生成器和判别器像一对相互竞争、博弈的对手，生成器企图生成以假乱真的图片骗过判别器，而判别器则致力于把生成器生成的照片 $G(Z)$ 与真实照片（X）对比，能判断出生成的照片为假，如图 4-5 所示。在这个过程中，生成器会逐步进化，生成照片中的特征越来越真实；判别器发现被骗之后，也会进化出使用更复杂的特征来判断真假的能力，反复迭代，直到判别器已经无法区分生成器生成图片的真假，我们便获得了训练好的生成器。此时，训练好的生成器可以帮助我们生产出逼真、肉眼难以判断但现实中却不存在的图片。

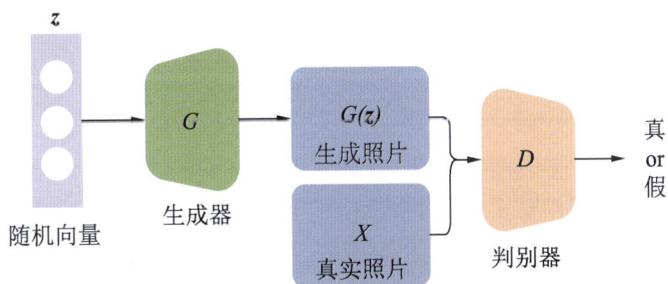

图 4-5　GAN 结构

虽然 GAN 的生成器可以生成高质量图片，但是它有两大缺点：

- 不稳定导致难以训练。在实际训练中，判别器收敛而生成器容易发散，导致二者不能协调同步。
- 模式缺失。GAN 在学习过程中容易出现模式缺失、生成器退化，进而出现生成的样本点重复，无法继续学习。

为了克服这些问题，研究者发明了更好用的扩散模型。

2. GAN 与视频生成

视频可以看作连续的静态图片沿着时间线的集合，在图片生成的基础上增加了空间一致性和时间连续性的要求。早期，研究者提出了将物体的纹理和空间一致性与时间动态分开考虑的 GAN 框架，通过将生成器拆分为前景和背景模型或者考虑生成器或鉴别器中的光流来完成。此外，它们使用较小的数据集进行训练，以降低数据复杂性和计算要求，但多样性较低。

随后，MoCoGAN 将由内容和运动信息组成的随机向量序列映射到基于先验的帧序列。MoCoGAN 和双视频鉴别器 GAN（DVD-GAN）都使用两个鉴别器，一个用于图像，另一个用于视频。然而，DVD-GAN 的生成器不包含任何针对前景、背景或运动流的先验，而是利用密集且庞大的神经网络来学习先验。为了制作复杂度和精度显著提高的视频，DVD-GAN 引入了一种高效的时空鉴别器分解，其架构类似于 BigGAN。研究者们建议使用双重鉴别器；空间鉴别器（D_v）和时间鉴别器（D_f）用来生成长且分辨率高的视频，并在生成器中使用循环神经网络（RNN），如图 4-6 所示。

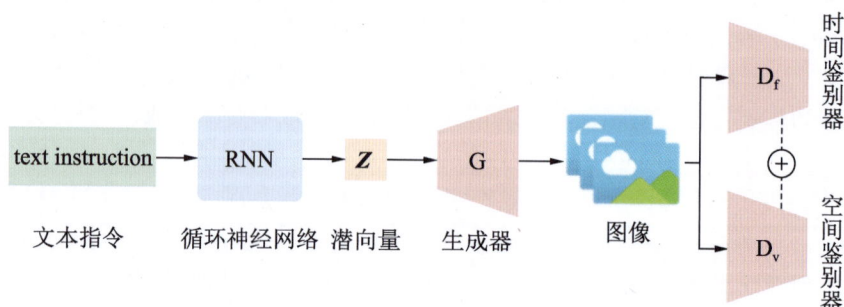

图 4-6　基于 GAN 的文本转视频生成模型框架 [17]

在图 4-6 基于 GAN 的文本转视频生成模型框架中，一般的操作流程如下：

（1）将文本指令输入循环单元 RNN 中，将文本编码为潜在向量 Z 并跨帧创建这些向量的有效序列。

（2）潜在向量 Z 进入生成器 G 以生成图像。

（3）为确保生成的图像与文本指令匹配，生成器输出的图像被发送到鉴别器 D_f，该鉴别器区分此输出和来自训练数据集的真实图像。TiVGAN 等模型用来自另一帧的图像替换来自特定帧的真实图像，以强制鉴别器确认视觉输出的时间传播信号。

（4）同时，生成器具有正确帧顺序的连接图像被发送到鉴别器 D_v，区分生成的帧序列和真实帧序列。此外，每次生成新图像（第一帧除外）时都会执行此鉴别。

其他包含两个鉴别器的模型包括 TFGAN、StoryGAN、TGANs-C 和 IRC-GAN。除了多鉴别器之外，插入融合特征并将文本特征与图像特征混合在一起，可以使用单个鉴别器生成视频。还有一个可行的方案，在生成潜在表示期间，将背景和显著对象的语义分离，通过结合基于文本指令的运动生成过滤器权重，显著对象的表示就得到进一步的增强。

在扩散模型流行之前，许多人认为 GAN 在生成样本质量方面是最先进的生成模型。但 GAN 并非没有缺陷，因为受自身算法框架限制，GAN 的对抗性目标难以训练，并且经常遭受模式崩溃的困扰。相比之下，扩散模型具有稳定的训练过程，并且由于它们是基于可能性的，因此提供了更多的多样性。虽然扩散模型具有这些优势，但是与 GAN 相比仍然效率低下，在推理过程中需要多次进行网络评估。

4.3　扩散模型

虽然扩散模型背后的数学理论很复杂，但是我们可以形象地理解其框架和原理。图 4-7 展示了扩散模型运行的两个过程：前向扩散和反向降噪。

1. 基本原理

在前向扩散中，从左至右，小狗图片被逐步加上符合正态分布的噪声，直到最后得到一幅肉眼只能看到噪声的图片，如图 4-7 所示。添加噪声就是扩散过程，可以简单地比喻成京剧中的化妆。京剧演员为了体现角色特点，会在脸上涂上各种颜色，形成各种脸谱，观众已经无法辨认出其本来面目。

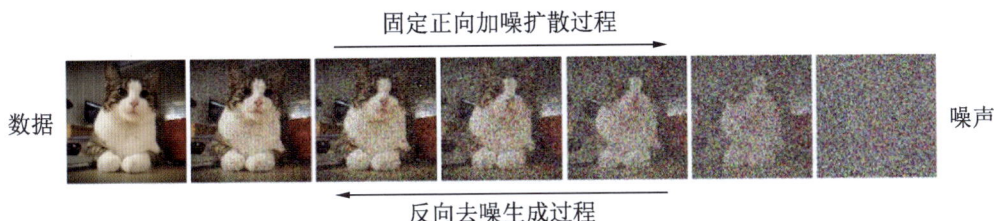

图 4-7　扩散模型示意[18]

在反向去噪生成过程中，从右至左，逐步去掉噪声，恢复小狗图片，这也是扩散模型生成图像的过程。此时，相当于京剧演员表演完后，洗脸卸妆，逐渐从脸谱还原成本来面目。

Diffusion 加入的噪声服从高斯分布，训练过程则学习高斯分布特征。学会高斯分布就学会了噪声分布，就能通过降噪生成图片（从高斯噪声中还原图片）。

降噪时则逐步去除噪声。每步的变化只和前一步有关（马尔可夫链）。用高斯分布将马尔可夫链简化，获得第 0 步初始图像与第 N 步加噪声后之间的直接关系。

逆向过程是通过第 N 步噪声状态求第 $N-1$ 步噪声状态。假设第 0 步初始图像状态并使用贝叶斯条件概率，已知第 0 步与第 N 步以及第 0 步与第 $N-1$ 步的关系，可以表示出第 N 步与第 $N-1$ 步的关系，从而实现预测噪声。

使用神经网络模型学习噪声的规律，输出值作为高斯分布的一部分加入了逆向过程，从而影响每次去除噪声的结果，以及解决去掉哪些噪声的问题。

总之，Diffusion model 就是前向加噪模糊图片、逆向降噪还原图片。采用什么样的深度网络结构才能高效地实现这一过程呢？

由于原图和加噪声后的图片大小一致，研究者尝试用一个 UNet 结构来实现降噪过程。

2．UNet

UNet 顾名思义是一个 U 结构神经网络，如图 4-8 所示。其功能类与 Auto-Encoder 相似，左侧 Contracting 是一个将高维数据压缩成低维的特征提取网络，相当于 Decoder；右侧 Expansive 是一个上采样网络，相当于 Encoder。UNet 在相同尺寸的 Contracting 和 Expansive 层上增加了直接连接，通过直连，图片中同一位置的信息可以更好地在左右两边网络上传递。

UNet 主要用于噪声预测。在 UNet 左侧输入一张带噪声的图片，经过 UNet 处理后，输出预测的噪声。前面展示了小猫图像加噪声的过程，加噪声后的图像＝噪声＋原图。使用 UNet 预测噪声后，然后去除噪声就能获得原图。

扩散模型通过迭代逐步去除噪声，不是直接给出推理生成的结果，所以有时候耗时较长。

注意，将文本嵌入作用到 UNet 上时使用了注意力机制。注意力机制的核心思想是在处理序列数据时，模型应该关注与当前任务最相关的部分，而不是平等地对待整个序列，从而提高模型的性能。

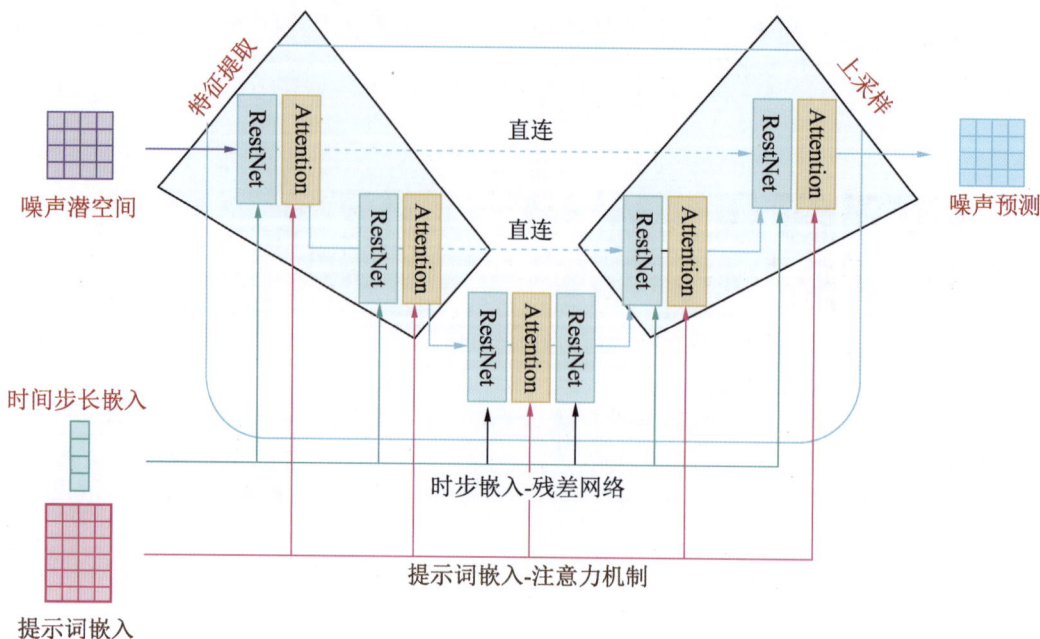

图 4-8　Stable Diffusion 中的 UNet 结构

3. 扩散模型与视频生成

前面详细介绍了 GAN 生成视频的详细原理，扩散模型与 GAN 相比关键在于其潜空间特征不同。虽然 GAN 具有低维潜空间，但是扩散模型保留了图像的原始大小。此外，扩散模型的潜空间通常使用随机高斯分布，类似于 VAE。在语义属性方面，GAN 的潜空间包含与视觉属性相关的子空间，基于此属性，可以通过潜空间的变化来操纵属性。相反，由于扩散模型不利用潜空间的任何语义属性，因此当扩散模型进行此类转换时，一般使用条件引导技术。然而，研究者证明扩散模型的潜空间具有明确定义的结构，使得在潜空间中的插值操作能够自然地映射到图像空间，生成合理的中间图像。总之，从语义角度来看，对扩散模型的潜空间的探索远少于 GAN，但这可能是社区未来要遵循的研究方向之一。

由于扩散模型是当前视频生成中最受欢迎的模型，市场上最著名的几款视频生成工具均采用了扩散模型，因此我们将在第 5 章进行专门解读。

4.4　自回归模型

在自回归模型创建的视频序列中，每个视频帧都从逻辑上与上一个视频帧紧密相连，从而确保叙事和视觉的连续性，吸引观众。

注意力机制，主要是自注意力机制，其是自回归模型中的关键部分，可以捕捉长程依赖关系。虽然研究者们在语言建模、机器翻译和视频生成等各种任务中引入了自注意力机制，并表现出了高保真度，但是计算成本通常很高。

1. 注意力机制

当与朋友逛街走散时，我们能够快速从人群中找到朋友，并忽略其他人。在一本书阅读到最后一页时，我们也能在欣喜于主角的 happy ending 时回忆起他刚出现时的场景。

Attention 试图将人类能够快速抓住重点、关联久远的历史信息的注意力机制（Attention）应用于人工智能中。AI 领域的著名论文之一 Attention is all you need 率先提出 Attention 结构。虽然过往研究中也提出过 self-attention 等类似结构，但是该论文因提出"attention 无所不能"这一大胆论断而被载入史册。

虽然效果显著，但注意力机制的公式表达十分简洁：

$$\text{Attention}(\boldsymbol{Q}, \boldsymbol{K}, \boldsymbol{V}) = \text{softmax}\left(\frac{\boldsymbol{Q}\boldsymbol{K}^{\text{T}}}{\sqrt{d_k}}\right)\boldsymbol{V}$$

其中，$\boldsymbol{Q}$ 表示 query，$\boldsymbol{K}$ 表示 key，$\boldsymbol{V}$ 表示 value，d_k 是 $\boldsymbol{K}$ 的维度。Query、key、value 是由 Attention is all you need 一文引入的抽象概念，并无明确的含义。为了便于大家理解，下面继续引用知乎专栏作者"电光幻影炼金术"列举的两个例子。

- □ 搜索领域。以在 bilibili 中搜索 Sora 相关的视频为例，key 代表 bilibili 数据库中所有 Sora 相关的视频序列；query 代表我们输入的关键字序列 Sora；value 代表搜索到的视频序列。
- □ 推荐系统。以在淘宝购物为例，key 代表淘宝数据库中所有的商品信息；query 代表我们在淘宝上最近关注的商品信息；value 代表淘宝推送给我们的商品信息。

需要注意的是，key、query、value 都是隐变量特征，他们的含义往往不像上述两个例子那么明确，因此无须过于关注其含义，反而应关注其结构形式。注意力机制从形式上或者数学上大幅提升了 RNN 等传统 seq2seq 结构的性能，在当前生成式 AI 中的影响力巨大，已经成为搭建复杂模型的基本结构。

根据公式可以发现，注意力机制的核心计算在于按照关系矩阵 $\boldsymbol{Q}\boldsymbol{K}^{\text{T}}$ 进行加权平均。softmax 把关系矩阵 $\boldsymbol{Q}\boldsymbol{K}^{\text{T}}$ 归一化成概率分布形式，然后根据概率分布对 $\boldsymbol{V}$ 进行重新采样，最终得到新的 Attention 结果。

Attention 通过加权融合不同的信息，并突出重要信息，弱化次要信息。与传统的 CNN 卷积操作不同，CNN 只能关注到卷积核附近的局部信息（local information），不能融合远处的信息（non-local information)。而 Attention 可以加权融合全局信息（global information）。虽然 Attention 关注了更多信息，但是其计算量并未显著增加。

2. Transformer 架构

Transformer 架构一般由多个 Attention 模块堆叠而成，如图 4-9 所示。Transformer 主要由 Encoder（编码器）和 Decoder（解码器）两部分组成，由于 Transformer 能够比较好地运行并行训练，所以被引用到了视频生成领域。

Vision Transformer（ViT）是第首个使用 Transformer 实现大规模图像数据集学习的视觉自回归模型，该模型使用多头自注意力应用于输入图像中的一致尺度，并通过网络层次结构保持空间尺度，如图 4-10 所示。ViT 将原始的 Transformer 模型应用于以矢量形式展开的一系列图像"补丁"，并使用监督分类任务在大型专有数据集（包含 3 亿张图像的 JFT 数据集）上进行了预训练，然后针对图像识别基准（如 ImageNet 分类）进行了微调。

编码信息

I have a cat <end>

编码器

编码器

编码器

编码器

编码器

编码器

解码器

解码器

解码器

解码器

解码器

解码器

我 有 一只 猫

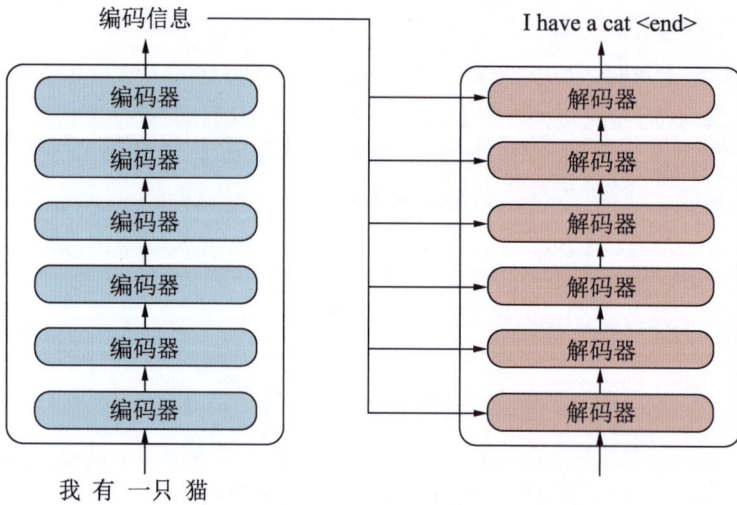

图 4-9　Transformer 整体结构

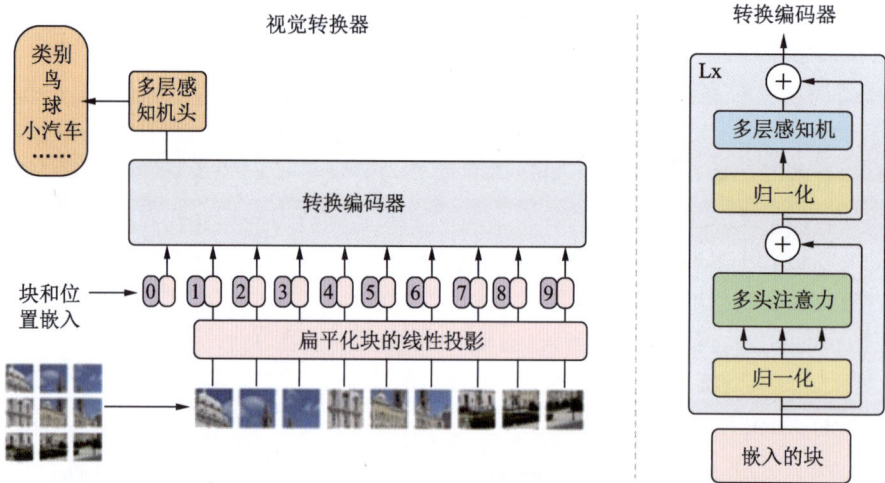

视觉转换器

转换编码器

类别
鸟
球
小汽车
……

多层感知机头

转换编码器

Lx

多层感知机

归一化

多头注意力

归一化

块和位
置嵌入

0 1 2 3 4 5 6 7 8 9

扁平化块的线性投影

嵌入的块

图 4-10　ViT 架构（左）与 Transformer 编码器（右）[19]

3. 基于 Transformer 的视频生成

基于 Transformer 的视频生成方法来源于 LLMs（大语言模型）。通常，这些方法采用对下一个标注的自回归预测或对屏蔽标注的并行解码来生成视频。受到 ViT 技术的启发，VideoGPT 将 VQVAE 与基于 Transformer 的标注预测集成在一起，使其能够自回归地预测视频生成的视觉标注。此外，GAIA-1 整合了包括文本描述、图像和驾驶动作在内的各种模态，从而生成了自动驾驶场景的视频。与这些自回归方法不同，同样基于 Transformer 的 VideoPoet 通过并行解码生成了非常高质量的视频。

在视频生成中，自回归模型可用于按顺序生成视频帧，并根据先前生成的帧对每个帧进行条件处理。典型案例如视频像素网络，作为自回归模型，它扩展了 PixelCNN 以对视频数据进行建模。VPN 将视频编码为四维依赖链，其中使用 LSTM 捕获时间依赖性，使用

PixelCNN 捕获空间和颜色依赖性。Phenaki、CogVideo、GODIVA 和 StoryDALL-E 等都是基于自回归的视频生成模型。

自回归文生视频模型的一般框架如图 4-11 所示，下面按照该框架进行讲解。

（1）将视频帧编码为一系列图像标记。

（2）将这些标记与文本标记一起输入产生新生成的帧的 Transformer 中。在推理过程中，输入此转换器的图像标记将被替换为空图像标记或软标记。

（3）将 Transformer 的输出标记解码为 RGB 视频帧，可以对其进行插值以获得更精确的帧速率。

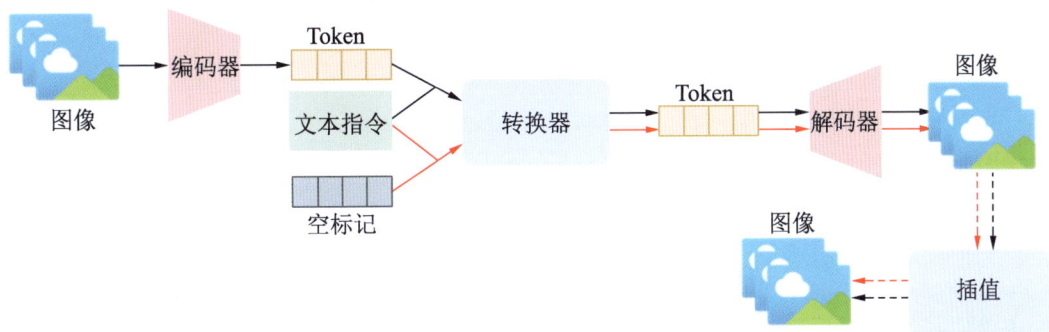

图 4-11　基于自回归的文本到视频生成模型框架 [17]

黑色箭头为训练流程，红色箭头为推理流程

不同的模型会拉伸框架的不同部分来生成视频，通常有三种方案：

❑ 在将视频帧编码为图像标记序列的过程中进行修改，合并因果转换器以确保跨帧的时间连贯性，如 Phenaki；

❑ 集成帧速率信息并实现分层生成，如 CogVideo；

❑ 屏蔽帧标记，强制生成转换器学习跨帧的时间序列信息。此时，生成转换器可以以任何方式设计，如在现有空间注意力之上合并时间注意力。

这些早期的努力虽然受到当时的技术和对文本 - 视频相互作用的理解的限制，但为开发更先进的方法（如基于扩散的 DiT 模型）奠定了基础。

第5章

视频扩散模型

在第 4 章中我们简要介绍了经典的 VAE 模型，随后介绍了近几年仍在活跃的视频生成模型 GAN、逐步与扩散模型融合的 Transformer 以及热门的扩散模型等。本章在第 4 章的基础上介绍如何利用扩散模型生成视频。下面将利用多个概念模型框架对其进行深入讲解。

当前视频生成领域最具潜力的模型 DiT（Diffusion Transformer），结合了扩散模型与 Transformer 的优势，在现象级的视频生成大模型 Sora 中大放异彩。我们将在第 7 章世界模型中单独简介 DiT。

近几年，文本转视频生成的进展基本来自扩散模型。OpenAI 的 DALL-E 的视频改编和 Google 的 Imagen Video 率先向公众推出文本生成视频功能。随后，基于扩算模型的文生视频模型被频繁推出，直到迎来 Sora 与快手可灵。

基于扩散模型的视频生成概念框架如图 5-1 所示。该框架展示了扩散模型下视频生成的潜在应用、可选架构、高分辨率技巧、时间动态建模机制和训练模式。

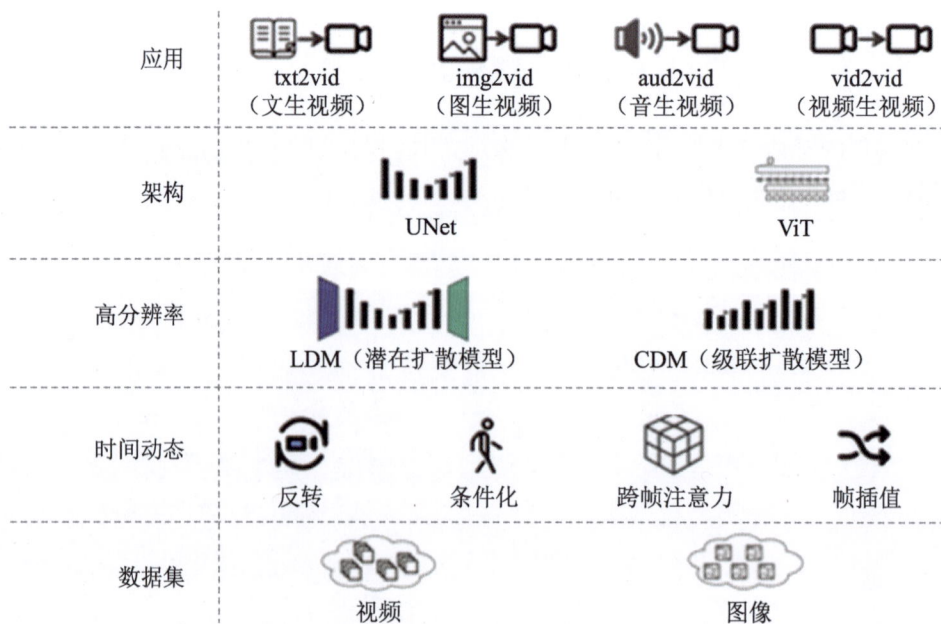

图 5-1　基于扩散模型的视频生成概念框架 [20]

5.1　视频扩散模型的应用场景

当前，基于扩散模型的 AI 视频拥有广泛的应用场景，除了最受关注的基于文字、图像、声音、视频等条件引导的视频生成之外，还包括视频补全、音频驱动的数字人视频、视频理解、视频编辑等，如图 5-2 所示。对于视频生成而言，视频编辑必不可少，比如去除视频中不希望出现的物体、将真实风视频转换为动漫风、使用运动笔刷让某个物体按指定轨迹动起来、使用局部重绘技术在视频中生成指定对象等，视频编辑使得视频生成更加灵活可控，从而更接近商业应用。

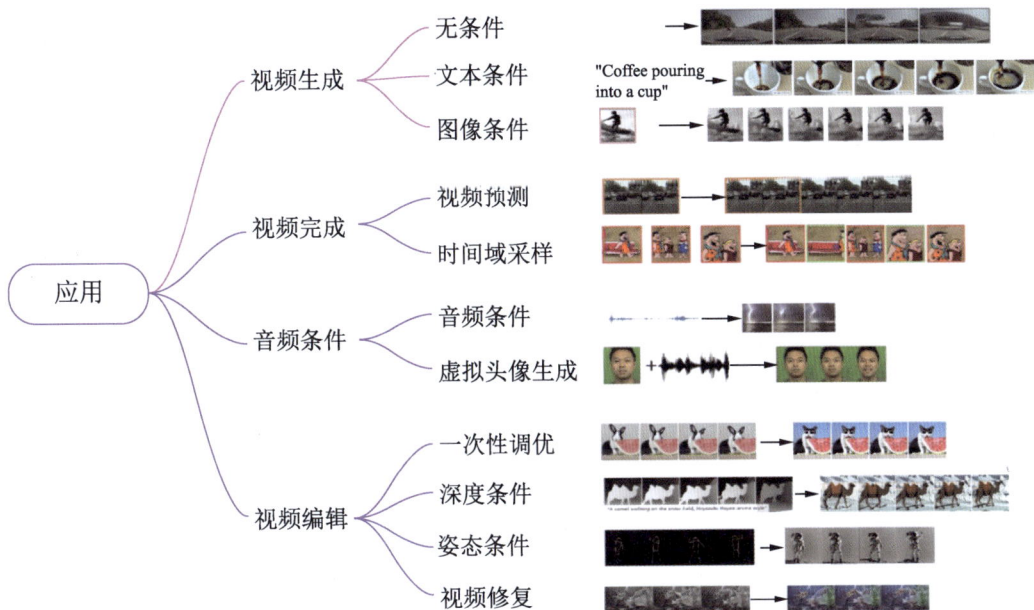

图 5-2　基于扩散模型的视频应用 [20]

5.2　视频扩散模型的基本框架

视频扩散模型的基本框架主要包括 UNet 和 ViT 两部分，下面分别进行讲解。

1. UNet

UNet 是目前扩散模型中去噪步骤最流行的架构选择，如图 5-3 所示。在讲解扩散模型时已经详细讲解了文本到图像的 UNet 的基本构成。

稳定扩散等文本到图像的模型可以产生逼真的图像，但将其扩展到视频生成任务并不简单。如果试图天真地从文本提示中生成单独的视频帧，则所得序列将缺乏空间或时间相干性，即视频的上下帧之间将毫无逻辑与物理规律。

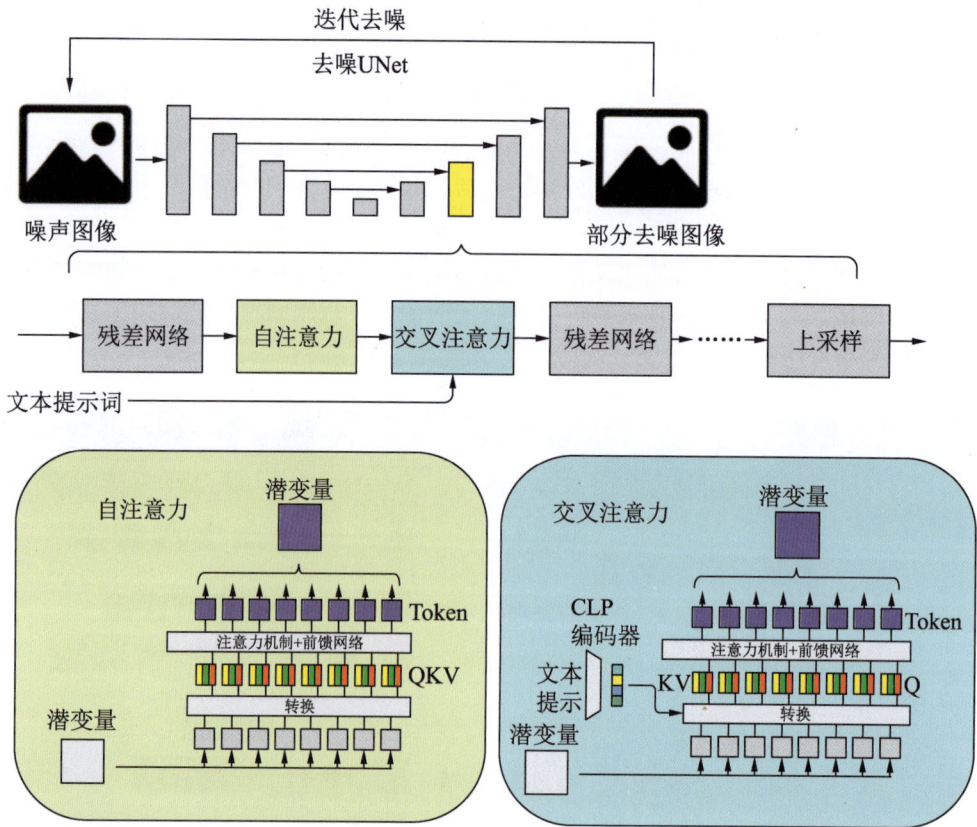

图 5-3　文生图扩散模型中的去噪 UNet 架构 [20]

对于视频生成，需要适当调整 UNet 的基本构成。通过将图像扩散模型架构扩展至视频架构，Video Diffusion Models（VDM）[21] 提出了 3D UNet 架构，实现了使用扩散模型生成视频的方式，如图 5-4 所示。3D UNet 架构将原来 UNet 中的 2D 卷积替换成了 Space-only 3D 卷积（Space-only 3D Convolution）。

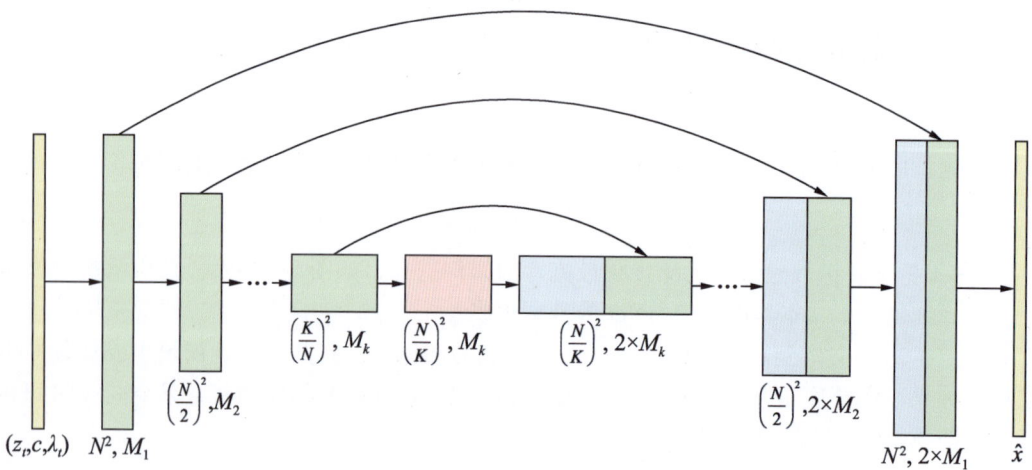

图 5-4　3D UNet 结构 [21]

具体而言，如果在原来的 UNet 中使用 3×3 卷积，在 3D UNet 中替换为 1×3×3 卷积。其中，第 1 维度"1"对应视频帧，即时间维度；第 2、3 维度"3×3"分别对应一帧的高度和宽度，即空间维度。由于第 1 维度是 1，故该维度对时间没有影响，仅对空间有影响，由此实现了由图像向视频的转化。

使用 3D UNet 架构进行推理时，需要先进行空间注意力运算，再进行时间注意力运算，因此，该方法也称为时空分离注意力（Factorized Space-Time Attention）。

3D UNet 架构有一个显著优点，即可以对视频和图片生成进行联合建模训练。通过在每个视频的最后一帧后面添加随机的多张图片，然后使用掩码将视频及各个图片进行隔离，从而让视频和图片生成能够联合训练起来，可进一步提高视频生成的保真度和效率。

Video Diffusion Models 是第一个将扩散模型引入视频生成领域的模型，它将 UNet 扩展为 3D 版本。后来，Imagen-Video 利用其强大的预训练文本图像生成器 Imagen 的优点，将时间注意层插入连续的空间层中以捕获运动信息，在高分辨率文本视频合成中表现出色。Make-a-Video 以 CLIP 语义空间为条件，先生成关键帧以调节文本先验信息，然后与多个插值和上采样扩散模型级联，以实现高一致性和保真度。

基于上述研究基础，研究者们提出了各种改进的、与其他模型联合的扩散模型视频生成框架，内容较多，此处不再一一赘述。

一般来说，使用扩散模型通过文本提示生成视频与使用该模型生成图像的方式类似。将文本生成视频视为生成一系列连续图像的问题，通过扩散模型先生成一系列图像，再将这些图像放在一起进行播放，从而生成视频，这个方法在提高视频保真度的同时，也降低了生成视频的难度。

基于扩散的文本提示生成视频的一般框架如图 5-5 所示，下面按照该框架讲解文生视频的一般过程。

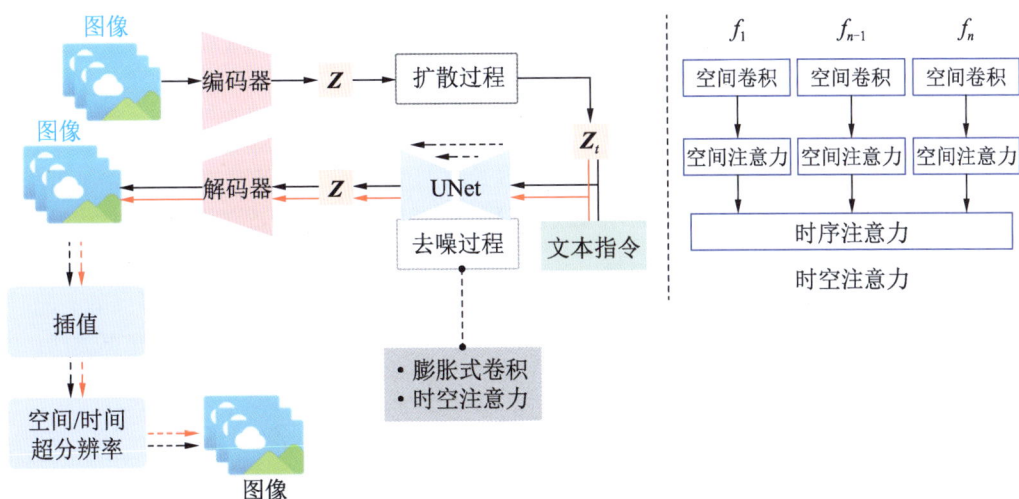

图 5-5　基于扩散的文本到视频生成模型框架[17]

注：黑色箭头为训练流程，红色箭头为推理流程，右图为时空注意力

（1）将视频帧编码为潜在表示 Z。

（2）在训练期间，噪声通过正向扩散过程添加到潜在表示 Z 中。

注入文本嵌入的噪声潜在表示 Z_t 被发送到执行反向去噪过程的生成器中。通常使用具有跳过连接的 UNet 作为典型的生成器，以保留从编码潜在表示到解码潜在表示的空间信息。此 UNet 架构可执行修改以适应视频的时间维度，通过这些修改，UNet 能够更好地处理视频数据，生成时间上连贯的结果。

虽然不同的模型进行了不同的修改，但这些修改通常可以分为两类：

- 插入时空注意力和将卷积层从 2D 扩展到 3D。时空注意力的原理是每帧独立执行空间操作，并进行跨帧混合时间操作；
- 修改时间操作的执行方式，如实现定向时间注意或稀疏注意。

将卷积层从 2D 扩展到 3D，可使用来自可分离卷积概念中的卷积层膨胀原理，用 $1 \times 3 \times 3$ 内核替换 3×3 内核，将 2D 卷积层膨胀为 3D。著名的 Tune-A-Video 和 Make-A-Video 便使用了膨胀卷积。

同时，Transformer 块需要结合额外的时间注意机制来适应维度扩展。

（3）从 UNet 中得到的潜在表示 Z 被解码为 RGB 视频帧。

为了在不增加计算成本的情况下构建高帧率和高分辨率视频，一些模型在解码后附加了插值和空间或时间超分辨率模块。

许多视频扩散模型是在预训练的文生图模型基础上进行扩展的。具体来说，这些模型通过在 UNet 架构中引入时序层（如 3D 卷积和时空注意力机制），并设计一个开关机制，使其能够同时支持图像和视频的训练。此外，原本用于文生图任务的 2D VAE 也被扩展，在其解码器部分加入了时序层，以适应视频数据的特性。视频扩散模型在视频数据上进行微调，并采用对抗损失进行训练，此时，使用 VAE 作为生成器，使用 3D 卷积作为判别器，最后使用 patch-wise 的方式对生成结果进行判别。

2. ViT

在扩散模型中，ViT 块有两个作用：

- 实现空间自注意力机制。其中，Q、K 和 V 指的是图像分块，允许在整个图像甚至整个视频序列上共享信息。
- 用于交叉注意力机制，调节对文本提示等附加引导信息并进行去噪处理。此时，Q 是图像分块，而 K 和 V 是基于已经使用 CLIP 编码器编码成类似图像表示的文本标记。

有研究者提出了纯粹基于视觉 Transformer 的扩散模型作为标准 UNet 的替代品。此时，整个模型不再利用卷积，仅使用一系列 Transformer 块。此方法生成的视频长度更灵活。在基于 UNet 的模型中，通常生成固定长度的输出序列，Transformer 模型可以自动回归预测相对任意长度的序列。

5.3　生成高清视频的两种技巧

生成高清视频是视频扩散模型的重要目标之一，在现有技术路线中，一般采用级联扩散模型（Cascaded Diffusion Models，CDM）与潜在扩散模型（Latent Diffusion Models，

LCD）生成高分辨率的视频。

1. CDM

CDM 由多个 UNet 模型组成，以增加生成图像的分辨率，如图 5-6 所示。通过对一个模型输出的低分辨率图像进行上采样，并将其作为输入传递给下一个模型，可以生成图像的高保真版本。在训练时，首先对去噪 UNet 模型的输出进行各种形式的数据增强，然后将其作为输入传递给级联中的下一个模型。高斯模糊与提前停止去噪过程是常用的两种数据增强方式。在使用消耗少许资源便可自然生成高保真图像的潜在扩散模型后，研究者就较少使用 CDM 了。

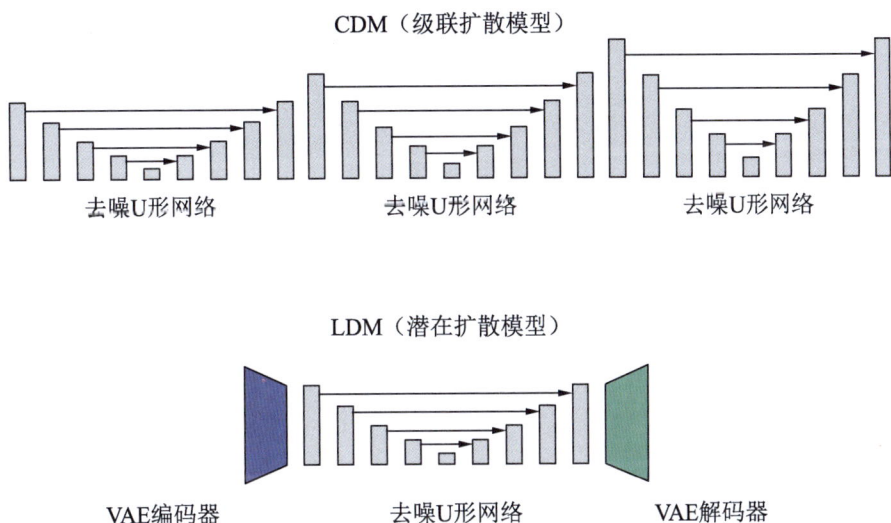

图 5-6　提升扩散模型输出分辨率：CDM 与 LDM[20]

2. LDM

LDM 是标准 UNet 架构的重要进展，现在已成为图像和视频生成任务的实际标准，如图 5-6 所示。

与在 RGB 像素空间操作不同，输入图像首先通过预训练的 VAE 编码成具有较低空间分辨率和更多特征通道的潜在表示。然后这种低分辨率的潜在表示被传递给 UNet，并在 VAE 编码器的潜空间中进行整个扩散和去噪。随后，去噪后的潜在表示通过 VAE 的解码器部分解码回原始 RGB 像素空间。

通过在较低维度的潜空间中操作，LDM 可以节省大量计算资源，与传统扩散模型相比，LDM 能够生成更高分辨率的图像。LDM 架构最著名的开源实现来自大名鼎鼎的 Stable Diffusion，研究者们对 LDM 架构进行了进一步改进，专注于如何调整模型架构来生成高分辨率的图像。

5.4 保持视频的时空一致性

像 Stable Diffusion 这样的文本到图像模型可以生成逼真的图像,但将它们扩展到视频生成任务上并非易事。如果我们简单地根据文本提示生成单个视频帧,那么视频上下帧之间将缺乏空间或时间连贯性。

为了实现时空一致性,视频扩散模型需要在视频帧之间共享信息。基于直觉,我们可以在去噪模型中添加第三个时间维度,以实现视频帧之间在时间序列上的信息关联,如图 5-7 所示。在 ResNet 块后使用 3D 卷积,同时,自注意力块则转变为完整的跨帧注意力块,可以实现时空一致性。然而,这种完整的 3D 架构计算成本非常高,难以获得推广。

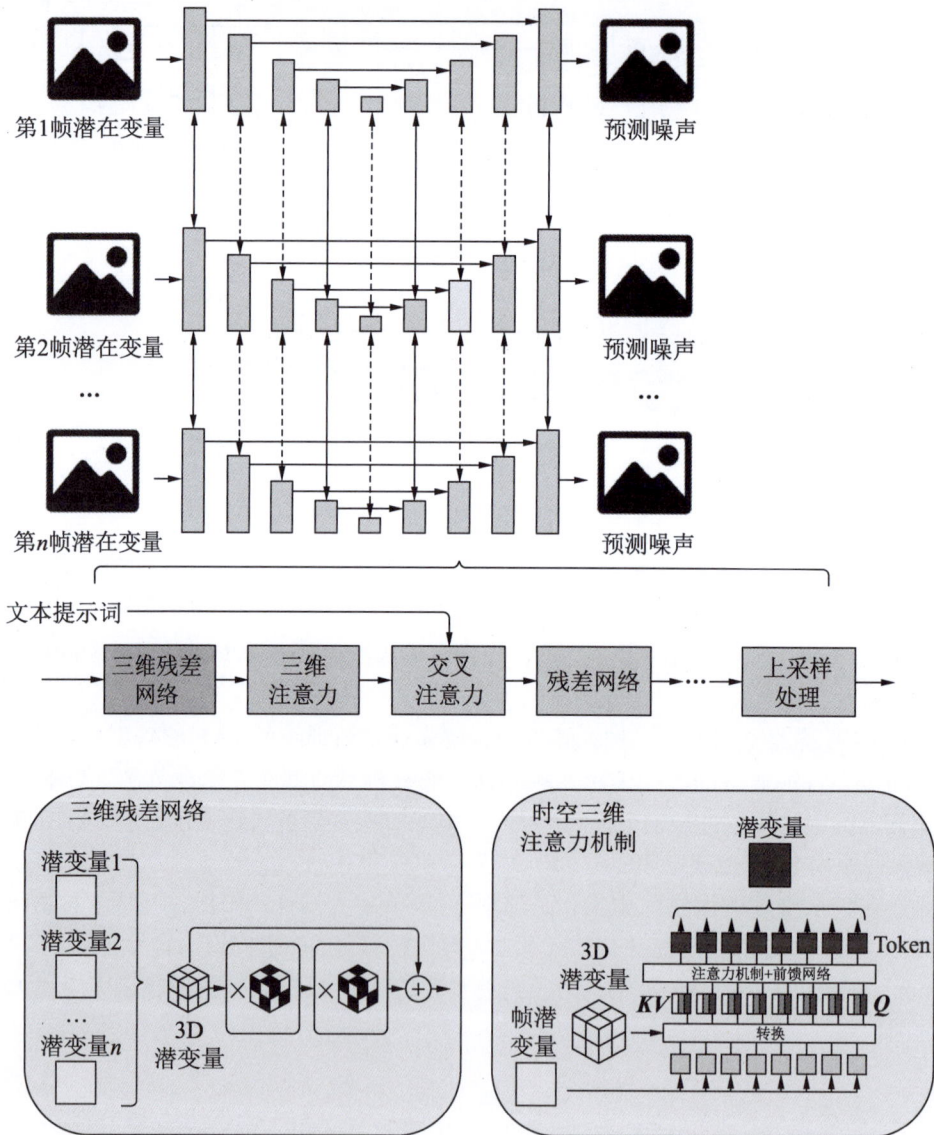

图 5-7 视频生成的 3D UNet

　　为了降低视频 UNet 模型的计算需求，研究者们提出将 3D 卷积和注意力块分解为空间 2D 和时间 1D 模块的简化方案。时间 1D 模块经常被插入预训练的文本到图像模型中，并经常使用时间上采样技术来增加运动一致性。在视频到视频的任务中，经常使用预处理后的视频特征（如深度估计）来指导去噪过程。训练数据的类型和训练策略对模型生成一致运动的能力有着深远的影响。

1. 时空注意力机制

　　为了实现视频帧之间的空间和时间一致性，大多数视频扩散模型都会修改 UNet 模型中的自注意力层。自注意力层包含一个视觉转换器（Vision Transformer），用于计算同一图像中查询块与其他所有块之间的相关性，如图 5-8 所示。

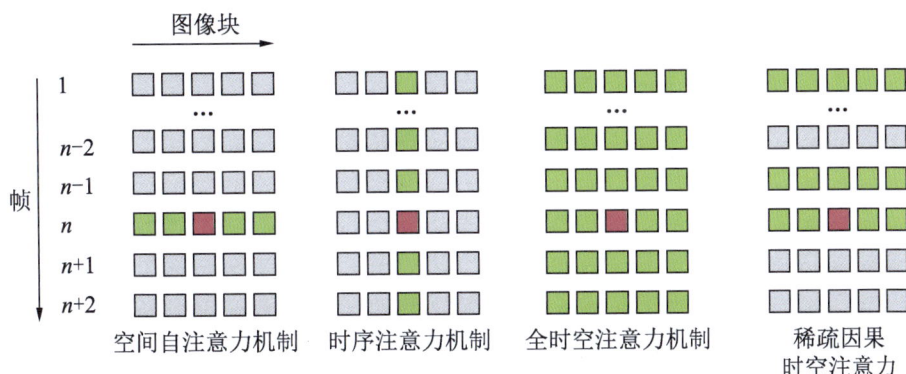

图 5-8　时间动态建模的注意力机制 [20]

　　这一基本机制可以通过多种方式进行扩展：

- ❑ 在时间注意力（Temporal Attention）中，查询块会关注其他视频帧中相同位置的块；
- ❑ 在全时空注意力（Full Spatio-Temporal Attention）中，查询块会关注所有视频帧中的所有块；
- ❑ 在因果注意力（Causal Attention）中，查询块只会关注所有先前视频帧中的块；
- ❑ 在稀疏因果注意力（Sparse Causal Attention）中，查询块只会关注有限数量的先前帧中的块，通常是第一帧和紧接其前的一帧。

　　不同形式的时空注意力在计算需求上有所不同，并且在捕捉运动方面的效果也不同。此外，生成运动的质量很大程度上取决于所使用的训练策略和数据集。

2. 时间上采样

　　生成长时间的视频序列往往需要较高的算力，通常超出了当前硬件的算力性能。尽管研究者已经尝试了不同的优化技术来减轻计算负担，但即便使用高端 GPU，大多数模型也只能生成数秒钟的视频序列。

　　为了克服视频生成时长的限制，许多研究人员采用了分层上采样技术。首先生成间隔的关键帧，然后通过在相邻关键帧之间进行插值，或者使用以两个关键帧为条件的附加扩散模通道来填充中间帧。然而，即使使用这种方法，当前的扩散模型也很少能生成超过 4 秒的视频。

作为时间上采样的替代方案，生成的视频序列也可以以自回归的方式延长。在此方法中，上一批生成的最后一帧或多帧视频将被用作下一批第一帧或多帧的生成条件。理论上可以通过这种方式任意延长视频，但在实际应用中，随着时间的推移，生成结果往往出现重复和质量下降等问题。

3. 结构保持

视频到视频的翻译任务通常追求两个相互矛盾的目标：一方面要保持源视频的大致结构，另一方面要引入所需的变化。过于遵守源视频可能会妨碍模型进行编辑的能力，而过度偏离源视频的布局则可以实现更具创意的结果，但对空间和时间一致性会产生负面影响。

为了保持输入视频的大致结构，通常将去噪模型中的初始噪声替换为输入视频帧的潜在表示。通过改变每个输入帧上添加的噪声量，用户可以控制输出视频与输入视频的相似程度。然而，在实践中，这种方法难以保留输入视频的细节，因此通常需要与其他技术结合使用。

首先，当添加较高量的噪声时，对象的轮廓不能得到足够的保留，这可能导致视频中出现物体的扭曲，如常见的 AI 人物手指畸形等。此外，如果在去噪过程中信息未在各帧之间共享，则关注的细节可能会随时间推移而发生变化。

通过在去噪过程中加入从原始视频中提取的额外空间线索，可以在一定程度上缓解细节保留问题。例如，可以训练考虑深度估计的专门扩散模型来保持空间深度结构。这里可以参考广泛使用的 ControlNet。ControlNet 是 Stable Diffusion 去噪 UNet 编码器部分的微调副本，它可以与预训练的 Stable Diffusion 模型结合，进而对各种类型的信息进行条件控制，如深度图、姿势图或线条图。使用预处理器提取图像特征，通过专门的编码器进行编码，通过 ControlNet 模型传递并与图像潜在表示拼接，通过指定条件控制去噪过程，从而实现可控生成。此外，可以任意组合多个 ControlNet，同时实现多个条件的控制。

一些视频扩散模型已经实现了类似于 ControlNet 的基于提取的帧特征或姿态估计的视频编辑。

5.5 基于多样性数据训练模型

视频扩散模型的训练方法主要有以下几种，如图 5-9 所示。

1. 基于视频的训练

基于视频的训练方法直接使用视频数据进行模型训练。视频数据包含连续帧之间的时间信息和空间信息，使得模型能够学习到视频特有的动态特性和结构。然而，该方法可能需要大量的视频数据，并且训练过程相对较慢。

2. 图像和视频同时训练

在图像和视频同时训练方法中，模型会同时接受图像和视频数据进行训练。图像数据可以帮助模型学习到更丰富的静态特征，而视频数据则提供了动态特征。这种同时训练的方式有助于模型更快地学习到视频数据的复杂特性，并且可以在一定程度上缓解对大量视频数据的需求。

3．基于图像的预训练和在视频上的微调

在基于图像的预训练和在视频上的微调这种方法中，模型首先会在大量图像数据上进行预训练，以学习到基本的视觉特征。然后使用视频数据对模型进行微调，使其能够学习到视频特有的动态特性。这种方法利用了图像数据的丰富性和易获取性，同时通过微调来适应视频数据的特性，是一种高效且实用的训练方法。

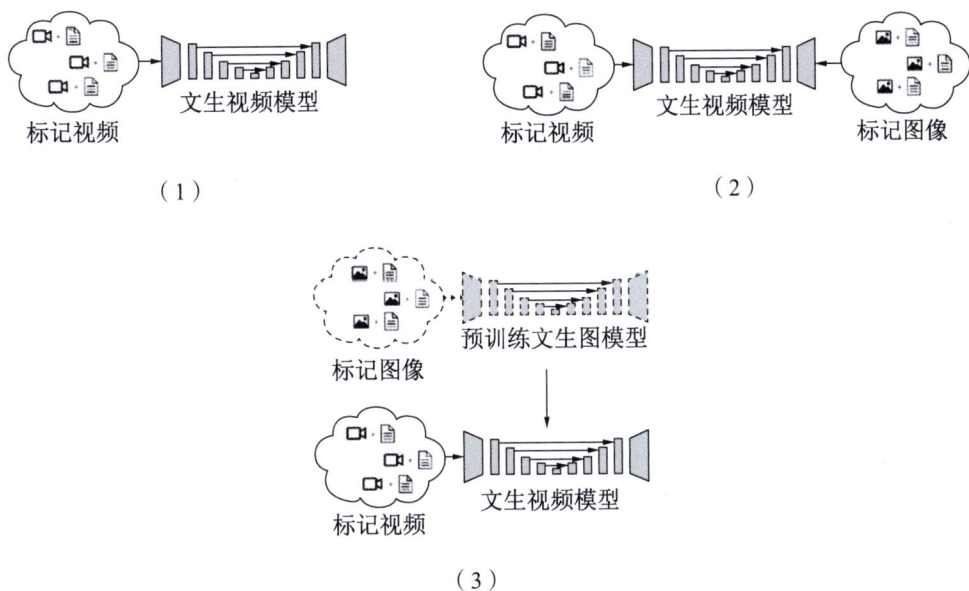

图 5-9　时间动态建模的注意力机制[20]

第6章

混合模型

在前两章中我们简要介绍了生成模型和视频扩散模型中经典且流行的模型，如 VAE、GAN、UNet 与 ViT 等，并且简述了其运行原理。本章将介绍将二者优势巧妙融合的混合模型，其中主要介绍的模型为 DiT（Diffusion Transformer），其次还会简要介绍 Sora 和可灵模型。

6.1 DiT 简介

DiT[22] 是一种新型的扩散模型，由 William Peebles、Sanning Xie 于 2023 年提出。该模型为一种生成模型，通过模拟数据的逐步去噪过程来生成新的样本。DiT 的核心是使用 Transformer 作为扩散模型的骨干网络，而不是使用传统的卷积神经网络（如 UNet）来处理图像的潜在表示，如图 6-1 所示。

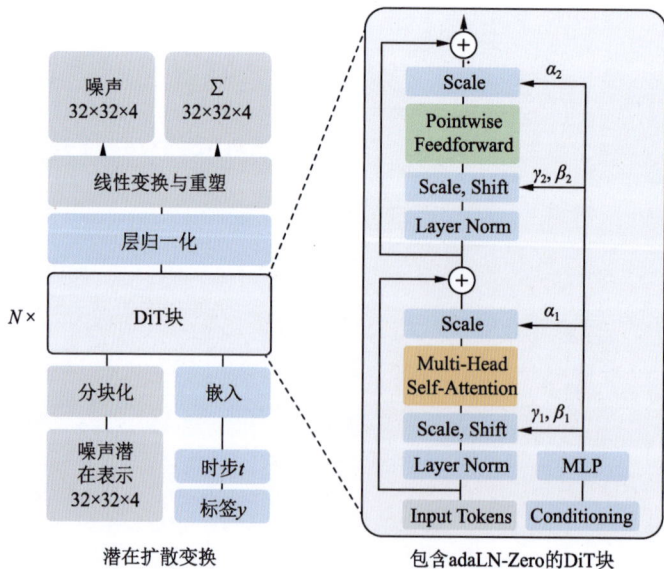

图 6-1 DiT 架构原理图 [22]

1. 框架

1）数据准备

使用一个预训练的 VAE 将输入图像编码成潜空间的低维向量。该潜空间的表示通常是图像的低维度表示。例如，将 $256 \times 256 \times 3$ 的图像编码成 $32 \times 32 \times 4$ 的潜在向量。这个处理结果将作为 DiT 模型的输入。

2）分块化处理

输入的低维向量首先经过一个分块化的处理过程，将其分割成更小的一系列小片段 patches，每个片段对应于 Transformer 模型的一个输入标记 Token。这个过程相当于把图像分割成小块，以便模型可以处理。每个片段通过线性嵌入转换为一个固定维度的向量，然后添加位置编码，以便模型可以理解片段在图像中的所在位置。

3）Transformer 处理

上一阶段的输入序列经过一系列的 Transformer 模块进行处理。这些模块包含自注意力层、前馈神经网络及归一化等组件。在 DiT 中，研究者们尝试了不同的 Transformer 块处理，例如自适应归一化处理（adaLN）、交叉注意力（Cross-Attention）、上下文条件（In-Context Condition）等，以处理条件信息，如时间步长（Timesteps）及类别标签（Class Labels）。

4）条件扩散过程

在训练过程中，DiT 模型学习逆向扩散过程，即从噪声中恢复成清晰的图像。这个过程涉及预测噪声的统计特性，如均值（mean）和方差（covariance）。

5）样本生成

在训练完成后，可以通过 DiT 生成新的图像。首先，从标准正态分布中采样一个潜在表示，然后通过 DiT 模型逆向扩散过程，逐步去除噪声，最终解码回像素空间，从而得到生成的图像。

2. 特点

DiT 模型的可扩展性体现在通过增加 Transformer 的层数，宽度、输入标记的数量来提高模型的计算量，从而降低 FID、提高模型生成的图片质量。这种可扩展性使得 DiT 模型能够在不同分辨率和复杂度下生成高质量的图像。

DiT 是一种结合了扩散模型与 Transforme 架构的新型技术，目的是在保持变换器架构优秀扩展性的同时，提高图像生成的效率和质量。通过细致的设计，DiT 旨在处理高分辨率图像生成任务，如在 ImageNet 数据集上生成 256×256 和 512×512 分辨率的图像，展现出超越现有技术的性能。

通过引入不同的块设计如自适应层归一化（adaLN）和 adaLN-zero，以及优化条件化机制，DiT 进一步提高了图像的生成质量和模型的稳定性。特别是 adaLN-zero 通过将每个 DiT 块初始化为恒等函数，显著提高了模型性能。

在经过大规模训练后，DiT 模型在 256×256 和 512×512 ImageNet 任务上有了突破性的进展，实现了更低的 FID 得分，超越了以往的扩散模型和其他生成模型，如 StyleGAN-XL。这一成就得益于模型设计的优化、高效的计算分配以及有效的训练策略。

模型增加采样步骤来使用额外的计算资源，并不能补偿模型计算能力的不足。即使小型模型在测试时使用更多的 Gflops 进行采样，也无法与大型模型在生成质量上竞争。

DiT 缩放属性和生成质量预示着在更大模型和更高分辨率图像生成任务中有巨大的潜

力。未来，DiT 可探索应用于更广泛的生成任务。

6.2　开创性的文生视频模型 Sora

　　2024 年初，OpenAI 正式宣布推出文本生成视频的大模型——Sora，其结构如图 6-2 所示。Sora 能够根据简单的文本描述生成出高达 60 秒的高质量视频，这让视频创作变得前所未有的简单和高效。

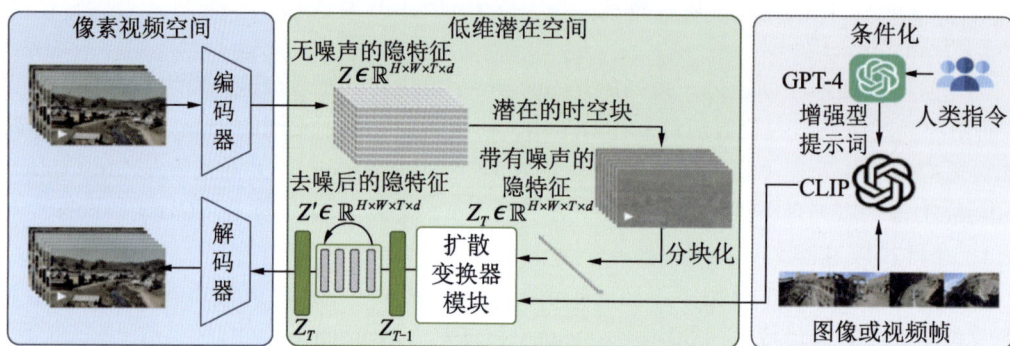

图 6-2　Sora 模型架构示意 [23]

　　在 Sora 的技术报告中，明确提出视频相关的基础架构是基于 DIT 的 Diffusion + Transformer 进行，同时保留了 Patch 编码方式。Transformer 系列的架构在语言模型中已经被证明非常有效，而在有时序特征表达的视频生成模型中，Transformer 确实也有强大的需求。

　　Diffusion 和 Transformer 结合发挥了关键作用。Diffusion 模型负责处理图像的低级纹理和细节生成，而 Transformer 模型则处理高级布局和组织。这种结合允许 Sora 既能生成具有丰富细节的图像，又能保持图像的全局一致性和结构。通过这种方式，Sora 能够根据文本提示创建出高质量且内容丰富的视频帧。

　　Sora 的训练过程包括以下关键步骤：

　　（1）视频压缩。首先，Sora 使用视频压缩网络将原始视频数据转换为潜空间中的低维向量。这有助于模型处理大规模的视频数据，并为后续步骤提供了更高效的输入。

　　（2）时空 Patches 提取。在潜空间中的低维向量的基础上，Sora 从视频数据中提取时空 Patches，这些 Patches 充当了模型训练过程中的 Tokens。这使得模型能够处理视频的不同分辨率、持续时间和宽高比，为生成具有丰富细节的视频帧奠定基础。

　　（3）扩散训练。Sora 是一个扩散模型，它通过训练来学习如何将无序的噪点图逐渐变为布局清晰、符合用户文字提示的视频帧。在训练过程中，模型逐步去除噪声，同时引入结构和模式，以逐渐塑造出与文本提示相匹配的清晰图像或视频。

　　Sora 是一个扩散模型，给定输入噪声 Patches（以及文本提示等调节信息），可以用它来训练和预测原始的"干净"Patches。DiT 也可以有效地缩放为视频模型。研究者在训练过程中发现，随着训练计算的增加，样本质量显着提高。

6.3 国产视频生成模型可灵

在国内，混元大模型是腾讯推出的首个基于中文的 DiT 架构，能够捕捉中文的细微含义并生成高质量图像。混元 DiT 结合了双文本编码器，支持多模态大语言模型和多轮多模态对话，提高了中文处理能力。目前，混元 DiT 主要用于图像生成，并不支持视频生成。

2024 年 6 月 6 日，可灵推出一款 AI 视频生成大模型，该模型采用类似 Sora 的 DiT 技术路线，结合多项自研技术创新，生成的视频不仅运动幅度大且合理，还能模拟物理世界特性，具备强大的概念组合能力和想象力。从数据上看，可灵支持生成长达 2 分钟的 30fps 的超长视频，分辨率高达 1080P 且支持多种宽高比。

可灵不但在想象上天马行空，在描绘运动时也能做到符合真实的运动规律，复杂、大幅度的时空运动也能准确刻画（量子位）。

与 Sora 长期不开放使用不同，可灵推出后快速开放在全球使用，并迅速超越知名视频生成模型 Gen3 与 Pika，成为视频生成领域效果最好的大模型。

整体上，可灵大模型采用了原生的文生视频技术路线，替代了图像生成 + 时序模块的组合（DiT），这也是可灵生成时间长、帧率高，能准确处理复杂运动的核心原理。

具体来看，快手大模型团队认为，一个优秀的视频生成模型，需要考虑四大核心要素——模型设计、数据保障、计算效率以及模型能力的扩展。

1. 模型设计

Scaling Law 在 Sora 中得到了再一次的验证，可灵采用类 Sora 模型架构，模型架构主要考虑足够强的拟合能力与足够多的参数容量等两方面的因素。

在选择架构时，可灵整体框架采用了类 Sora 的 DiT 结构，用 Transformer 代替传统扩散模型中基于卷积网络的 UNet。Transformer 的处理能力和生成能力更强大，扩展能力更强、收敛效率更好，解决了 UNet 在处理复杂任务时冗余过大、感受野和定位精度不可兼得的局限。

在此基础之上，快手大模型团队还对模型中的隐空间编 / 解码、时序建模等模块进行了升维。

目前，在隐空间编 / 解码上，主流的视频生成模型通常沿用 Stable Diffusion 的 2D VAE 进行空间压缩，但这对于视频而言存在明显的信息冗余。因此，快手大模型团队自研了 3D VAE 网络，实现时空同步压缩，获得了较高的重建质量，在训练性能和效果上取得了最佳平衡。

另外在时序信息建模上，快手大模型团队设计了一款计算高效的全注意力机制（3D Attention）作为时空建模模块。该方法可以更准确地建模复杂时空运动，同时还能兼顾具运算成本，有效提升了模型的建模能力。

当然，除了模型自身的能力，用户输入的文本提示词也对最终生成的效果有重要影响。为此，快手大模型团队专门设计了专用的语言模型，可以对用户输入的提示词进行高质量扩充及优化。

2. 数据保障

在设计好模型后，需要庞大的高质量数据训练模型，这对于模型的表现至关重要。

事实上，训练数据的规模和质量不足，正是许多视频生成模型研发者所面临的棘手问题。开源视频数据集普遍质量不够高、难以满足训练需求。

快手大模型团队构建了较为完备的标签体系，可以精细化地筛选训练数据，并对训练数据的分布进行调整。该标签体系从视频基础质量、美学、自然度等多个维度对视频数据质量进行刻画，并针对每个维度设计多种定制化的标签特征。

在训练视频生成模型时，需要同时把视频及对应文本描述输入模型中。在保证视频质量后，快手大模型团队专门研发了视频描述模型，可以生成精确、详尽、结构化的视频文本描述，显著提升了视频生成模型的文本指令响应能力。

3. 计算效率

训练和推理效率是衡量视频生成大模型的关键因素。为了提升模型计算效率，可灵大模型没有采用当前行业主流的 DDPM 方案，而是使用了传输路径更短的 Flow 模型作为扩散模型基座。

4. 能力扩展

在基础模型的研发基础上，快手大模型团队也从长宽比等多个维度上对其能力进行了扩展。

在长宽比上，可灵同样没有采用主流模型在固定分辨率上进行训练的方式。因为传统方法在面对长宽比多变的真实数据时通常会引入前处理逻辑，破坏了原始数据的构图，导致生成结果构图较差。相比之下，快手大模型团队的方案可以使模型直接处理不同的数据，保留原始数据的构图。

为了应对未来数分钟甚至更长的视频生成需求，快手大模型团队也研发了基于自回归的视频时序拓展方案且不会出现明显的效果退化。除了文本输入外，可灵还支持多种控制信息输入，如相机运镜、帧率、边缘、关键点、深度等，为用户提供了丰富的内容控制能力。

第 3 篇

AI 视频平台、工具与模型

从 2022 年开始，生成式 AI 视频的质量持续快速提升，开始在越来越多的流程和场景中辅助视频创作。同时，基于不同大模型开发开源或在线 AI 视频生成平台批量上线。如何选择合适的 AI 视频工具辅助视频生成与编辑，成为 AI 视频使用者的首要问题。

本篇首先介绍 AI 视频领域的在线平台，如 Runway、Pika、可灵 AI、即梦 AI 和 HeyGen 等。随后介绍 AI 视频领域的开源模型，如 I2VGen-XL、Stable Video Diffusion（SVD）等。最后介绍具备视频生成能力的多模态大模型，如文心一言、通义千问和豆包等。

由于 AI 视频模型与平台较多，此处仅对其功能与生成效果进行概述。针对目前较为流行的 Runway、Pika、可灵 AI 和 Stable Video Diffusion 等平台和模型，将在下一篇中详细讲解其使用教程。

☞ 第 7 章　在线 AI 视频平台

☞ 第 8 章　开源 AI 视频模型

☞ 第 9 章　多模态大模型

第 7 章

在线 AI 视频平台

本章首先介绍那些引领潮流、深受用户喜爱的在线平台。在国内，诸如可灵 AI、即梦 AI 以及智谱清影等创新平台，正以迅猛之势崛起，它们凭借先进的技术实力和丰富的功能特性，为用户提供了前所未有的视频创作与编辑体验。这些平台不仅简化了复杂的视频制作过程，更将 AI 技术融入其中，让每个人都能轻松成为视频创作的大师。

在国外，Runway、Pika 以及 Akool 等知名平台同样在 AI 视频领域大放异彩。它们不仅有着先进的技术，更通过不断的迭代升级，为用户带来了更加多样化、个性化的视频创作平台。这些平台不仅提升了视频制作的专业性和效率，更为全球范围内的创作者们搭建了一个交流、学习和展示的广阔舞台。在接下来的内容中，笔者将详细介绍这些平台的功能。读者也可以参考附录 A 中的在线 AI 视频平台一览表，快速查找并选择满足自己需求的在线视频生成平台。

7.1 国内流行的 AI 视频平台与工具

本节我们将深入介绍国内一些引领潮流、深受用户喜爱的在线视频平台，包括如何注册、上传视频、编辑内容以及互动功能等。此外还将展示这些平台的生成效果，帮助读者更好地理解如何利用这些工具创作出高质量的视频内容。

7.1.1 腾讯智影

腾讯智影是腾讯出品的智能影音制作工具，该工具的在线使用网址为 https://zenvideo.qq.com/，其官网首页如图 7-1 所示。腾讯智影提供了全面的视频制作功能，除文章转视频核心功能外，还提供了文本配音、数字人播报、数字人与音色定制、字幕识别、智能抹除、智能横转竖、智能变声、视频解说等实用的功能。

1. 使用

（1）准备文案。作为核心功能的文章转视频功能，其使用界面简单，如图 7-2 所示。用户在最上方的文本框内输入内容主题，或者选择系统推荐内容主题，然后单击"AI 创作"，等待几分钟后 AI 就会自动写好一份关于所填写主题的文本内容。如不满意，可以在上方文本框内填写修改意见，重新生成优化后的内容。

图 7-1　腾讯智影主页

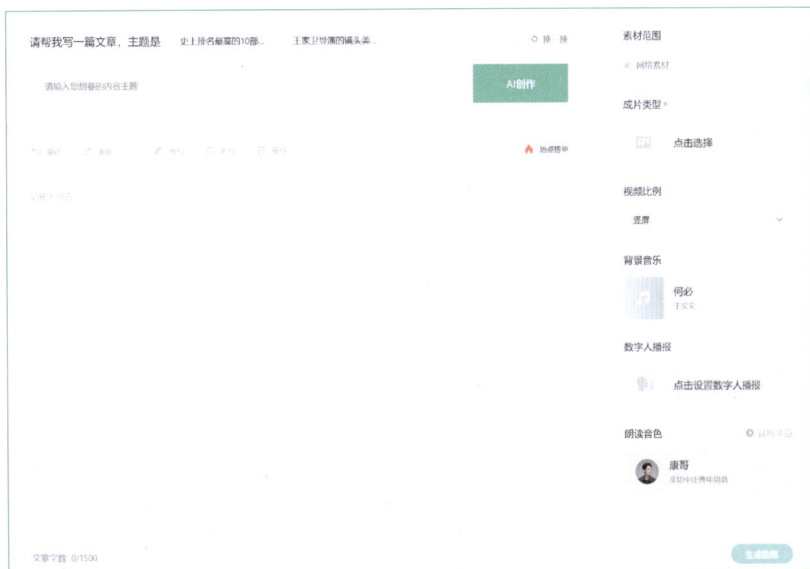

图 7-2　"文章转视频"页面

（2）选择相应视频参数。创作好剧本内容后，在右侧选择成片类型、背景音乐和视频
比例。网站提供了多种视频类型，如影视综解说、娱乐资讯、各种小说类型等，如图 7-3
所示。如需制作教育、新闻等类型的视频，可以选择合适的数字人和朗读角色。

（3）生成视频。单击右下方的"生成视频"按钮，等待数分钟后，即可生成视频。

腾讯智影提供了限定次数的免费体验机会，如需增加使用次数，需要付费购买服务。

2. 效果

腾讯智影生成的视频质量较高，视频时长较长，生成视频的素材种类十分丰富，但是生成的视频偏向于媒体解说类型，较为单一。

图 7-3　"成片类型"页面

7.1.2　秒创

秒创是一个综合性 AIGC 平台，提供了文生视频、图生视频、配音、数字人等多种在线 AI 工具。该平台的网址为 https://aigc.yizhentv.com/index.html，主页如图 7-4 所示。秒创提供了丰富的素材库，用户基于素材可以快速创作视频。同样，该平台提供了具有基础功能的免费版本，付费后才能享有完整功能。

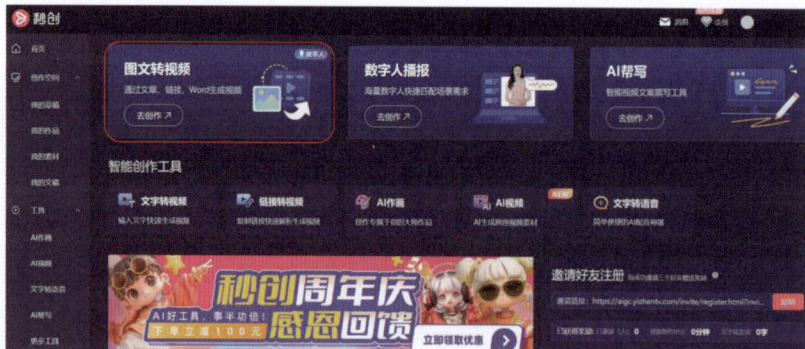

图 7-4　秒创主页

1. 使用

（1）准备文案。用户如果已备好文案，可以单击"Word 导入"导入文案；如果用户想使用网页内容作为文案，可以单击"文章链接输入"输入该文章的链接；如果用户没有提前准备文案，可以单击"文案输入"输入文案。在"输入文案"中，用户只需要填写部分内容，剩下的内容可以通过下方的"AI 帮写"进行完善。

（2）选择素材。准备好文案后，用户可选择视频的匹配范围，包括在线素材、私有素材（该选项需要充值会员）和行业素材。用户还可以选择是否需要增加数字人以及视频的比例。做好上述选择后，单击"下一步"按钮，具体操作如图 7-5 所示。

图 7-5　"图文转视频"页面

（3）编辑文稿。进入"编辑文稿"页面后，系统会自动根据准备好的文案内容生成标题，如不满意可自行修改，如图 7-6 所示。用户可选择文稿的分类并且增加文案内容。

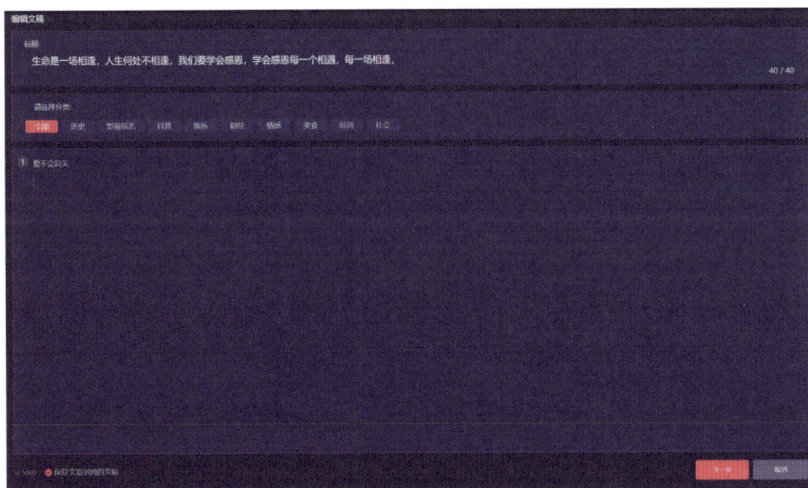

图 7-6　"编辑文稿"页面

（4）生成视频。完成上述设置后，单击"下一步"按钮，等待数分钟，即可生成对应视频。

2. 效果

秒创生成的视频质量较高，视频时长较长。但是相较于腾讯智影，秒创的视频素材种类较少，视频类型同样较为单一。

7.1.3　可灵 AI

可灵 AI 是由快手在最近发布的一个 AI 集成平台，该平台的网址为 https://klingai.kuaishou.com/，主页如图 7-7 示。目前，可灵 AI 已经结束内测阶段，进入开放使用阶段，并推行了国际版可灵 AI。可灵 AI 目前支持 AI 绘画生成和 AI 视频生成两款热门应用，并且视频编辑应用正在开发。

图 7-7　可灵 AI 主页

与 SVD 的开源且免费相比，可灵 AI 最显著的特点为闭源、收费。

1. 使用

目前，可灵 AI 支持文本生成视频和图像生成视频两种，视频编辑功能还在开发中，用户可以登录官网进行使用。其中有些功能需要用户支付一定费用才能使用，如图生视频中的首尾帧功能，运镜方式中的高级运镜等，具体使用教程请参考第 11 章的相关内容。

2. 效果

目前，可灵 AI 是国内视频生成效果很高的生成平台，不论是文生视频还是图生视频，所生成的视频看上去十分自然，基本无闪烁，并且人物动作十分流畅，对提示词的展现效果十分好。

7.1.4　剪映

剪映是一款全能、易用的视频生成与编辑工具，该工具的在线使用网址为 https://www.capcut.cn/，主页如图 7-8 所示。剪映提供了丰富的素材和图文成片的功能。目前，图文成片功能只能在剪映软件中使用，需要用户自行下载安装。剪映的多数功能可免费使用，有一部分功能需付费使用。

图 7-8　剪映主页

1. 使用

（1）准备文案。对于有一定编辑文案能力的用户，可以选择左上角的"自由编辑文案"选项自行编辑视频的内容，如图 7-9 所示。

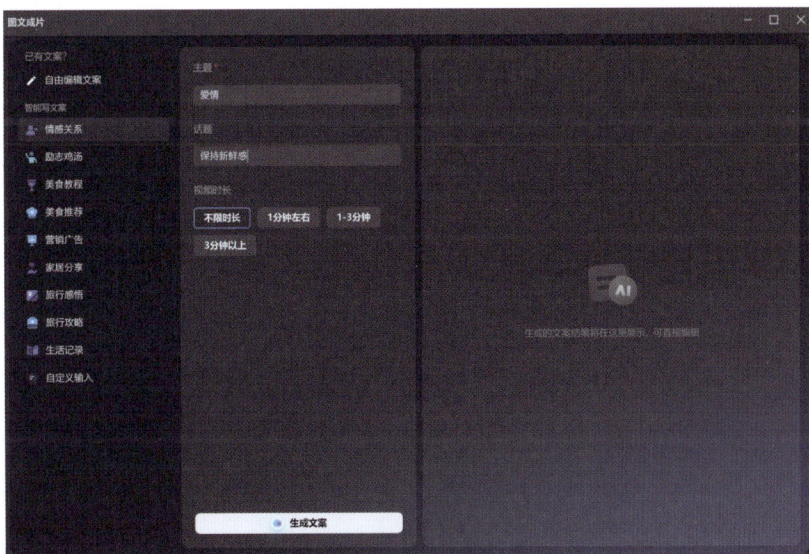

图 7-9　"图文成片"页面

（2）选择视频主题类型。不具备编辑文案能力的用户可以在下方选择视频内容的主题类型，如果上方没有对应的类型，可以选择最下方的"自定义输入"选项自行编辑视频主题和风格。单击相应的类型，在旁边填写好相应的信息，用户也可以自行选择视频时长。填写完毕后单击下方的"生成文案"按钮，AI 将会自动在后侧为其创作出相关的文案，如图 7-10 所示。

（3）挑选文案。AI 将会创造出 3 个相关的文案，用户可以自行选择。如果用户觉得不满意，可以单击"重新生成"按钮或者在上方文案的文本框内自行修改。如果用户想要更改配音的角色，可以单击下方的"如来"右侧的倒三角进行自由切换。

（4）生成视频。单击右下角的"生成视频"按钮，等待几分钟后将会生成对应的视频。

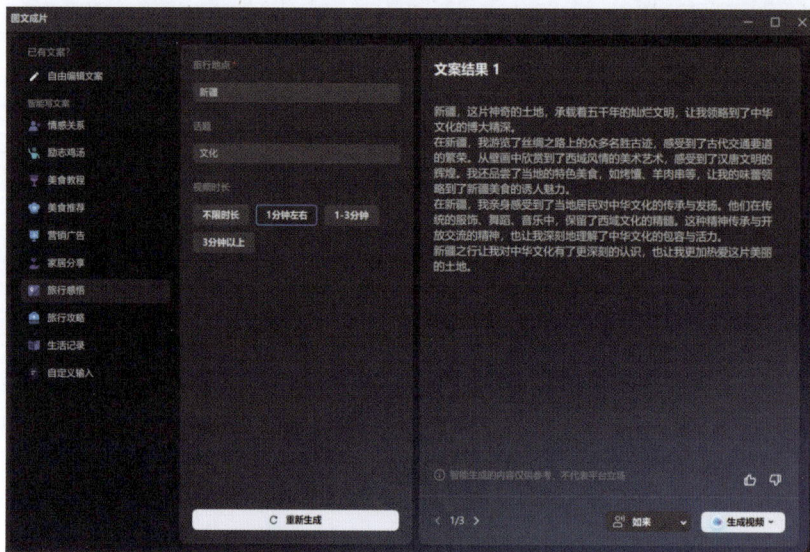

图 7-10　"文案结果"

2. 效果

剪映生成的视频质量较高，视频时长较长且可自行选择，相较于一帧秒创，剪映的视频素材种类十分丰富，视频类型多样。但是其素材大部分为网上现有的，缺乏创新性。

7.1.5　即梦 AI

即梦 AI 是剪映旗下的一个生成式人工智能创作平台，它目前支持文本生成视频和图像生成视频两种，该平台的网址为 https://jimeng.jianying.com/，主页如图 7-11 所示。对于生成视频来说，目前即梦 AI 每天都会赠送 66 积分供普通用户使用，但是只能当天使用，不能叠加，并且有些功能需要充值会员才能使用，连续包年的收费标准如图 7-12 所示，其他收费标准可自行在官网查询。

1. 使用

首先介绍文生视频，具体步骤如下：

（1）输入文案。对于有一定编辑能力的用户，可以在图 7-13 ②区域的文本框中输入生成视频的内容；对于没有编辑能力的用户，可以通过文心一言等大语言模型编辑文案，随后复制到②区域即可。

（2）选择视频模型。目前即梦 AI 提供了四种视频模型，分别为视频 S2.0、视频 S2.0Pro、视频 P2.0Pro 和视频 1.2。这里选择视频 1.2 的模型，如图 7-13 ③所示。

（3）设置运镜方式。用户可以在"运镜控制"栏自行设置运镜方式，如图 7-13 ③所示。该区域不仅可以调整运镜方向，还可以更改运动幅度，如图 7-13 ⑦所示。如果没有运镜技术基础，直接选择默认的"随机运镜"即可。

图 7-11　即梦 AI 土页

图 7-12　收费标准

（4）调节基础参数。用户可以自行选择生成视频的运动速度，有慢速、适中和快速三种方式供其选择。目前生成视频提供了两种模式，其中，标准模式适合生成动作幅度适中的视频，流畅模式适合生成动作幅度较大的视频。在"标准模式"中生成视频的时长有 3秒、6 秒、9 秒和 12 秒，而在"流畅模式"中生成视频的时长有 4 秒、6 秒和 8 秒，如图 7-13 ⑦所示。即梦 AI 目前支持自动匹配视频比例，暂不支持手动调整。

（5）生成视频。所有参数调节完后，单击"生成视频"按钮即可，等待几分钟后便能生成好视频，如图 7-13 ⑥所示。

图生视频的操作设置与文生视频基本一致，二者的区别仅在于输入方面。图生视频首先需要上传目标图片，如图 7-13 ①所示。用户可以在图片下方的文本框中输入文案，以提高生成视频的效果。即梦 AI 同样也提供了"使用尾帧"的功能，可以上传生成视频的首尾两帧来提升生成视频的效果。

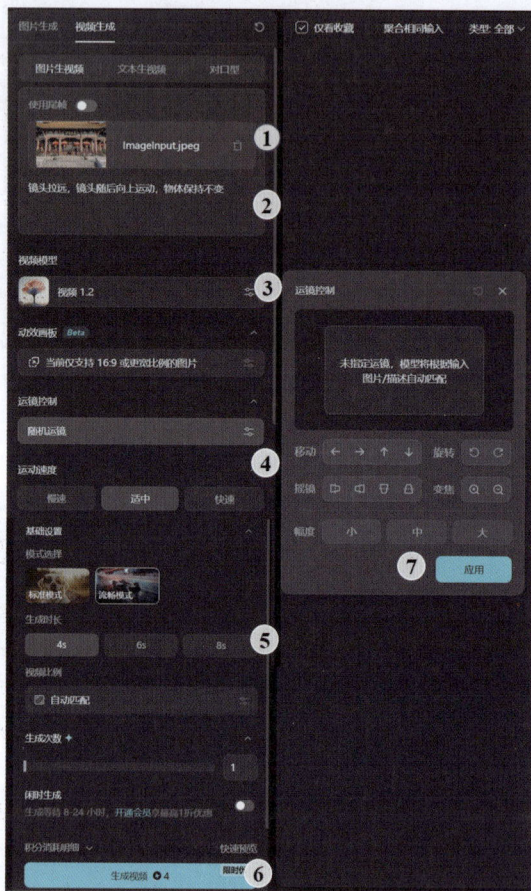

图 7-13　操作设置页面

2. 效果

无论文生视频还是图生视频，即梦 AI 的生成视频效果都不错，看上去十分自然，基本无闪烁，但是对于文案的相关性不是很好，有时会生成与文案不大相符的视频，其生成视频的效果与 Runway 的 Gen-2 和 Pika 等流行平台相差不大，但与可灵 AI 相比，效果就差一些了。

7.1.6　PixVerse

PixVerse V2 是由爱诗科技发布的一款 AI 视频生成工具，它目前支持文生视频、图生视频和角色生成视频三种生成方式，该工具的在线使用网址为 https://app.pixverse.ai/，主页如图 7-14 所示。对于生成视频来说，PixVerse V2 的积分消耗标准为：生成 5 秒视频需要 15 积分，生成 8 秒视频需要 30 积分。目前，PixVerse V2 对于新用户会赠送 100 积分，并且每天都会赠送 50 积分供普通用户使用，但是只能当天使用，不能叠加，并且有些功能需要充值会员才能使用，具体收费标准如图 7-15 所示。

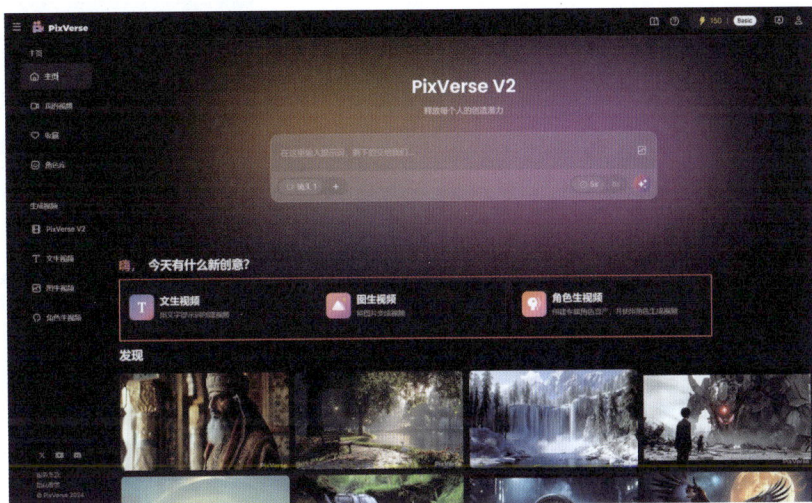

图 7-14　PixVerse V2 主页

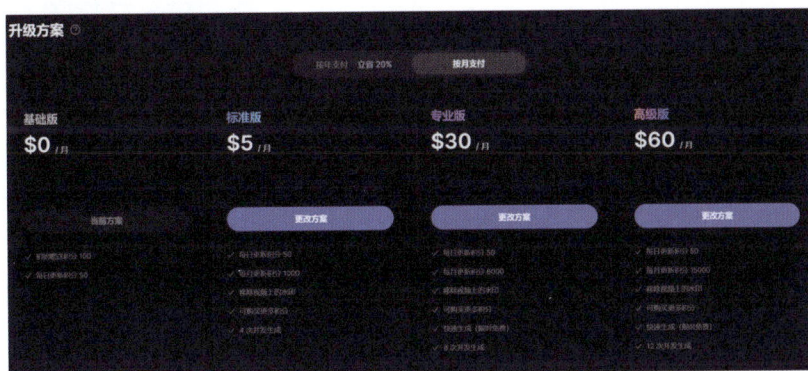

图 7-15　PixVerse V2 按月支付收费标准

1. 使用

首先介绍文生视频，具体步骤如下：

（1）输入生成提示词。对于有一定编辑能力的用户，可以在上方文本框中输入生成视频的内容，包括正向提示词和反向提示词，如图 7-16 ①和②所示；对于没有编辑能力的用户，可以通过文心一言等大语言模型编辑相关提示词。

（2）调节基础参数。用户可以自行选择生成模型，如图 7-16 ③所示，目前提供了 PixVerse V1 和 PixVerse V2 两个模型，其中 V2 模型生成的视频效果较好，但积分也消耗较多。用户也可以选择生成的视频时长，如图 7-16 ④所示，目前可以生成 5 秒和 10 秒的视频。用户也可以选择视频运动模式，如图 7-16 ⑤所示，目前有两种模式，Normal 是指运动幅度为正常的运动模式，而 Performance 是指运动幅度较快的运动模式。并且用户可以自行

选择运镜方式，如图 7-16 ⑥所示，平台提供了许多运
镜方式，如推进拉远等。视频比例目前仅支持 16 ： 9
格式，用户可以自行调整种子值，如图 7-16 ⑦所示，
数值不同，生成的视频效果也不同。

（3）生成视频。所有参数调节完后，单击下方的
"创建"按钮即可，如图 7-16 ⑧所示，等待几分钟后便
能生成视频。

图生视频的操作设置与文生视频基本一致，二者
的区别仅在于输入方面。图生视频首先需要上传目标
图片，随后输入生成视频相关提示词，以提高生成视
频的效果。角色生视频的操作设置也与文生视频基本
一致，二者的区别在于生成人物方面。角色生视频可
以上传自主创建的角色，从而提高视频生成的效果。

2. 效果

无论文生视频还是图生视频，PixVerse V2 的生成
视频效果都不错，看上去十分自然，基本无闪烁，但
是对于文案的相关性不是很好，有时会生成与文案不
大相符的视频，其生成视频的效果与 Runway 的 Gen-2
和 Pika 等流行平台相差不大，但与即梦 AI 和可灵 AI
相比，效果就较差一些。

图 7-16　PixVerse V2 操作页面

7.1.7　清影

清影是由智谱 AI 打造的一个 AI 视频生成智能体，它目前支持文生视频和图生视频两
种生成方式，该工具的在线使用网址为 https://chatglm.cn/video/，主页如图 7-17 所示。目
前，清影生成视频是免费的。普通用户生成一个视频需要等待 6 分钟以上，付费可以进行
生成加速，从而提高生成速度。

图 7-17　清影主页

1. 使用

首先介绍文生视频，具体步骤如下：

（1）输入生成文案。对于有一定编辑能力的用户，可以在上方文本框中输入生成视频的内容；对于没有编辑能力的用户，可以选择文本框下方的"推荐尝试"方式，其会根据关键词输入相关文案，也可以通过文心一言等大语言模型编辑文案，如图 7-18 ①所示。

（2）调节进阶参数。用户可以自行选择视频风格，目前提供了卡通 3D、黑白老照片、油画和电影感 4 种视频风格。用户也可以选择生成视频的情感氛围，目前提供了温馨和谐、生动活泼、紧张刺激和凄凉寂寞 4 种情感氛围。最后用户可以选择视频的运镜方式，目前提供了水平、垂直、推近和拉远 4 种运镜方式。视频比例目前仅支持 16：9 格式，视频时长默认为 6 秒，如图 7-18 ②所示。

（3）生成视频。所有参数调节完后，单击"生成视频"按钮即可，等待几分钟后便能生成视频。对于付费用户，生成好视频后可以增添背景音乐，如图 7-18 ④所示。

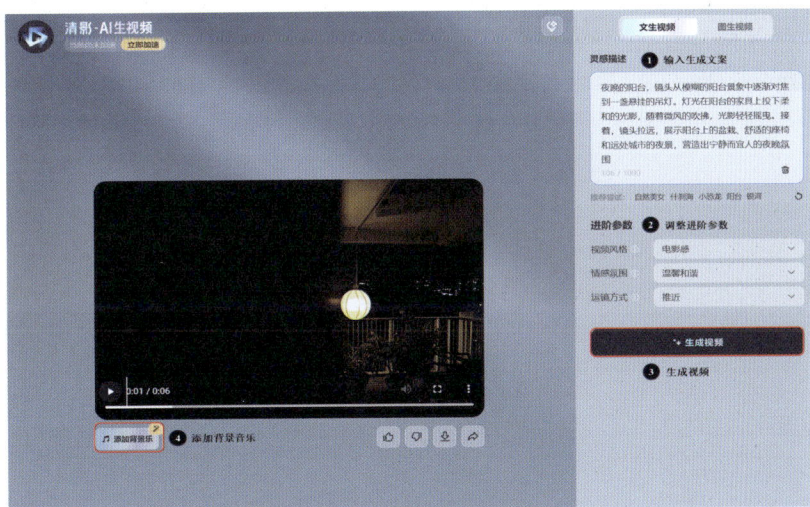

图 7-18　清影操作页面

图生视频的操作设置与文生视频基本一致，二者的区别仅在于输入方面。图生视频首先需要上传目标图片，随后输入生成视频相关文案，以提高生成视频的效果。如果用户想不出相关文案，那么可以让内置 AI 自动生成相关文案。

2. 效果

无论文生视频还是图生视频，清影的生成视频效果都不错，看上去十分自然，基本无闪烁，但是对于文案的相关性不是很好，有时会生成与文案不相符的视频，其生成视频的效果与 Runway 的 Gen-2 和 Pika 等流行平台相差不大，但与可灵 AI 相比效果就较差一些。

7.1.8　Vidu

Vidu 是由北京生数科技有限公司联合清华大学共同发布的一款视频生成工具，它目前支持文生视频和图生视频两种生成方式，该工具的在线使用网址为 https://www.vidu.

studio/，主页如图 7-19 所示。对于生成视频来说，Vidu 的积分消耗标准为：生成 4 秒视频需要 12 积分。目前，Vidu 对于普通用户每月会赠送 80 积分，并且视频时长仅支持 4 秒，生成 8 秒视频需要支付一定的费用，具体每月收费标准如图 7-20 所示。

图 7-19　Vidu 主页

图 7-20　Vidu 收费标准

　　目前 Vidu 不仅支持文生视频和图生视频，还新增了参考视频的生成模式，即用户可以上传多个主体，从而使生成视频的主体与上传的图片主体保持一致。例如，可以上传一个人物的正面照、侧面照和背面照，这样生成的视频可以轻松实现人物转身效果，并保持极高的一致性。目前该模式需要选择 1.5 版本和 2.0 版本才能使用，1.0 版本只能上传一张主体图。

1. 使用

　　接下来介绍如何使用图片生成视频，具体步骤如下：

（1）选择模型并上传目标图片。首先需要选择视频模型版本，对于文本生成视频来说，Vidu 目前只提供了 1.0 和 1.5 这两个版本的视频模型，而图生视频和参考生视频都可以多选一个 2.0 版本的模型，如图 7-21 ①所示，这里我们选择 1.0 版本的视频模型。如果想要使用图生视频，则首先要上传目标图片，如图 7-22 ②所示。上传图片后，用户还可以根据需求上传一张图片作为所生成视频的最后一帧。

（2）输入生成视频的文案。对于有一定编辑能力的用户，可以在文本框中输入生成视频的内容；对于没有编辑能力的用户，可以利用内置 AI 功能，让它自动输入相关文案，也可以通过文心一言等大语言模型编辑文案。用户也可以勾选下方的"描述词优化"复选框，随后只需要输入关键词即可，在生成视频时会自动优化提示词，如图 7-21 ③所示。

（3）调节相关参数。对于文本生成视频来说，用户可以自行选择视频风格，目前提供了真实和动画两种视频风格，用户也可以在提示词中添加风格提示词，如图 7-21 ⑥所示，而图生视频并不能选择视频风格，如图 7-21 ④所示。普通用户仅支持生成 4 秒视频并且只能生成一个视频，付费用户可以选择生成 8 秒视频，并且可以生成多个视频。如果选择了 1.5 版本和 2.0 版本，视频生成的方式和操作页面都会发生变化，具体变化此处不做赘述，用户可自行去 Vidu 官网查询。

（4）生成视频。所有参数调节完后，单击图 7-21 ⑤下方的"创作"按钮即可，等待几分钟后便能生成视频，具体操作设置如图 7-21 所示。

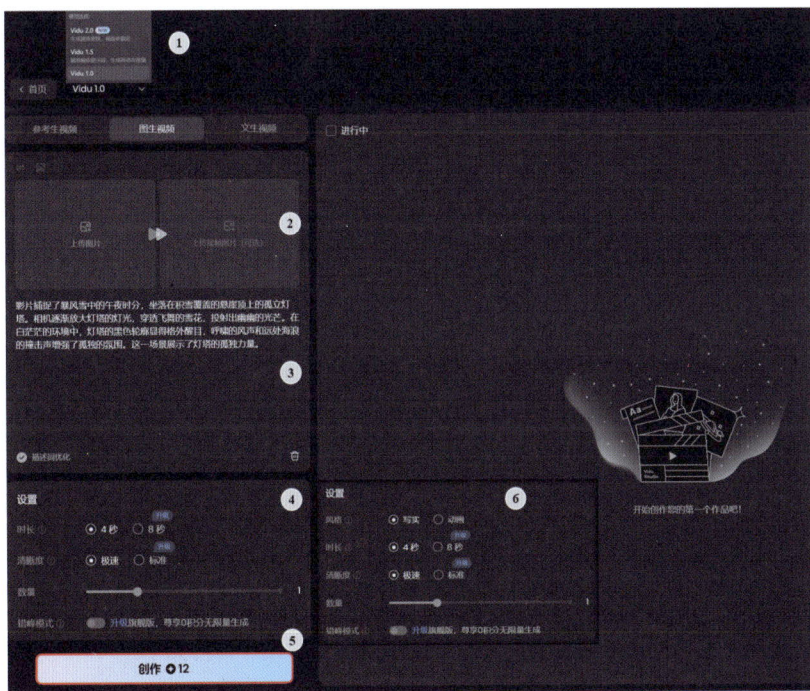

图 7-21　Vidu 操作页面

2. 效果

无论文生视频还是图生视频，Vidu 的生成视频效果都不错，看上去十分自然，基本无闪烁，但是对于文案的相关性不是很好，有时会生成与文案不相符的视频，其生成视频的效果与 Runway 的 Gen-2 和 Pika 等流行平台相差不大，但与可灵 AI 相比效果就较差一些。

7.2　国外流行的 AI 视频平台与工具

本节介绍国外那些引领潮流、深受用户喜爱的在线平台以及这些平台的使用教程和生成效果。

7.2.1　Runway

Runway 是 Runway 公司旗下一款可以根据文本生成视频的 AI 编辑器，该工具的在线使用网址为 https://app.runwayml.com/。Runway 目前有 Gen-1 和 Gen-2 和 Gen-3 Alpha 三个 AI 视频技术，其中，Gen-1 支持通过文字或图像将一个现有的视频生成为一个新的视频，但它仅支持视频风格的转化；Gen-2 可以用关键词或图片作为灵感，生成 4 秒的视频片段，并且可以在已经生成的 4 秒片段的基础上继续增加时长。目前 Gen-2 还推出了镜头偏移和笔刷工具，可以根据自身需求移动物品。Gen-3 Alpha 是 Runway 推出的新一代视频生成模型，它在保真度、一致性、运动和速度方面都比以前的模型有所改进，能够进行精细的时间控制。接下来主要讲解 Gen-2 的基本使用情况，具体教程请参考 10.1 节的相关内容，此处不再赘述。

与 SVD 的开源且免费相比，Runway 最显著的特点为闭源、收费。

1.　使用

Runway 的 Gen-2 目前支持文本生成视频和图文生成视频两种，如图 7-22 所示。用户进入网站后便可以使用（详见 10.1 节的相关内容）。用户想要使用完整功能，则需支付一定的费用，目前有不同价格和服务的月套餐与年套餐可供选择。

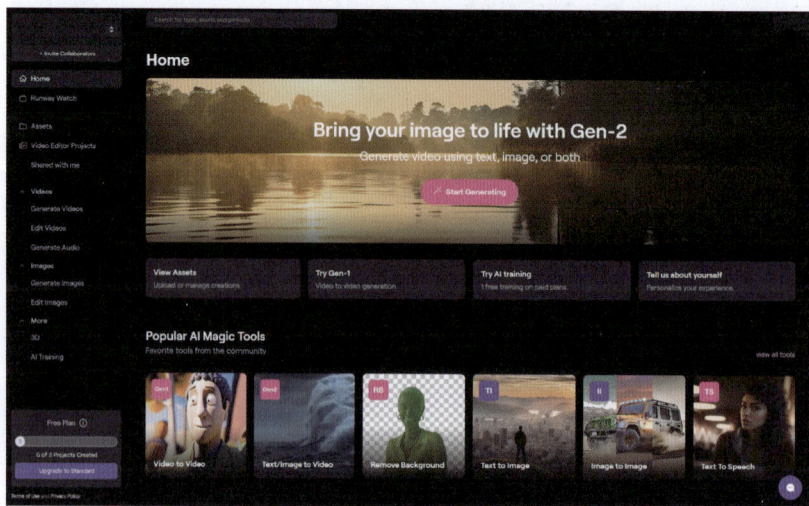

图 7-22　Runway Gen-2 主页

2. 效果

目前，Runway 是市面上十分流行的在线 AI 视频创作网站之一，尽管其视频效果表现得极为卓越，但是在可控性方面略显不足，有时视频内容可能与所给的提示词不尽一致。但最新推出的 Gen-3 Alpha 模型在这个方面进行了显著的优化与改进。

7.2.2 Pika

Pika 是 Pika labs 公司推出的一款视频生成工具，该工具的在线使用网址为 https://pika.art/home。用户可以通过输入文本或者给出一张图片让它做成动画来生成视频。只需要打开你的脑洞，输入提示词，Pika 即可帮你实现创意，坐在计算机前就能制作一部史诗级别的大片。2024 年 10 月，Pika 推出了 1.5 版本的视频模型，该版本增设了许多特效模板，如膨胀、挤压、压碎和爆炸等效果。本次更新的主要特点是让生成的视频走抽象路线，其语义理解差，但是生成的视频审美强，运动稳定，连贯性强，分辨率高，一些特定的动作训练得很好，如滑板和跑步等，同时还有效果很好的 360° 运镜。

与 Runway Gen-2 相比，Pika 的收费便宜一些并且免费试用的程度较高。

1. 使用

Pika 目前支持 3 种方式生成视频，即文生视频、图生视频、视频转视频。目前，Pika 有 Discord 和在线网页两种使用方式，其中，Discord 主页如图 7-23 所示。用户进入网站注册账号后便可以使用（详见 10.2 节的相关内容）。如果想要使用完整功能，则需要支付一定的费用，目前有不同价格和服务的月套餐与年套餐可供选择。

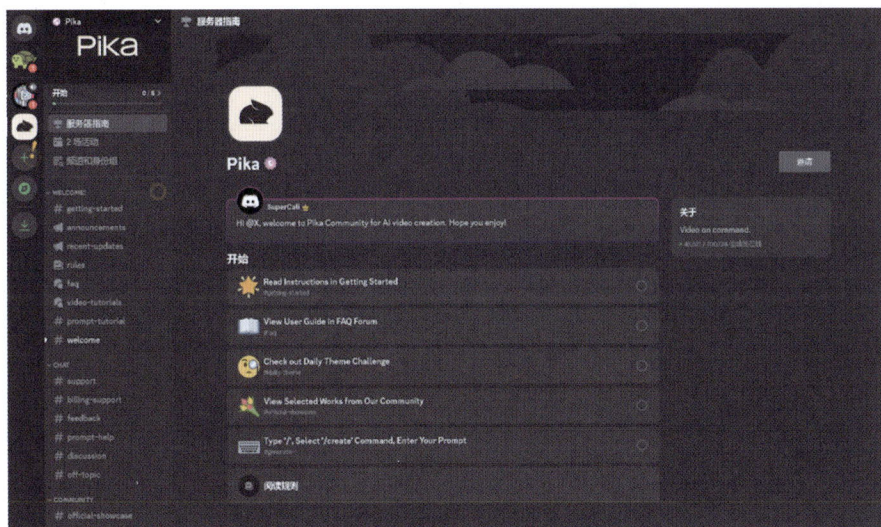

图 7-23 Pika Discord 主页

2. 效果

Pika 目前是市面上十分流行的在线 AI 视频创作网站之一，它在视频剪辑技术上能根据提示词灵活控制画面中的元素，实现动态转换，同时保持画面的整体性不被破坏，并且可以对视频画面进行填补和优化。不过，其视频生成的可控性不是很好，在帧与帧之间的连贯性方面仍存在一些不足之处。但最新推出的 1.5 版本模型在这一关键环节上进行了较大的优化。

7.2.3　HeyGen

HeyGen 是诗云科技公司推出的一款基于 AI 数字人技术的视频制作工具，该工具的在线使用网址为 https://www.heygen.com/。HeyGen 可以帮助用户轻松创建各种类型的数字人视频，如广告、电商教育、科普等，从而满足不同的需求。HeyGen 提供了丰富的数字人素材库和多样化的视频模板，用户可以根据自己的需求选择合适的素材进行制作。

与 I2VGen-XL 的开源且免费相比，HeyGen 是闭源、收费的。

1. 使用

HeyGen 目前仅支持文本生成视频，如图 7-24 所示，用户登录网站后便能进入主页，随后单击左边的 Create Video 按钮，便能制作视频了。如果想要使用完整的功能，则需要支付一定的费用，目前有不同价格和服务的月套餐与年套餐可供选择，具体价格可自行去官网查询。对于想要试用的用户，免费版已经足够了，每月可以免费生成 3 个视频。

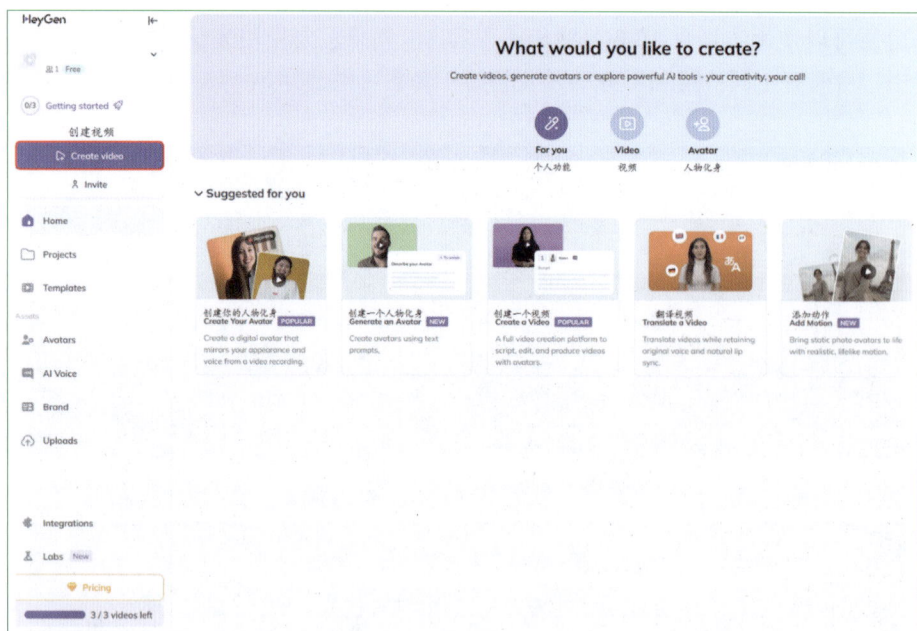

图 7-24　HeyGen 主页

2. 效果

HeyGen 目前是市面上十分流行的在线 AI 视频创作网站之一，它生成的视频大部分用于商业活动，视频质量较高，但其视频结构较为简单，对于一些复杂的要求难以处理。

7.2.4　Akool

Akool 是一个集成了图像和视频相关功能的综合平台，其网址为 https://akool.com/。本节主要讲解其 Face Swap 功能，如图 7-25 所示。Akool 目前只支持更换视频（包括单人脸视频和多人脸视频）中单人的脸型，视频时长不限。新用户会赠送 50 点积分，10 秒的视频需要消耗 10 点积分，具体收费标准分为每月和每年两种方案，如图 7-26 所示，第一次购买的用户会免费送三天的使用时间。在每月收费方案中，专业版为 30 美元，工作室版需要500 美元；在每年收费方案中，专业版为 21 美元 / 月，工作室版为 350 美元 / 月。对于企业版，用户需要和线上客服进行沟通。

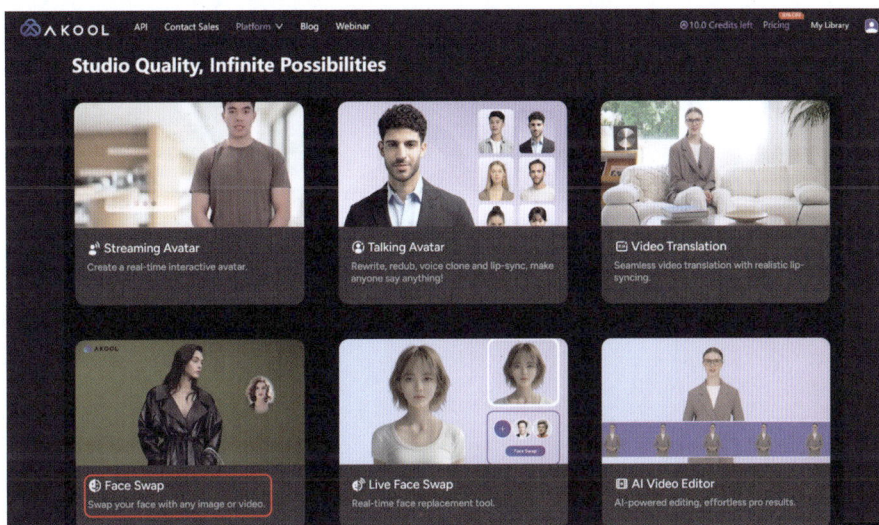

图 7-25　Akool 主页

图 7-26　每月收费方案页面

1. 使用

进入 Face Swap 的主页，如图 7-27 所示，首先单击 Choose files 按钮，选择自己想要进行换脸的视频。选择好视频后，用户可以自行在"选择脸型"栏中选择系统自带的脸型，如图 7-28 所示。如果用户不满意系统自带的脸型，可以自行添加想要换成的脸型，包括真人、动漫的脸型，只需要单击"+"，选择目标脸型的图片进行添加即可。

图 7-27　Face Swap 主页

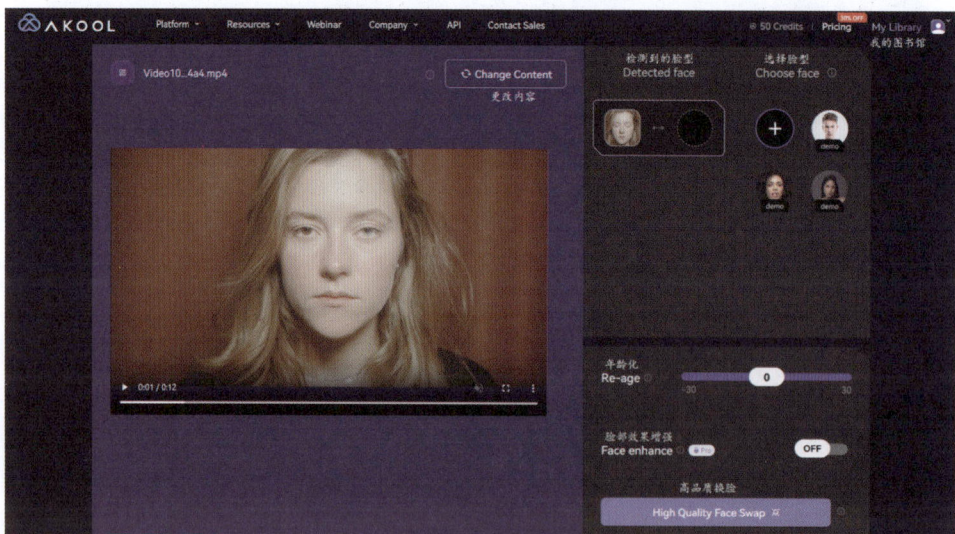

图 7-28　视频换脸页面

脸型选择好后，用户可以适当调节 Re-age 的数值，正值为将目标脸型变老，负值为将目标脸型变年轻，细节需求不大的用户默认即可。Re-age 和 Face enhance 这两个功能主要在多人脸的视频中应用，单人脸视频默认即可。最后单击下方的 High Quality Face Swap 按钮，等待几分钟后，便能单击右上角的 My Library 查看完成后的视频。

2. 效果

Akool 的 Face Swap 功能对于人脸的转换效果较好，转换后的视频看上去十分自然，脸型匹配度较高，无闪烁。但是它目前只能对单人脸进行转换，无法转换多人脸型。

7.3　国内外其他 AI 视频平台与工具

　　本节我们将介绍国内外除了主流在线视频平台之外的一些知名的在线视频平台，包括这些平台的官方网址、基本功能和创作页面。这些知名的在线视频平台各有特色，了解它们有助于丰富我们的创作工具和创作技巧。

7.3.1　度加创作工具

　　度加创作工具是百度出品的一个免费的视频生成平台，该平台的网址为 https://aigc.baidu.com/，主页如图 7-29 所示。度加创作平台的主要功能为文本生成视频，该功能主要提供了文案成片与文章成片两种方式。用户在使用文案成片功能时，首先要填入自己所需视频的文案，用户可以让 AI 将自己所输入的文案进行一下优化，最后等待几分钟后就生成了对应的视频，用户如果对生成视频中的部分素材不满意，可以自行变换视频素材。如果用户不想自己输入文案，度加创作平台提供了一些热点事件的文案供用户选择。度加创作平台的最大优点是所有功能都是免费的，其次是生成视频的速度较快，视频时长也较长。但是它所生成的视频都是由现有素材所拼接的，缺乏创造性。

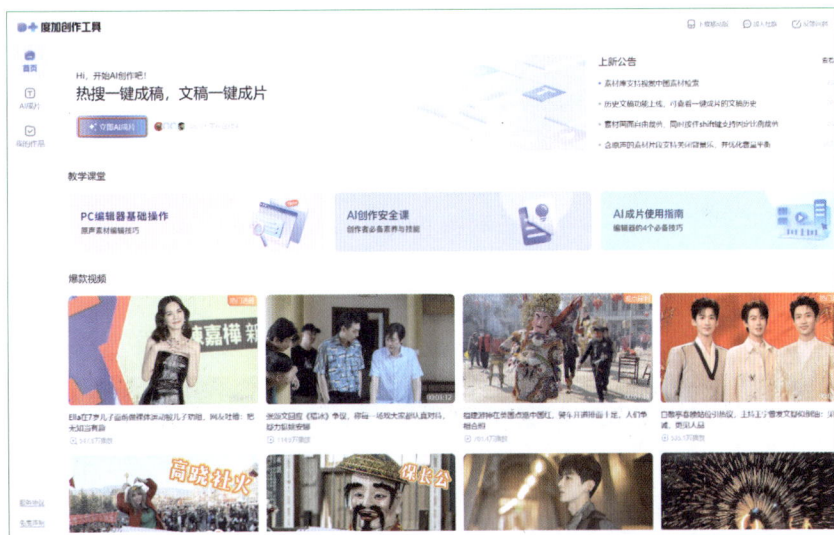

图 7-29　度加创作平台主页

7.3.2　快手云剪

　　快手云剪是快手推出的在线视频创作平台，该平台的网址为 https://onvideo.kuaishou.com/，主页如图 7-30 所示。快手云剪主要提供文字转视频功能，该功能主要分为文章转视频和语音转视频两种方式，本节主讲文章转视频的方式。用户在使用文章转视频功能时，首先要填入自己所需视频的文案，然后可以选择文案类别和文案情感（均默认为自动），最后可以选择匹配素材或者一键剪辑。匹配素材是根据文案内容生成许多视频片段，由用户自行拼接成视频；一键剪辑是根据文案内容直接生成视频。快手云剪的最大优点是完全免费，所有功能均可使用，其次它生成视频的速度较快。但是它对于文案内容的理解能力较差，生成的视频内容可能与文案内容有些差异。

图 7-30　快手云剪主页

7.3.3　剪辑魔法师

剪辑魔法师是一款简单易用的视频编辑工具，该工具的在线使用网址为 https://www.xunjieshipin.com/jianjimofashi，主页如图 7-31 所示，其集视频剪辑、合并和压缩等功能于一身，软件界面整洁，操作简单，无须进行复杂的操作即可完成视频剪辑工作。对于文字转视频功能，其提供了各种不同的模板滤镜和大量的剪辑模式。该工具需支付一定费用才能使用完整的功能，但免费版也会提供一些基础功能，足够用户进行体验。该工具需要自行下载，无法在线使用。

图 7-31　剪辑魔法师主页

7.3.4 万彩AI

万彩AI是一个简单好用的在线视频创作平台，该平台的网址为 https://ai.kezhan365.com/?from=microvideo，主页如图7-32所示。它包括AI短视频创作、照片数字人创作和AI换脸等功能，本节主要讲解它的AI短视频创作功能。该平台需要支付一定费用才能享有完整功能，但免费版也会提供一些基础功能，足够用户进行体验了。

图7-32 万彩AI主页

7.3.5 33搜帧

33搜帧是一款简单好用的视频创作工具，该工具的在线使用网址为 https://fse.agilestudio.cn/，主页如图7-33所示。该工具提供了丰富的素材，只需要导入配音文件或输入文字，它便会自动帮用户匹配高度吻合的视频画面，并且都是没有版权，可以直接拿来使用的。该工具需要支付一定费用才能享有完整功能，但免费版也会提供一些基础功能，足够用户进行体验了。该工具需要的自行下载，无法在线使用。

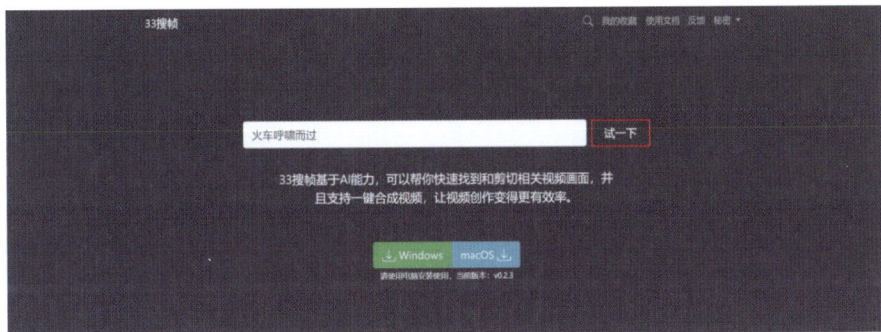

图7-33 33搜帧主页

7.3.6　Q.AI

Q.AI 是上海数川数据科技有限公司推出的一个在线 AI 视频生成平台，该平台的网址为 https://ai.cue.group/，主页如图 7-34 所示。它支持文本生成视频方式，用户可以自行输入文案的主要关键词，然后让 AI 自动生成文案，或者粘贴已有的文章内容充当文案。文案输入完以后可以选择视频比例，然后单击"生成视频"按钮，等待几分钟后就会得到相应的视频，如果觉得视频不满意，可以对视频进行重新编辑。Q.AI 平台最大的优点是操作简单，视频生成速度较快，但其生成的视频仅是各种已有的素材拼接而成的，缺乏创新性。

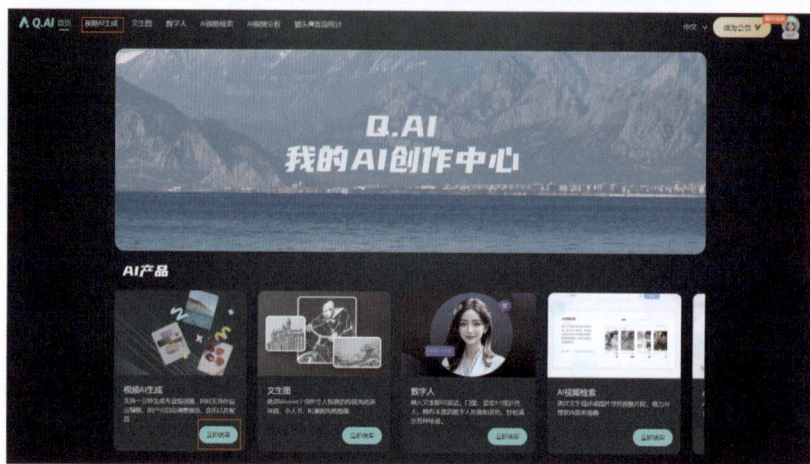

图 7-34　Q.AI 主页

7.3.7　Fliki

Fliki 是一个基于人工智能技术的在线视频生成平台，该平台的网址为 http://fliki.ai/，主页如图 7-35 所示，它能够将输入的文本转化为自然流畅的语音，并配以精美的画面和精准的字幕，从而生成出高质量的视频。无论是用于文章解读、宣传展示还是其他视频制作需求，Fliki 都能轻松应对。另外，Fliki 支持多种方言声音类型，用户可以根据需要选择不同地区的语音风格，让视频更具地方特色。Fliki 生成的语音非常自然，毫无机器音的痕迹，让人仿佛身临其境。无论用户想展现哪种语言和地方方言，Fliki 都能助用户轻松实现，让用户的视频更加生动有趣。

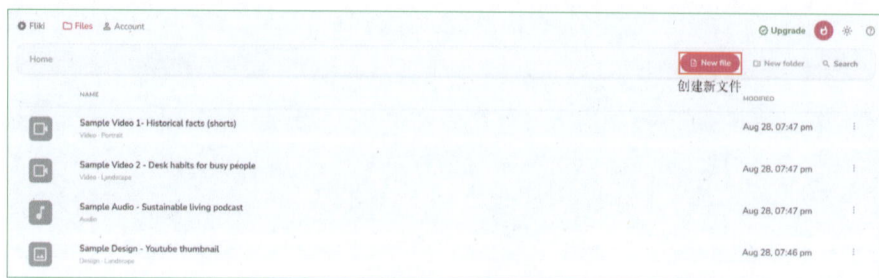

图 7-35　Fliki 主页

7.3.8　其他 AI 视频平台与工具

1．Genmo

Genmo 是一个简单好用的在线视频生成平台，该平台的网址为 https://www.genmo.ai/。Genmo 主要支持文本生成视频的功能，生成的视频质量较高。它生成的视频内容十分连贯，还可以通过自动选择过渡和文本叠加的方式来匹配情节线，并且还能控制镜头的移动方向，包括放缩和平移。

2．Synthesia

Synthesia 是一个基于人工智能的视频生成平台，该平台的网址为 https://www.synthesia.ai/。它根据简单的文本输入，可以让用户轻松创建出专业的视频。Synthesia 提供了许多预设计的视频模板，这使得 Synthesia 在多个应用场景中都有出色的表现，包括学习和发展、销售使能、信息技术、客户服务及营销等领域。

3．Synthesys

Synthesys 是一个人工智能语音合成和视频生成平台，为用户提供便捷高效的内容制作方案，该平台的网址为 https://www.synthesys.ai/。无须斥巨资雇佣演员、购置摄像机或音频设备，仅需几分钟，便能利用 Synthesys 的专业技术将文本轻松转化为高质量的视频。

4．Lumen5

Lumen5 是一款基于 AI 的在线视频制作工具，主要支持文本生成视频的功能。该工具的在线使用网址为 https://lumen5.com/。Lumen5 还提供了多种视频模板和库存素材，用户仅需输入文案或博客内容，便可以轻松地创建出专业水平的视频。Lumen5 能直接导入用户自己的文章链接来生成视频，并且可以根据用户的想法生成个性化视频。Lumen5 适用于说明视频、在线教育、社交媒体、产品描述等场景。

5．Artflow

Artflow 是一款强大的 AI 动画创建工具，不需要真人演员、场地、道具，用户仅凭文本，便能轻松生成出角色、场景和声音，最终合成富有剧情的对话短剧。该工具的在线使用网址为 https://app.artflow.ai/。这一创新工具让每个心怀创意的普通人都有机会化身为导演，满足其个性化的创作需求，让动画创作变得更加简单而富有乐趣。

6．InVideo

InVideo 是一款高效便捷的视频创作工具，该工具的在线使用网址为 http://ai.invideo.io/。它可以根据输入的文本字数，自动生成时长从 15 秒到 15 分钟不等的视频，并且生成后的视频还支持后期编辑，用户可以轻松更改视频格式、更换配音等，满足个性化需求。InVideo 的 AI 技术能够智能选择最佳的视频模板和设计，并且还拥有丰富的模板库。InVideo 简单、直观的操作界面使得视频编辑变得便捷高效，用户无须具备任何专业背景也能轻松上手。此外，Invideo 还配备了丰富的图像、视频片段和音乐库，为视频增添各种元素，使视频更加生动有趣。

7. Pictory

Pictory 是一款基于 AI 的在线视频生成工具，不需要任何视频剪辑或设计经验，用户可以十分轻松地创建和编辑出高质量的视频，该工具的在线使用网址为 https://pictory.ai/。Pictory 主要支持文本转视频的功能，用户只需要提供文本内容（如文章、文案等），等待一段时间后，就能生成或编辑出高质量的视频。

8. Deepbrain AI

Deepbrain AI 是一款好用的在线视频生成工具，能够迅速将简单的文本转化为生动的视频，该工具的在线使用网址为 https://www.deepbrain.io/。通过其强大的人工智能视频合成解决方案，用户可以轻松获得逼真的 AI 化身，在多样化的情境和面对面交流中得到引导。令人惊叹的是，用户只要短短 5 分钟，即可制作出一部 AI 电影。只需要准备好剧本，并利用文本转语音功能，Deepbrain AI 便能轻松生成多种语言的 AI 视频，包括印地语、阿拉伯语、中文、英语和西班牙语等。这一创新工具将极大地节省用户在创建、录制和编辑视频方面所需的时间，让视频制作变得更加高效和便捷。

9. Veed

Veed 是一款简单好用的在线视频生成工具，不需要专业的视频编辑技能，即可轻松打造高质量视频作品，该工具的在线使用网址为 https://www.veed.io/。用户可以根据个人喜好，自定义文本、字体、颜色及音乐等元素，创造出独具特色的视频内容，使其展现出专业水准。此外，Veed 还提供了多样化的主题选择，帮助用户通过视频有效地传达信息，满足不同的创作需求。

10. Elai

Elai 是一个基于人工智能的 AI 视频生成平台，通过人工智能技术，用户仅凭文本即可创作出拥有真人主持的专业视频，该平台的网址为 https://elai.io/。无论是制作教育、营销、企业沟通还是其他类型的视频内容，Elai 都能提供帮助，从而有效地节省时间和成本，同时提升制作效率和质量。Elai 技术融合了 GPT-3、语音合成、自然语言处理以及计算机视觉等领域的最新成果，让用户能够轻松创建和定制个性化的视频作品。值得一提的是，Elai 还具备强大的文章转视频功能，让您的内容创作更加便捷出色。

11. Colossyan

Colossyan 是一款基于 AI 技术开发的 AI 虚拟人出镜视频生成工具，该工具的在线使用网址为 https://www.colossyan.com/。它具备强大的文字到视频转化能力，用户仅需要提供文本内容，即可自动生成拥有口型同步、面部表情、声音及手势等细腻特征的虚拟人物演讲视频。这些视频中的虚拟人物头像能够发出自然流畅的人类语音，为用户带来逼真的视听体验。此外，Colossyan 还提供了丰富的定制选项，用户可以根据需求选择不同的演员、语言、字幕、场景和媒体素材，甚至可以在视频中添加音乐、自定义背景，让视频制作过程变得简单而轻松。

12. Domo AI

Domo AI 是一款功能强大的 AI 艺术生成器，其国际版名为 Domo AI，而国内版则亲切地称为滴墨 AI，该工具的在线使用网址为 https://domoai.app/。这款由映刻科技推出的神奇工具，能够巧妙地将照片和视频转化为动漫风格的画作与视频。通过简单的文字或输入图片，便能轻松创造出各种风格的动漫画像和视频，展现你的创意与想象力，目前支持生成 3 秒、5 秒和 10 秒的视频。

13．Opus Clip

Opus Clip 是一款基于人工智能技术的智能视频编辑工具，能够快速将冗长的视频精简成引人入胜的短视频，该工具的在线使用网址为 https://www.opus.pro/。这款工具独具匠心地集成了自动视频剪辑、人物主体自动裁切以及自动字幕添加 emoji 等多项功能，旨在满足用户多样化的视频编辑需求。Opus Clip 通过 AI 技术深度分析视频内容，精准捕捉其中的精彩瞬间，并将这些亮点重新组合成紧凑而富有吸引力的短视频。更为神奇的是，AI 还能为每段短片打分，评估其传播效果，并智能预测移动面孔，确保视频画面始终聚焦于你与对话者的脸部。此外，Opus Clip 还支持自动转场、视觉和音频过渡，让视频剪辑更加流畅、自然。同时，Opus Clip 自动字幕功能准确率高达 97% 以上，有效提升了视频的观看体验，而 1080P 的高清分辨率则保证了视频质量的无可挑剔。

14．Luma AI

Luma AI 是一个由 Luma AI 公司推出的基于人工智能的 AI 视频生成平台，该平台的网址为 https://lumalabs.ai/dream-machine。该平台搭配了其最新推出的 Dream Machine 视频生成模型，生成的视频效果与业界知名的 Runway 和可灵 AI 等流行工具相比同样表现出色，难分伯仲。目前，Luma AI 仅支持文生视频和图生视频两种生成模式，单次可生成 5 秒的视频。此外，它还提供了"延长视频时长"和"首尾帧"的功能且都可以免费使用。Luma AI 每月会免费提供 30 个积分供用户使用，每生成一次视频消耗一个积分，充值一定费用可以去除水印并提高生成优先级。需要注意的是，在该平台上生成的视频禁止进行商用。如果需要进行商用，就需要充值一定的费用。

15．白日梦 AI

白日梦 AI 是光魔科技推出的一个 AI 视频创作平台，该平台的网址为 https://aibrm.com/。该平台仅支持文生视频，视频生成速度快，并且能够保持人物和场景的一致性，最长可以生成 6 分钟的视频。白日梦 AI 十分适合制作儿童绘本和连环画，但只能生成简单效果的视频，难以生成复杂效果的视频。白日梦 AI 一次性给新用户 1 000 梦币，使用完后需要自行充值。

16．腾讯混元文生视频

腾讯混元文生视频是一个使用腾讯混元文生视频模型的 AI 视频生成平台，该平台的网址为 https://video.hunyuan.tencent.com/。该平台目前仅支持文生视频，单次只能生成 5 秒的视频，其视频生成效果与可灵 AI 和 Sora 不相上下。用户可以每日免费生成 6 次视频，其中 6 次生成机会分成 4 次速度优先模式和 2 次画质优先模式。如果还想要增加生成次数，可以通过邀请好友来增加生成次数，但该奖励仅当日有效。

17．Stable Video

Stable Video 是 Stability AI 推出的一个基于 AI 视频生成模型 Stable Video Diffusion 的 AI 视频生成平台，该平台的网址为 https://www.stablevideo.com/。该平台目前支持文生视

频和图生视频两种生成方式，并且提供了许多视频风格样式，但其视频比例只有 16 ：9 这一类，视频时长默认为 4 秒。该平台每日会为用户提供免费的 40 积分供用户使用，其中图生视频单次需要消耗 10 积分，文生视频单次需要消耗 11 积分。

18. 讯飞绘镜

讯飞绘镜是科大讯飞推出的一个 AI 短视频创作平台，该平台的网址为 https://typemovie.art/。该平台提供了网页版和客户端两种使用方式，目前仅支持文生视频的生成方式。其生成视频的模式为用户输入文案，然后自动将其转化为生成视频剧本，随后生成多个分镜视频，最后将所有分镜视频组合成一个短视频，因此该平台对于短视频创作来说是十分适合的，但是其生成视频的效果不好，只能生成一些简单效果的视频，难以生成复杂效果的视频。

第 **8** 章

开源 AI 视频模型

第 7 章我们详细介绍了国内外一些引领技术潮流、深受用户青睐的在线平台，并对它们所生成的视频效果进行了全面而细致的评估。这些平台以其卓越的性能和丰富的功能，为用户提供了前所未有的视频创作体验。然而，这些平台大多数都采取了闭源且收费的模式，这无疑在一定程度上限制了用户的自由度和创造力。

本章将介绍一些备受推崇的开源模型。这些模型不仅具备出色的生成效果，更以其开放源代码的特性，为用户提供了更多的自由度和定制空间。通过学习和利用这些开源模型，用户不仅可以掌握视频生成的核心技术，还能根据自己的需求进行二次开发和优化，从而创作出更加独特、个性化的视频作品。

8.1 通用类 AI 视频模型

在线 AI 视频生成平台使用成本较高，而视频制作需要反复进行"抽卡"式生成，直到获得较好的视频片段。在本地部署开源 AI 视频模型，可以大幅降低视频生成成本。因此，我们有必要了解 AI 视频开源模型，特别是通用 AI 视频开源模型。本节将介绍一些通用的 AI 视频开源模型的使用教程和生成效果。

8.1.1 智谱清言视频生成模型 CogVideo

CogVideo 是智谱 AI 开发的一款先进的视频生成模型，该模型的项目网址为 https://github.com/THUDM/CogVideo。目前，GitHub 已经提供了 CogVideo 的开源版本，用户可以自由地使用和修改这个模型，并且最新模型为 CogVideoX-5B，其效果可以与可灵 AI 等流行模型比肩，甚至超过它们。

1. 使用

具有一定编程基础的读者可以基于源码进行手动安装。没有编程能力的读者可以使用社区爱好者提供的整合包，下载到本地后直接使用。这里主要基于 B 站博主"手搓 AI 老徐"提供的整合包进行讲解，具体内容请参考 11.2.1 节的相关内容，此处不再赘述。

目前，CogVideo 最主要的部署方式是本地部署和 ComfyUI 工作流，其中，ComfyUI

工作流是网上最流行且最实用的部署方式。如果采用本地部署，那么计算机显存至少需要 12GB 才能运行该模型。

同时，Hugging Face 的演示空间功能供用户在线免费试用 CogVideo 模型，其网址为 https://huggingface.co/spaces/THUDM/CogVideoX-5B-Space，页面如图 8-1 所示。另外，魔塔社区也提供了演示平台供用户试用，其网址为 https://modelscope.cn/studios/ZhipuAI/ CogVideoX-5b-demo，页面如图 8-2 所示。

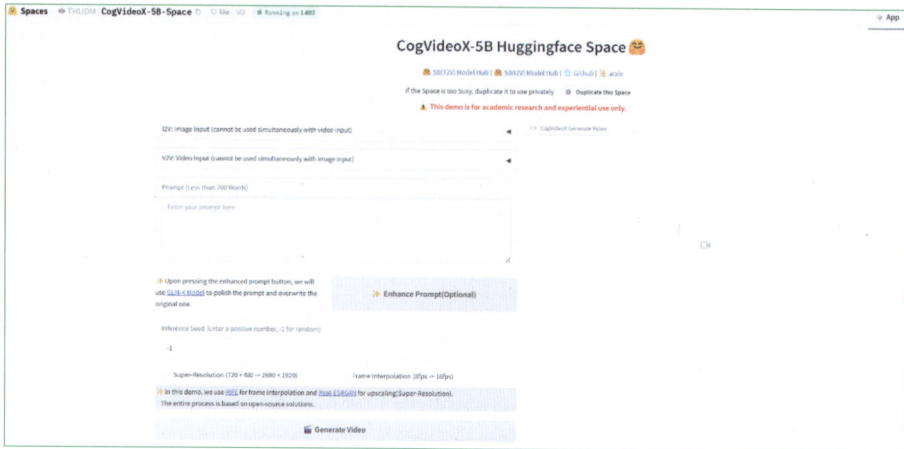

图 8-1　CogVideoX-5B 演示空间页面

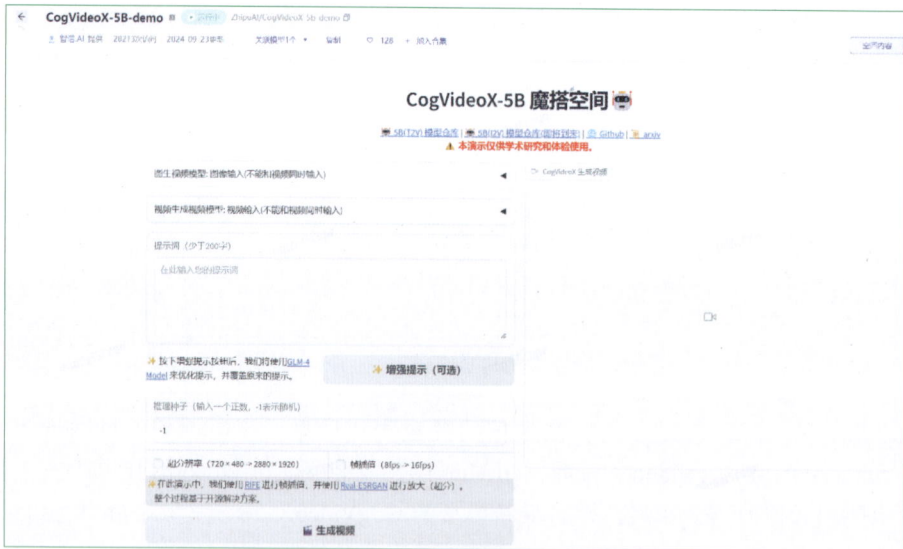

图 8-2　CogVideo 演示平台页面

2. 效果

CogVideo 的最新模型 CogVideoX-5B 结合了一款端到端的视频理解模型，该模型在内容精确度和语义贴合度上表现出色，能够根据提示词生成高度相关的内容。CogVideoX-5B

生成的视频分辨率十分高，且视频时长达到了 6 秒。但是它所需的硬件要求较高，普通的硬件可能很难运行该模型。

8.1.2　阿里云视频生成模型 I2VGen-XL

I2VGen-XL 是阿里通义实验室推出的一款高清图像生成视频模型。由于 I2VGen-XL 的在线试用平台已经下线，所以现在只能使用结合了 I2VGen-XL 模型的 AnyV2V 工具，该工具的在线试用网址为 https://huggingface.co/spaces/TIGER-Lab/AnyV2V。

目前，魔塔社区和 Hugging Face 都已经提供了 I2VGen-XL 的开源版本，用户可以自由地使用和修改这个模型。

1. 使用

用户可以基于源代码进行部署，但需要具备代码能力和 GPU 算力基础。通过 Hugging Face 的在线平台可以免费试用结合了该模型的 AnyV2V 工具，其网址为 https://huggingface. co/spaces/TIGER-Lab/AnyV2V，页面如图 8-3 所示。

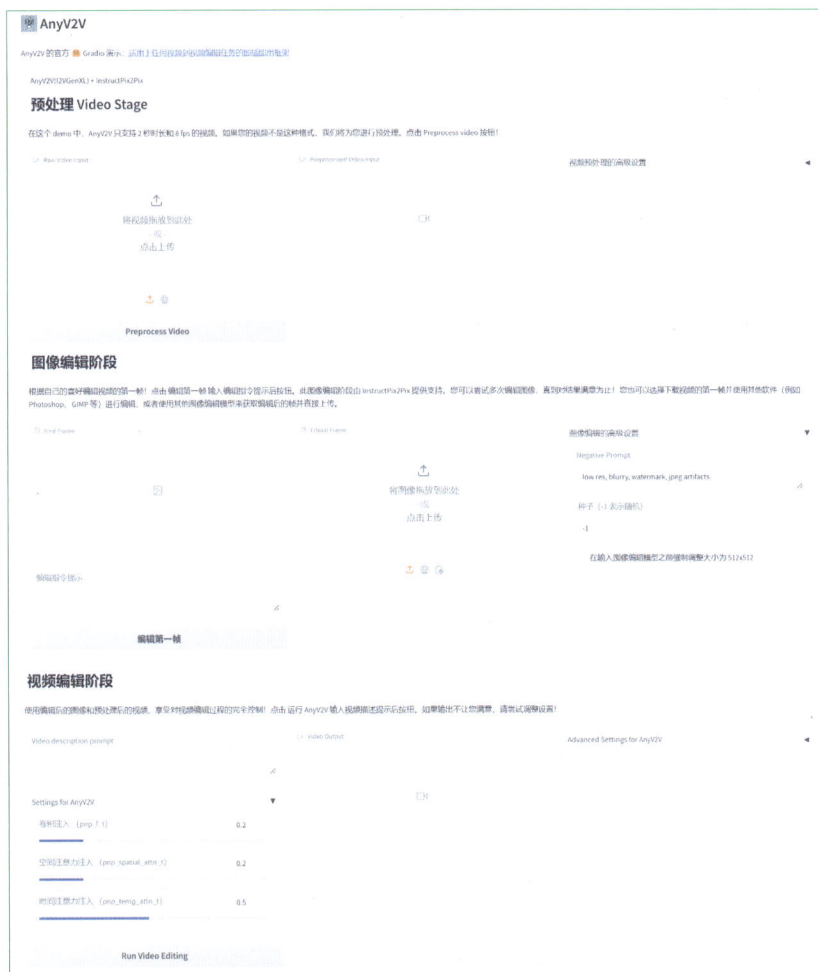

图 8-3　AnyV2V 页面展示

由于 AnyV2V 只支持 2 秒时长和 8 fps 的视频，如果上传的视频不是这种格式，可以先在预处理区域上传视频，随后单击 Preprocess Video 按钮即可转换成功。然后用户需要在图像编辑区域上传生成视频的第一帧图像。如果觉得不满意，可以添加英文提示词对其进行进一步编辑。最后在视频编辑区域添加生成视频内容的英文提示词，之后单击下方的 Run Video Editing 按钮即可。等待几分钟后，就可以获得基于图像生成的一段新视频。

2. 效果

I2VGen-XL 模型由语义一致性和清晰度两个核心组件构成。I2VGen-XL 模型基于大规模混合视频和图像数据进行预训练，并在少量高质量数据集上进行微调。由于预训练和微调试用的数据集分布广泛且类别多样，I2VGen-XL 泛化能力较强。

I2VGen-XL 具有生成速度较快、素材丰富和应用场景广泛等特点，但其生成视频的分辨率不高且时长仅为 4 秒。

8.1.3　Stability AI 视频生成模型 SVD

SVD 是 Stability AI 公司推出的生成式视频开源项目，该项目的网址为 https://github.com/xx025/stable-video-diffusion-webui。该项目完全开源，用户可以免费下载和使用。

SVD 用户通过基于 Gradio 库的浏览器界面进行交互。类似于著名的 AI 绘画平台 SD-WebUI，用户可以在浏览器中访问 SVD 并设置帧数和种子数等控制参数。

1. 使用

具有一定编程基础的读者，可以基于源码进行手动安装。没有编程基础的读者可以使用社区爱好者提供的整合包，下载到本地后直接使用。这里主要基于 B 站博主"青龙圣者"提供的整合包进行讲解，具体内容请参考 11.3.1 节的相关内容，此处不再赘述。

SVD 主要有本地安装和云部署两种安装使用方式。本地部署需要将 SVD 相关代码或整合包下载到计算机上（不低于 8GB 显存）然后安装和使用。

云部署可选择的平台较多，如阿里云、AUTODL、Google CoLab 等。不少云平台提供了 SVD 镜像，可一键部署 SVD 及相关环境，但均需付费使用。

目前，通过 Hugging Face 的演示空间可以进行在线试用，其网址为 https://huggingface.co/spaces/multimodalart/stable-video-diffusion，页面如图 8-4 所示。由于使用人数较多且视频生成较为耗时，通常需要排队等候较长时间。

2. 效果

SVD 基于开源大模型 Stable Diffusion，可以生成 14 帧、分辨率为 576×1024 的视频。进阶版 SVD-XT 可以生成更长的 25 帧视频。当前，SVD 受限图像尺寸且不支持摄像机运动，因而可控性与清晰度均较差。

图 8-4　SVD 在线试用页面

8.1.4　腾讯混元视频生成模型 Hunyuan-Video

Hunyuan-Video 是由腾讯推出的一款高质量的中文通用视频生成模型，其开源项目网址为 https://github.com/Tencent/HunyuanVideo。该模型完全开源，用户可以免费下载并使用。

腾讯混元视频生成模型目前只支持文生视频，凭借其巨大的数据集和参数量，它生成视频的效果足以与可灵 AI 和 Sora 媲美，有些方面甚至远超它们。

1. 使用

用户可以基于源代码进行部署，但需要具备代码能力和 GPU 算力基础。通过其在线平台可以免费试用该模型，网址为 https://video.hunyuan.tencent.com/，其主页如图 8-5 所示。

图 8-5　腾讯混元文生视频主页

ComfyUI 平台也上线了腾讯混元视频生成模型的相关插件，如果对 ComfyUI 有一定基础，那么可以在 ComfyUI 平台上使用该模型，具体安装教程不再赘述，可以参考网上的教程。

2. 效果

腾讯混元视频生成模型支持多视角镜头切换，并保持画面主体的一致性。这种能力使得生成的视频在镜头转换时更加自然流畅，达到了导演级的无缝镜头切换效果。同时，腾讯混元视频生成模型还支持中英文双语输入，以及多种视频尺寸和清晰度的输出，满足了不同用户的需求。

8.2　图片说话类模型

本节主要介绍一些图片说话（Talking head）类的 AI 视频开源模型以及这些模型的使用和生成效果，具体包括 SadTalker 模型、SadTalker Wav2Lip 模型、SadTalker VideoReTalking 模型、SadTalker EchoMimic 模型，下面逐一进行介绍。

8.2.1　SadTalker 模型

SadTalker 是一个由西安交通大学开源的视频模型，它能通过音频和图片生成逼真的 3D 头部运动视频，该模型的项目网址为 https://github.com/OpenTalker/SadTalker。

1. 使用

用户可以基于源代码进行部署，但需要具备代码能力和 GPU 算力基础，其页面如图 8-6 所示。

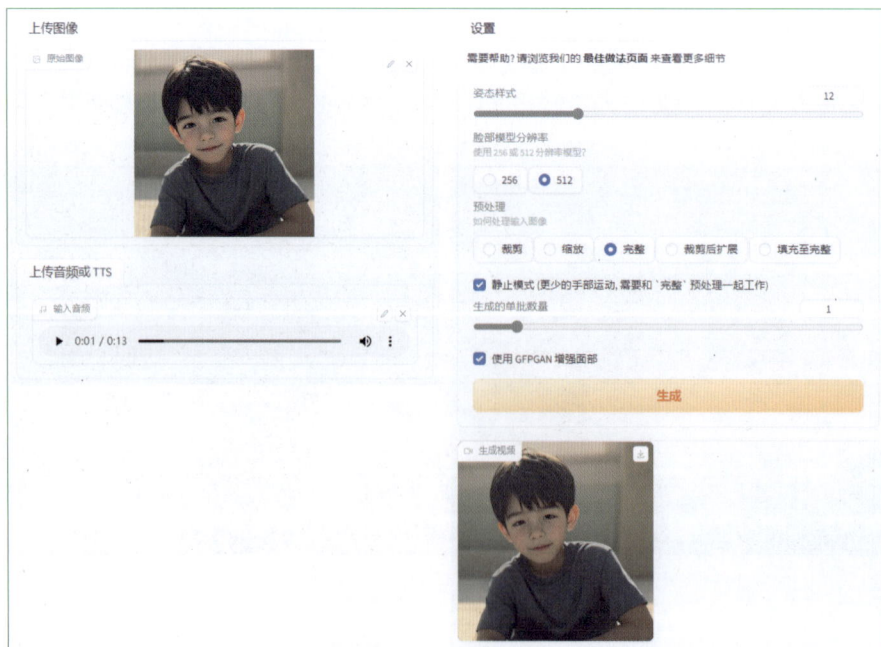

图 8-6　SadTalker 页面

SadTalker 的使用步骤如下：

（1）上传人物照片。

（2）上传语音文件，建议为 WAV 格式的音频，音频时间为 10 秒左右。

（3）设置姿态样式，即人物说话的动作样式，建议参数设置为 12 ～ 20。

（4）选择脸部模型分辨率，即生成视频图像的大小，建议选择 512。

（5）预处理：包括裁剪、缩放、完整、裁剪后扩展、填充至完整 5 种对上传底图的处理方式，建议选择完整方式。

（6）静止模式，即人物的动作幅度，建议勾选该模式，避免头部偏离身体。

（7）使用 GFPGAN 增强面部，即修复脸部，建议勾选，避免说话时嘴和眼的变动导致脸部变形，生成怪异的视频。

（8）单击"生成"按钮生成视频。

2. 效果

模型利用 3DMMs 学习真实运动系数，分离表情和头部姿势，减少不确定性。通过 ExpNet 和 PoseVAE 分别处理表情和头部运动，结合 3D 感知面部渲染生成最终视频。该技术在视频质量、头部运动多样性和唇部同步方面表现出色。

8.2.2　SadTalker Wav2Lip 模型

Wav2Lip 是一个由印度海德拉巴大学和英国巴斯大学研究人员组成的团队在 2020 年提出的视频模型，该模型的项目网址为 https://github.com/Rudrabha/Wav2Lip。该模型能够使人物的视频片段和一段目标语音合二为一并确保视频中人物的嘴型与所配音频吻合。Wav2Lip 采用了一种深度学习架构，它将从视频帧中提取的视觉特征和相应的语音信号的音频特征相结合，学习基于音频输入来预测准确的唇形。

1. 使用

我们可以在 GitHub 网页中单击 Interactive Demo，进入"sync."网站，其网址为 https://app.synclabs.so/playground/lip-sync，这样就可以免费试用该模型，具体操作如下：

（1）上传目标视频，尽量上传内存较小的视频，方便成功运行。

（2）上传目标音频，音频同样上传内存较小的。

（3）单击下方的"generate 生成"按钮，等待几分钟后便能生成，具体操作如图 8-7 所示。

2. 效果

Easy-Wav2Lip 处理时间变得更加快速，这里以在 Colab T4 环境下处理一段 9 秒、720P、60fps 的测试视频为例，Easy-Wav2Lip 可以将处理时间从原来的近 7 分钟缩短至不到 1 分钟，大幅缩短了耗时。同时，Wav2Lip 适用于任何身份、声音和语言，也适用于 CGI 面孔和合成声音，还能够高精度实现目标语音的唇形同步视频。

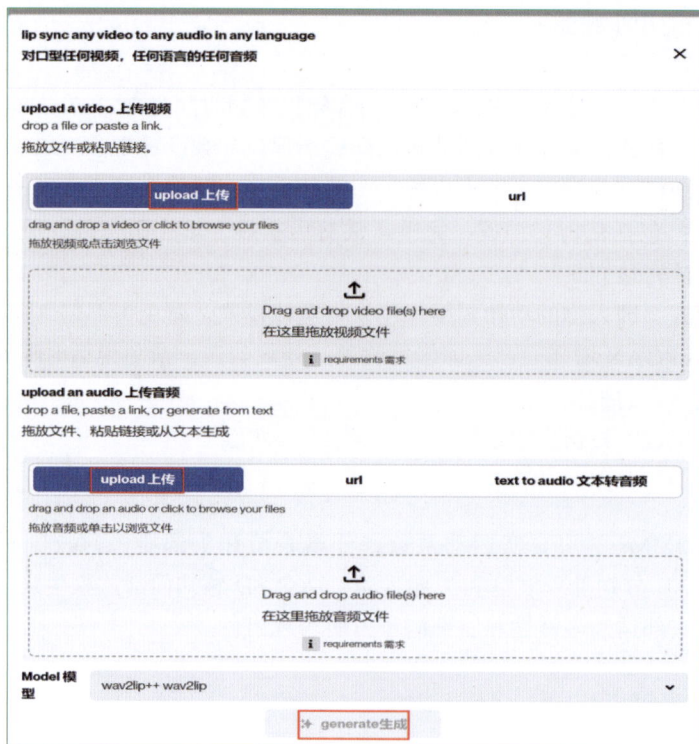

图 8-7　Wav2Lip 模型的具体操作步骤

8.2.3　SadTalker VideoReTalking 模型

　　VideoReTalking 是一个利用 AI 实现视频人物嘴型与输入的声音同步的创新技术模型，由西安电子科技大学、腾讯人工智能实验室和清华大学共同研发，该模型的项目网址为https://github.com/OpenTalker/video-retalking。该模型能够依据输入的音频对视频中人物的讲话进行面部表情编辑，无论情绪如何变化，均能生成高质量且唇形与音频同步的视频输出，具体实现步骤如下：

　　（1）依据标准表情模板生成面部视频。

　　（2）实现音频引导的唇部同步。

　　（3）通过面部增强技术提升视频的真实感。

　　整个过程均采用了基于学习的方法，各个模块能够自动地顺序执行，不需要人工再次进行操作。

1. 使用

　　用户可以基于源代码进行部署，但需要具备代码能力和 GPU 算力基础，具体使用流程与 Wav2Lip 的使用流程一致，此处不再赘述，具体操作如图 8-8 所示。

2. 效果

　　VideoReTalking 在运行时所有步骤均采用基于机器学习的方法，因此准确性十分高。其中所有模块可以按照事先设定的顺序执行，不需要用户干预。VideoReTalking 的运行系统是通用的，无须针对特定人员进行再培训即可生成能够表达不同情绪的人物说话的视频，具体制作效果如图 8-9 所示。

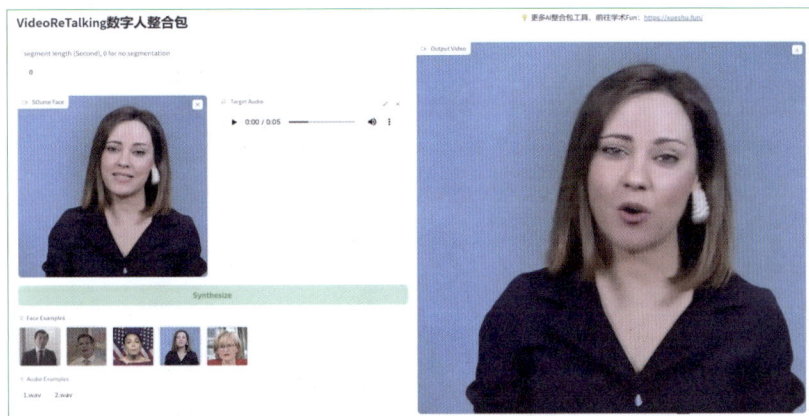

图 8-8　VideoReTalking 操作页面（图中人像来源于官方示例图）

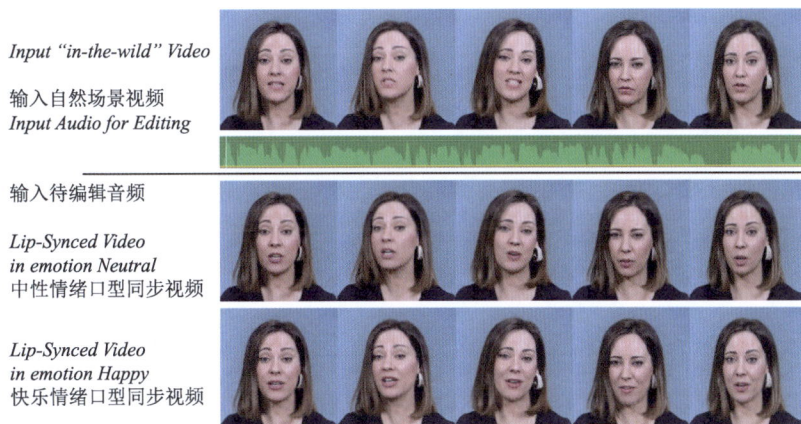

图 8-9　官方制作效果

8.2.4　SadTalker EchoMimic 模型

EchoMimic 是阿里蚂蚁集团开发的一项创新技术模型，该模型的项目网址为 https://github.com/BadToBest/EchoMimic。它通过先进的算法让静态图片动起来，制作出准确的表情和语音。这一技术可以分析音频和面部特征，制作出逼真的动态视频效果。无论是单独使用音频还是结合面部特征，EchoMimic 都能够制作出自然流畅的对口型视频。

SadTalker EchoMimic 支持中文、英文等多种语言，适合唱歌等多种场合，为数字人物的制作带来了突破性的发展，并在娱乐、教育、虚拟现实等多个领域得到了广泛应用。

1. 使用

目前，魔塔社区提供了在线平台可以免费试用该模型，其网址为 https://huggingface.co/

spaces/fffiloni/EchoMimic，具体使用流程与 Wav2Lip 一致，此处不再赘述，试用页面如图 8-10 所示。

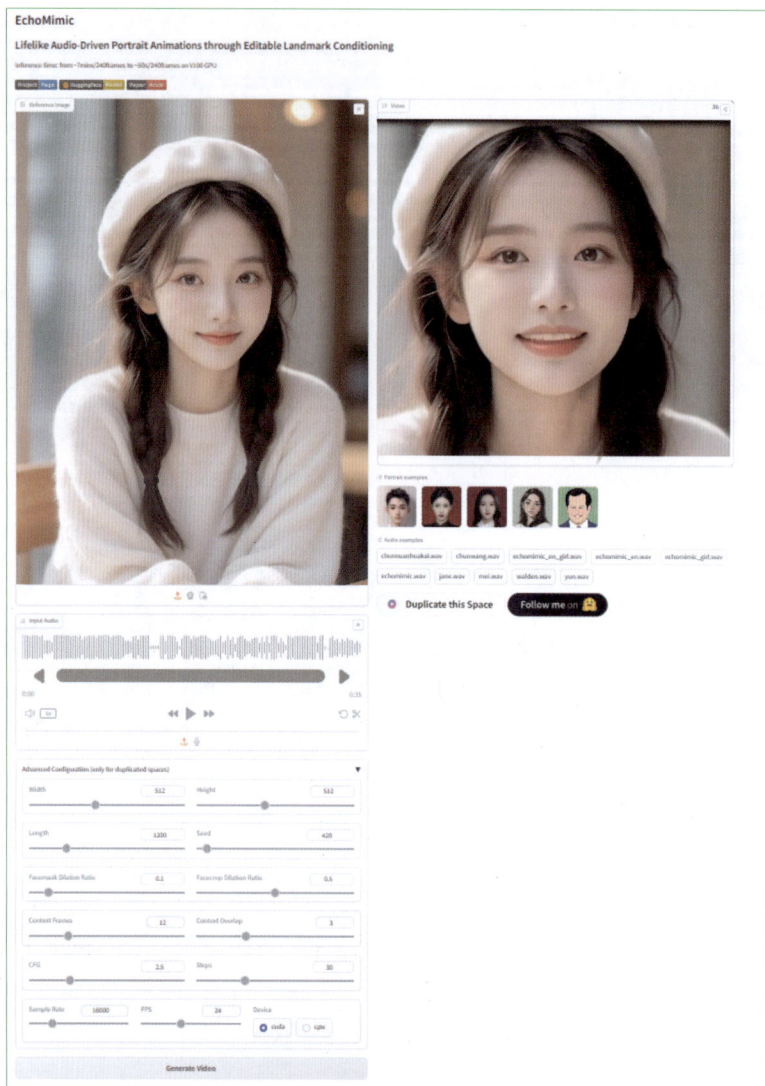

图 8-10　EchoMimic 试用页面（图中真人来源于官方示例图）

2. 效果

EchoMimic 主要使用面部标志点技术捕捉关键部位的运动，增强动画的真实感。它不仅能理解人物声音，还能理解人物表情，通过结合音频和视觉信息，EchoMimic 让动画的自然度和表现力更上一层楼。并且 EchoMimic 支持中文普通话和英语等多种语言，可以适应不同语言区域的用户需求。在实际应用中，它能适应不同的表演风格，包括日常对话和歌唱等。

EchoMimic 的独特之处在于它的高稳定性和自然度。该技术能够精准捕捉细微的面部运动和表情变化，如嘴角微笑和眼神转动，从而生成高度逼真的动画效果。

8.3　动作引导类模型

本节我们将介绍一些动作引导类的 AI 视频开源模型以及这些模型的使用和生成效果，具体包括 MimicMotion 模型、Animate Anyone 模型、DreaMoving 模型，下面进行详细介绍。

8.3.1　MimicMotion 模型

MimicMotion 是由腾讯公司与上海交通大学合作开发的一款人工智能人像动态视频生成模型，该模型的项目网址为 https://github.com/tencent/MimicMotion。该框架能够根据用户提供的单个参考图像和一系列要模仿的姿势生成高质量、姿势引导的人类动作视频。其核心技术包括置信度感知的姿态引导，这种技术确保了视频帧的高质量和时间上的平滑过渡，并显著提升了视频生成的控制性和细节丰富度。

1. 使用

目前，网上提供了在线试用平台可以免费试用 MimicMotion 模型，其网址为 https://replicate.com/zsxkib/mimic-motion，具体操作如下：

（1）上传参考视频作为动作引导视频。

（2）上传目标人物图片作为动作引导对象。

（3）调整相关参数，一般默认即可。

（4）运行，等待几分钟便能生成视频，具体操作如图 8-11 所示。

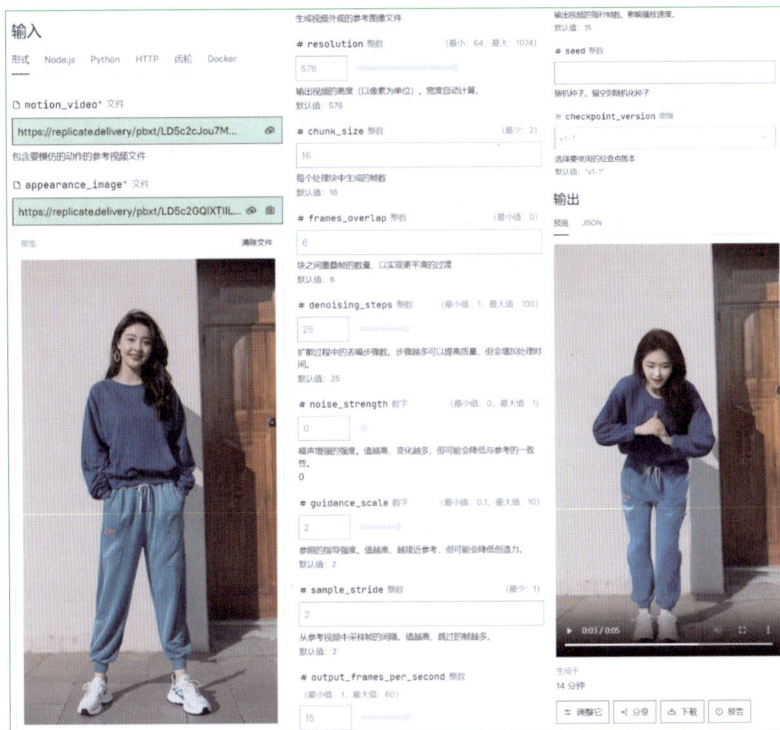

图 8-11　MimicMotion 操作页面（图中真人为 AI 生成图）

2. 效果

MimicMotion 生成的视频效果具有高质量的细节表现，特别是在手部等关键区域，同时保证了视频帧之间的过渡自然流畅，实现了时间上的平滑性。通过置信度感知的姿态引导和区域损失放大技术，显著减少了图像失真，使得生成的视频无论在动作的准确性还是视觉效果上都达到了先进的水平，为用户提供了高度逼真且可定制的动态视频生成体验，具体生成效果如图 8-12 所示。

图 8-12　官方生成效果

8.3.2　Animate Anyone 模型

Animate Anyone 是由阿里巴巴智能计算研究院开发的一个视频模型，该模型的项目网址为 https://github.com/HumanAIGC/AnimateAnyone。它能够将静态图像中的角色或人物转化为动态视频。该模型基于扩散模型，通过 ReferenceNet、Pose Guider 姿态引导器和时序生成模块等技术，在图像动起来的过程中可以保持一致性、可控性和稳定性并输出高质量的动态化视频。

1. 使用

目前，Animate Anyone 模型被应用到了通义千问（App）中，想要体验其效果的话可以进行下载。在 Hugging Face 上也提供了在线试用平台，同样可以试用该模型，其网址为

https://huggingface.co/spaces/xunsong/Moore-AnimateAnyone。我们这里主要讲解通义千问
（App）的使用，请参考 10.2 节的相关内容，此处不再赘述，具体操作如图 8-13 所示。

图 8-13　通义千问"全民舞王"具体操作（图中人物来源于官方模板图）

2. 效果

AnimateAnyone 生成的视频效果能够逼真地模拟人物动作，保持与原静态图像的外观
细节一致性，同时确保动作的连贯性和时间稳定性。Animate Anyone 模型可以使包括真人、
动漫角色、卡通形象及人形物体等多种类型的角色动画化，使其根据预设的动作序列生动
地动起来，具体生成效果如图 8-14 所示。

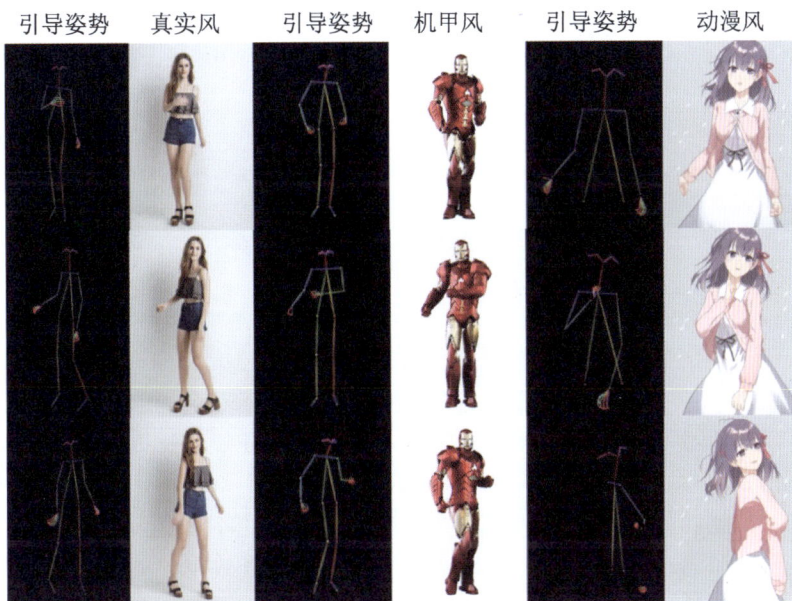

图 8-14　官方生成效果

8.3.3　DreaMoving 模型

DreaMoving 是由阿里巴巴集团的研究团队开发的一款基于扩散模型的人类视频生成模型，该模型的项目网址为 https://github.com/dreamoving/dreamoving-projec。该框架能够根据用户提供的目标身份和姿势序列，生成相应的人物移动或跳舞的视频，满足个性化视频内容制作的需求。DreaMoving 通过视频控制网络（Video ControlNet）和内容引导器（Content Guider）实现对人物动作和外观的精确控制，用户可以通过简单的文本描述或图像提示来生成定制化的视频内容。

1. 使用

目前，魔塔社区提供了在线演示空间，用户可以在其空间体验 DreaMoving 的生成效果，其网址为 https://www.modelscope.cn/studios/vigen/video_generation/summary，具体使用流程与 MimicMotion 一致，此处不再赘述，试用页面如图 8-15 所示。

图 8-15　DreaMoving 试用页面

2. 效果

DreaMoving 生成的视频效果能够根据简单的文本描述或图像提示，生成高质量、高保真度的定制化人类视频。它通过视频控制网络（VideoControlNet）精确控制人物动作，利用内容引导器（Content Guider）保持人物身份特征如人物面部及其服装，确保视频与目标身份高度吻合。DreaMoving 展示了在身份控制、动作操控和视频外观控制方面的高超能力，能够处理姿势序列以产生额外的时间残差，并且通过去噪 UNet 增强视频的时间一致性和运动真实性，实现高度真实的视频生成效果，具体生成效果如图 8-16 所示。

引导姿势　　　　效果1　　　　效果2　　　　效果3

图 8-16　官方生成效果（保持人物一致）

8.4　SD-WebUI 插件类模型

本地部署 AI 视频开源模型的开发成本虽然低，但是对于代码基础较差的用户来说仍是很困难的。因此，我们有必要了解一下使用难度较低的 SD-WebUI 的 AI 视频插件。本节将介绍网上一些流行且好用的 SD-WebUI 的 AI 视频插件的使用，同时，为了让读者知道如何选择适合的插件，还对这些插件的视频生成效果进行点评。

8.4.1　动态图生成模型 AnimateDiff

AnimateDiff 是一个基于 SD-WebUI 的图生视频开源模型，该模型的项目网址为 https://github.com/continue-revolution/sd-webui-animatediff，页面如图 8-17 所示。

1. 使用

AnimateDiff 与 Stable Diffusion 模型一起使用，可使得静态图像生成动态图像。通常，我们直接在 SD-WebUI 中使用 Stable Diffusion 生成静态图像，然后发送至 AnimateDiff 生成视频。通过 SD-WebUI 扩展，可以直接快速安装 AnimateDiff，具体安装步骤如下：

（1）进入"扩展"页面（如图 8-18 ①所示）中的"可下载"页面，单击"加载扩展列表"按钮，如图 8-18 ②所示。

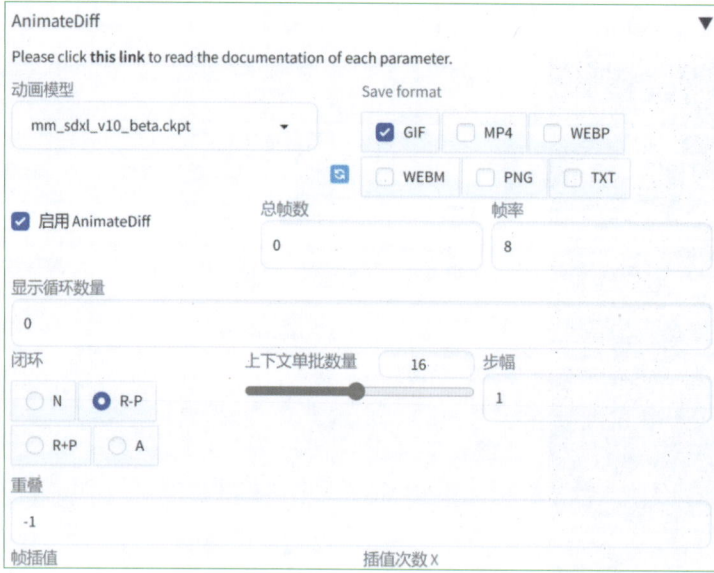

图 8-17　AnimateDiff 页面展示

（2）在下方的文本框内输入"animatediff"，搜索 AnimateDiff 插件，如图 8-17 ③ 所示。

（3）单击"安装"按钮，如图 8-18 ④所示，等待几分钟后即可安装成功。之后重启 WebUI 即可。

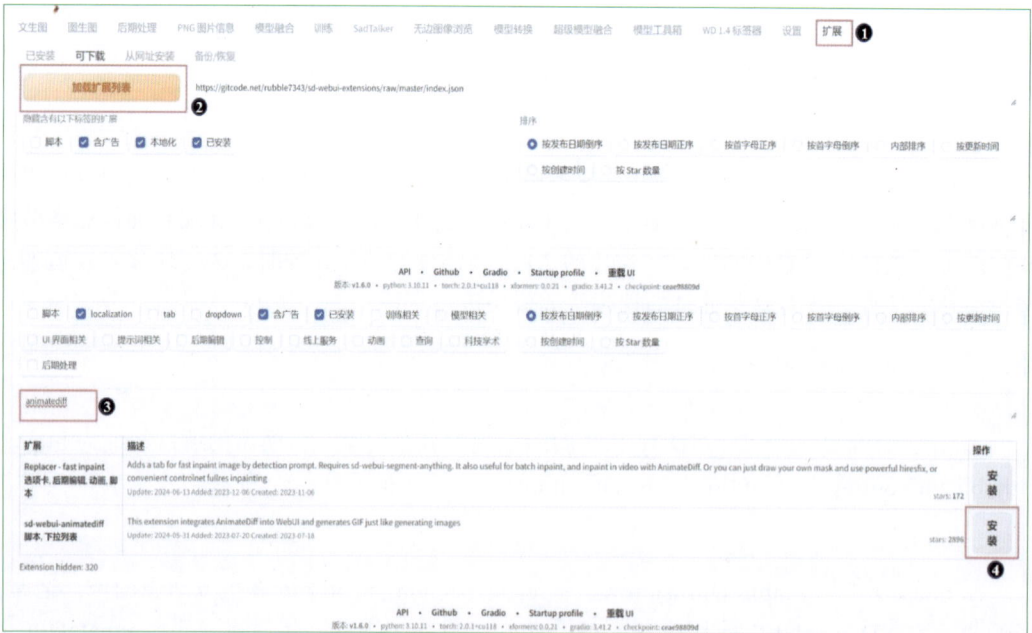

图 8-18　AnimateDiff 插件安装

安装好 AnimateDiff 插件后，还需要在 Hugging Face 网站上下载其动画模型，下载网址为 https://huggingface.co/guoyww/animatediff/tree/main，建议下载图 8-19 中框选的几个模型即可。

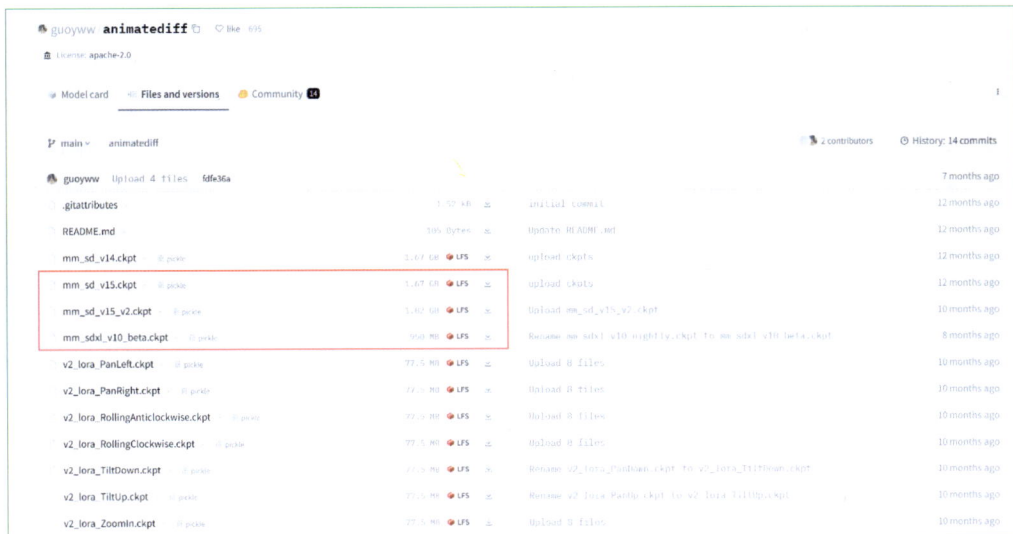

图 8-19　AnimateDiff 动画模型下载

2. 效果

AnimateDiff 生成的动画效果可控性较好、保真度较高、流畅性较好。相较于 SVD，AnimateDiff 针对真人动画的生成效果较差且动画时长较短。

8.4.2　动画生成模型 Deforum

Deforum 是一个基于 SD-WebUI 用于制作动画的模型，该模型的项目网址为 https://gitcode.net/ranting8323/sd-webui-deforum，页面如图 8-20 所示。

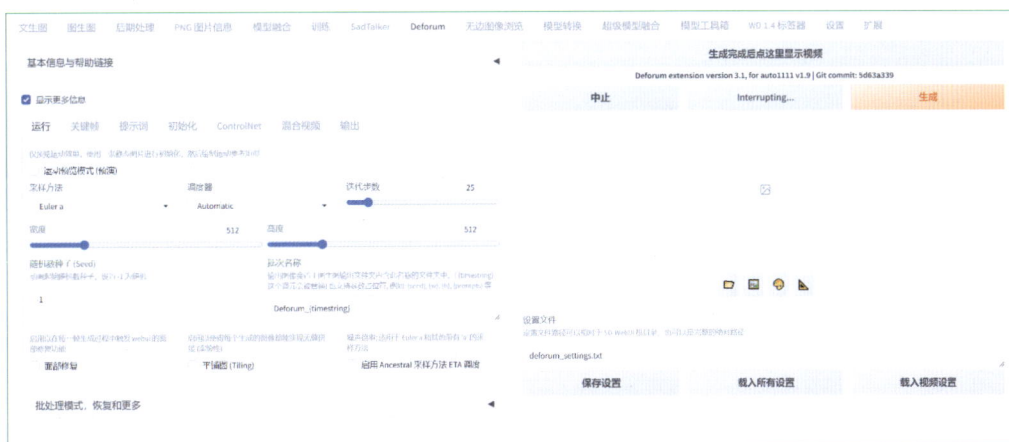

图 8-20　Deforum 页面

Deforum 使用 Stable Diffusion 的图像到图像功能生成一系列图像并将它们拼接在一起以创建视频。它采用 Stable Diffusion 的图像到图像转换技术，通过逐步对图像帧施加细微的变换，并利用这一强大的图像到图像功能来连续生成后续的帧，具体安装步骤和 AnimateDiff 一致，使用教程请参考网上的教程，此处不再赘述。

Deforum 生成视频的效果十分不错，可以实现 2D 和 3D 的运镜效果，如平移、推拉和旋转等，但是视频中的人物并未展现出移动效果，仅是通过镜头的移动来引导视角，同时整体色彩不断变换，这样的处理手法可能会给观者带来一定程度的不适感，感觉画面不够稳定、和谐。

8.4.3　视频转绘模型 EbSynth Utility

EbSynth Utility 是一个基于 SD-WebUI 用于制作 AI 动画风格转绘的模型，该模型的项目网址为 https://github.com/s9roll7/ebsynth_utility，其输入页面如图 8-21 所示，设置页面如图 8-22 所示。

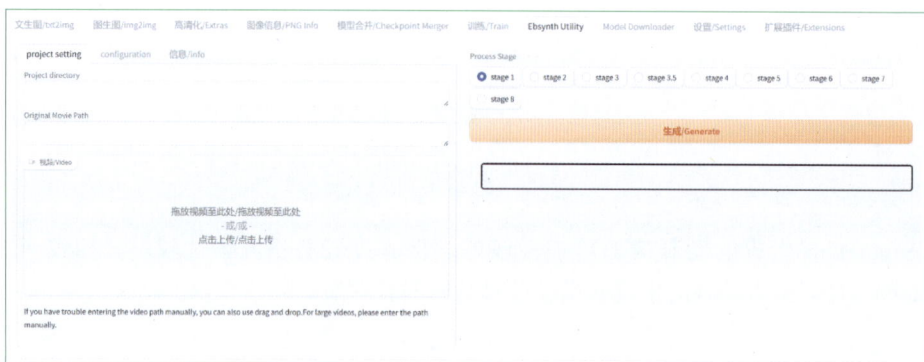

图 8-21　EbSynth Utility 输入页面

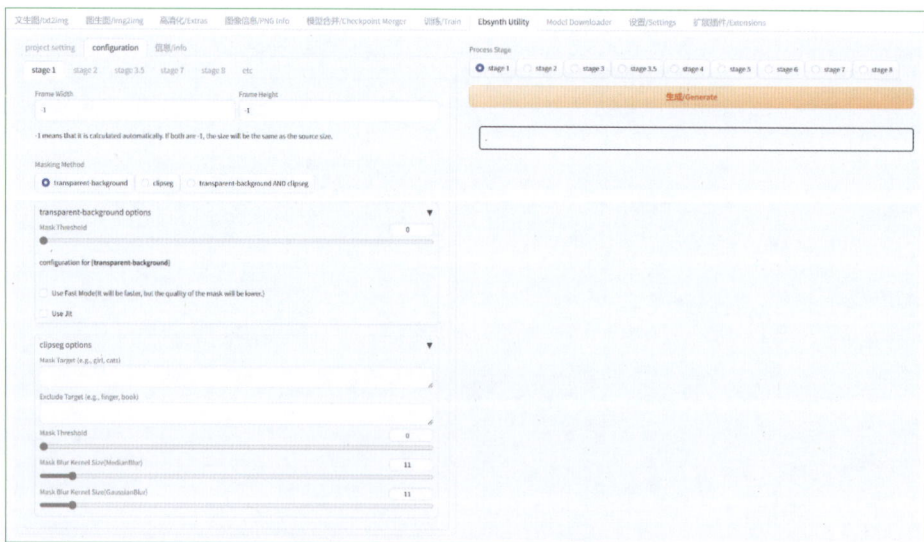

图 8-22　EbSynth Utility 设置页面

EbSynth Utility 的原理是通过智能识别并提取视频里一些比较特殊的帧，然后优先绘制这些帧而不是一帧帧把所有画面全部画完，随后通过一些特殊算法在这些视频帧之间生成类似于"过渡"的成分来填充画面，具体安装步骤和 AnimateDiff 一致，使用教程请参考网上教程，此处不再赘述。

EbSynth Utility 生成的视频效果十分好，画面看上去十分稳定且无闪烁，并且极大地降低了生成工作量，以原来四五分之一甚至十分之一的时间来实现类似的效果。

8.5 类 Sora 知名开源模型

早期 AI 生成视频模型层出不穷的时候，Sora 模型凭借其出色的视频生成效果迅速崛起并成为业界焦点。虽然其核心架构与训练方案尚未开源，但是网上却涌现出了许多复现 Sora 的 AI 视频生成模型。在本节中，我们将要介绍一些 Sora 复现类的 AI 视频开源模型，其中主要介绍这些模型的运行原理和生成效果。

8.5.1 Snap Video 模型

Snap Video 是由开发出 Snap Chat 图片分享软件的 Snap 公司、特伦托大学等机构联合发布的一款类 Sora 模型，其生成效果与 Pika、Runway Gen-2 相差不大，与其他模型对比的效果如图 8-23 所示。

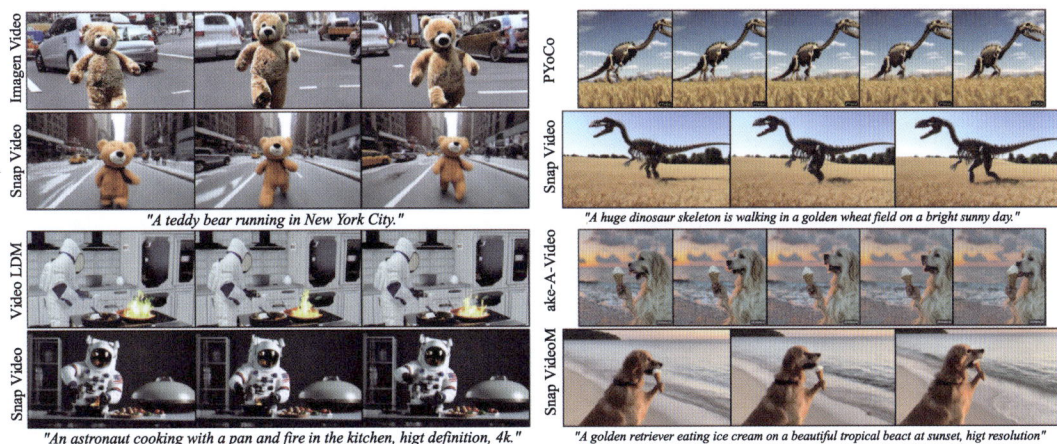

图 8-23 Snap Video 效果对比

Snap Video 使用的架构为可扩展的时空 Transformer 扩散模型，即 FIT（Far-reaching Interleaved Transformers），与 UNet 相比，Snap Video 模型的训练速度加快了 3.31 倍，推理速度快了 4.49 倍，同时实现了更高的生成质量，其结构如图 8-24 所示。

在传统的研究路径中，视频往往被简单地视为一系列静态图像的连续播放，这种处理方式忽略了视频作为动态数据的时间维度特性。为了克服这个局限，研究者们创新性地采取了逆向思维，将静态图像视为低帧率视频的特例，进而实施了一种联合视频与图像的训练策略。这种方法不仅保留了图像中的空间信息，还巧妙地融入了时间维度的连续性，有效避免了纯图像训练中因时间维度缺失而引发的模态不匹配问题，为视频处理与图像识别领域开辟了新的视角。

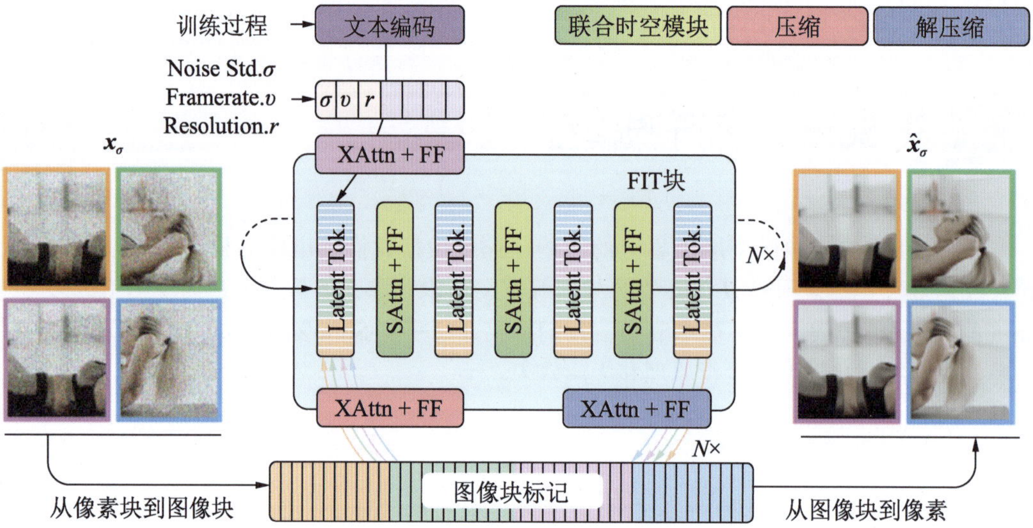

图 8-24　Snap Video FIT 结构

过往在处理视频数据时，研究者们普遍依赖于 UNet 等复杂架构来精细地处理每一帧图像，虽然这种方法能够捕捉丰富的细节信息，但是计算成本显著增加，成为限制模型处理大规模数据或实现高效扩展的瓶颈。特别是在与纯文本到图像生成模型对比时，这种计算开销的差距尤为明显，对模型的广泛应用和性能优化构成了挑战。

鉴于可扩展性对于追求高质量处理结果的重要性，当前的研究趋势正逐步向探索更加高效、轻量级的视频 - 图像联合训练模型转变。这些新型模型旨在保证性能的同时，减少计算资源的消耗，提升模型处理视频数据的能力与灵活性，从而为视频理解与生成领域带来更加广阔的发展前景。

8.5.2　Open-Sora 1.0 模型

Open-Sora 1.0 是由 Colossal-AI 团队在 OpenAI Sora 发布后不久推出的一个开源模型，该模型的项目网址为 https://github.com/hpcaitech/Open-Sora。虽然它的效果与 OpenAI Sora 相差很大，但是已经非常接近了，而且其复现的成本降了很多，大约可以降低 46%。Open-Sora 1.0 在英伟达 RTX3090 GPU 上最高可以生成 240P 分辨率、时长最长为 4 秒的视频。

目前关于 Open-Sora 1.0 文生视频的模型架构、训练好的模型权重、复现的所有训练细节、数据预处理过程、demo 展示和详细的上手教程，Colossal-AI 团队已经全面免费开源在 GitHub 上，如果对此感兴趣，可以进行阅读。

Open-Sora 1.0 采用了 Diffusion Transformer 架构，训练模型时也采用了 SVD 工作机制，

包括大规模图像预训练、大规模视频预训练和高质量视频数据微调，从而使其生成的视频效果远超网上一些生成视频的软件，其训练过程如图 8-25 所示。

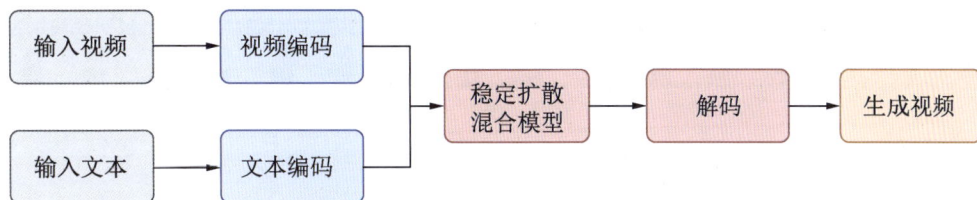

图 8-25　Open-Sora 1.0 训练过程

8.5.3　Latte 模型

Latte 是由我国人工智能专家复现 Sora 所推出的一个视频生成模型，其生成效果十分接近 Sora，由于数据集上的差异，所以还是有些瑕疵，该模型的项目网址为 https://github.com/Vchitect/Latte。

Latte 采用了一系列 Transformer 模块对潜空间中的视频分布进行建模，为了对从视频中提取的大量标记进行建模，从分解输入视频的空间和时间维度引入了 4 种有效的变体，其结构如图 8-26 所示。

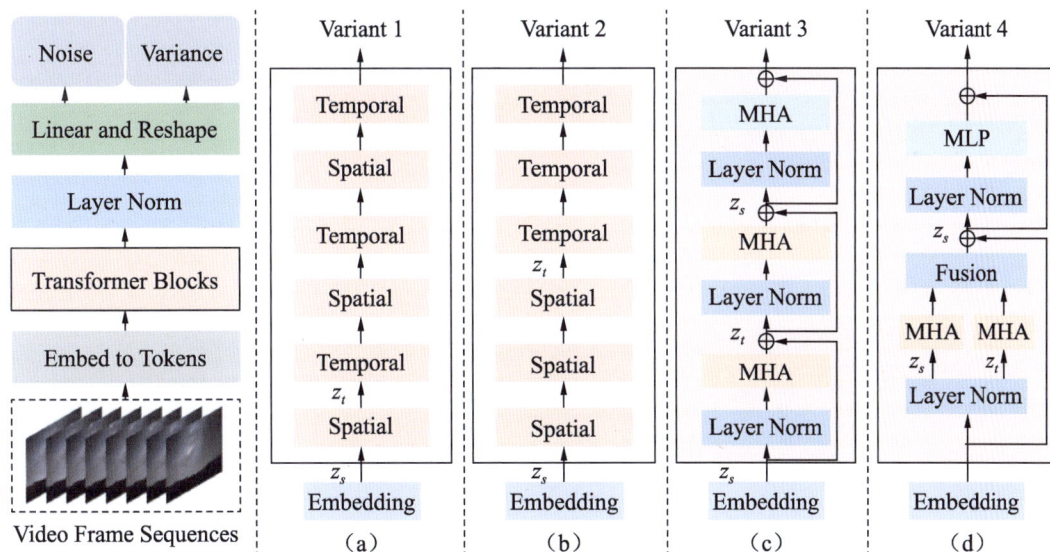

图 8-26　Latte 采用的架构

具体部署的步骤可以参考 GitHub 上官方提供的部署步骤，通过下载并设置存储库、从预先训练的 Latte 模型中采样、使用 Latte 的训练脚本进行训练等操作，可以基于 Latte 模型生成视频或者基于 Latte 模型训练自己的模型。与其他模型生成的效果相比，Latte 的效果较好，如图 8-27 所示。

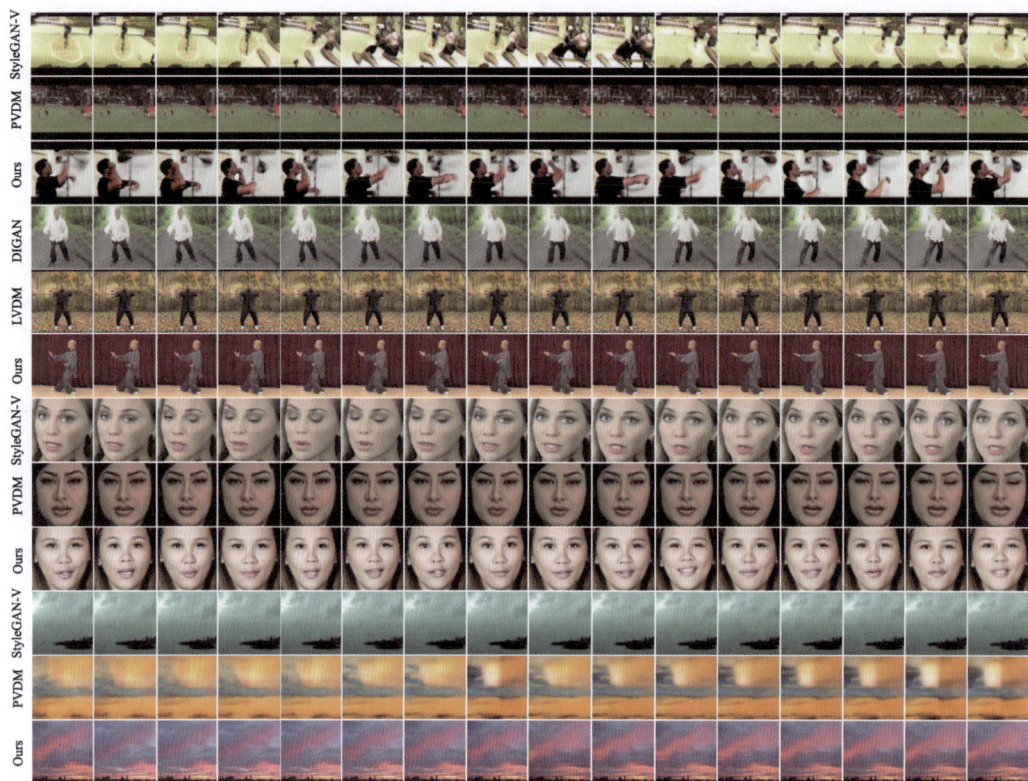

图 8-27　Latte 与其他视频生成模型的效果对比

第**9**章

多模态大模型

第 8 章详细介绍了一些备受推崇的开源模型，同时对它们所生成的视频效果进行了全面而细致的评估。这些开源模型以其强大的功能和出色的效果为视频创作领域注入了新的活力。然而，在实际应用过程中不难发现，许多 AI 开源模型都需要进行烦琐的参数调整，这对于缺乏计算机基础的初学者而言无疑是一个巨大的挑战。

为了解决这个问题，本章将介绍多模态大模型的相关概念。所谓多模态大模型，是指那些基于先进的生成式预训练技术，能够在文字交互的基础上实现图片、文字、语音、视频等多种模态的交互与融合。这些模型不仅具备强大的推理和总结能力，还能根据图像、语音和视频等多媒体信息进行创作。当前，百度的文心一言、通义千问等前沿多模态大模型已经成功实现了从文字到视频、从图片到视频的跨模态生成，为用户提供了更加丰富、多元的创作选择。

9.1 文心一言

文心一言是百度倾力打造的最新一代知识赋能大型语言模型，该模型的网址为 https://yiyan.baidu.com/。它不仅擅长与人进行流畅的对话交流，精准回答各类问题，还能在创作过程中提供得力协助。依托于百度飞桨这一强大的深度学习平台及知识增强的大模型架构，文心一言更进一步，通过创新的"一镜留影"插件技术，能够将语言转化为生动的视频内容，为用户带来前所未有的视听体验。

在 2023 年 8 月 15 日，百度文心一言上线了一款名为"一镜留影"的插件，如图 9-1 所示，该插件支持文本生成视频功能。

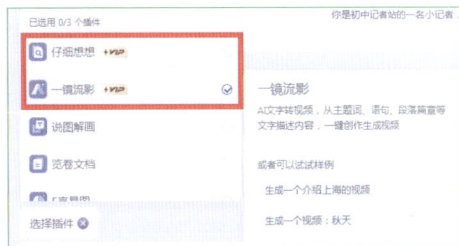

图 9-1 "一镜留影"插件页面

1. 使用

用户首先在"选择插件"中选择"一镜留影"，然后在对话框中输入生成视频的提示词，等待几分钟后便会得到相应的视频。

2. 效果

一镜留影插件目前需要充值一定费用成为会员才能使用，生成视频的质量较高，视频时长为 30 秒，生成速度较快，但是考虑到肖像权的问题，生成的视频中不会出现人脸。

9.2 通义千问

通义千问是阿里云推出的一款知识增强大语言模型，该模型的网址为 https://tongyi.aliyun.com/。它与百度文心一言的大部分功能相似，能够与人对话互动，回答问题，协助创作，可以使用"全民舞王"应用生成视频（目前该应用仅在通义千问 App 内使用）。

在 2024 年 2 月 5 日，阿里云通义千问 App 上线了一款名为"全民舞王"的新应用，其就应用了 Animate Anyone 架构，如图 9-2 所示。

1. 使用

全民舞王应用仅支持图像生成视频，用户只需要上传一张人物全身照，选择想要生成的舞蹈模板，等待几分钟后便会得到一段跳舞的视频。

2. 效果

目前全民舞王应用可以免费使用，仅支持生成跳舞视频，视频质量较高，生成速度较快，但是视频内容较为单一。

图 9-2 "全民舞王"应用页面
（图中真人来源于官方模板图）

9.3 讯飞星火

讯飞星火是科大讯飞推出的一款新一代认知智能大模型，该模型的网址为 https://xinghuo.xfyun.cn/。它与文心一言和通义千问的大部分功能相似，能够与人对话，回答问题，协助创作，通过选择"千象视频创作大师"智能体可以生成视频。

"千象视频创作大师"智能体使用了一种基于生成式人工智能（AIGC）的多模态大模型结构，即智象视觉大模型，主页如图 9-3 所示。

1. 使用

首先选择"千象视频创作大师"的智能体，然后只需要在下方文本框中输入想要生成的内容并发送，等待几分钟后便能生成相关的视频。

2. 效果

目前，"千象视频创作大师"智能体可以免费使用，仅支持文本生成视频，生成视频的质量较好，生成速度较快且生成视频的风格多样，但视频生成的效果较不稳定性，时常出现变形、扭曲等不自然的现象。

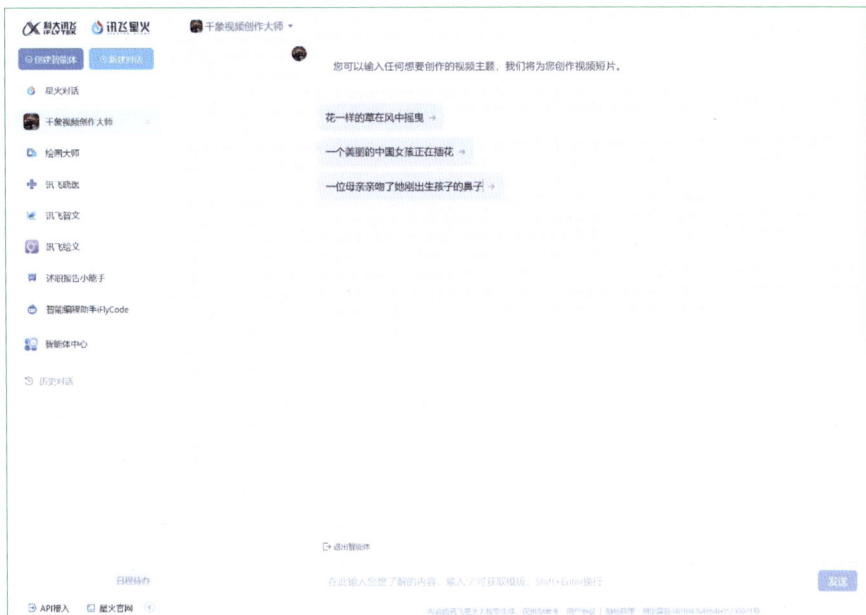

图 9-3 "千象视频创作大师"智能体页面

9.4 其他多模态大模型

除了前面介绍的 3 个网上主流的多模态模型以外，还有一些视频生成效果很好的多模态模型，下面介绍几款好用的多模态模型供读者参考。

1. 字节跳动公司的豆包

豆包是一款由字节跳动公司基于云雀模型开发的 AI 模型，为用户提供了丰富多样的功能和服务，该工具的网址为 https://www.doubao.com/。豆包近期推出了 AI 生成视频的模型——PixelDance，该模型可以生成连续动作的人物视频，同时还可以用"一张图 +Prompt（提示词）"的模式生成多镜头组合视频，即一个视频包含多个镜头画面，其运镜控制也十分自然流畅。不过，该模型现在处于内测阶段，用户需要申请资格才能试用。

2. MiniMax 公司的海螺 AI

海螺 AI 是一款由大模型公司 MiniMax（上海稀宇科技有限公司）推出的智能语音交互平台，该平台的网址为 https://hailuoai.com/。它基于先进的人工智能技术，特别是 MoE（Mixture of Experts）架构为用户提供丰富多样的功能和服务。最近，海螺 AI 推出了 AI 生成视频的模型——abab-video-1（文生视频模型）和 MiniMax 视频模型（图生视频），模型生成的视频在画面质量、连贯性、流畅性等多维度均处于领先地位，并且在海外社交媒体上引发了广泛的关注，获得了许多 AI 创作者、导演和编剧等用户的好评。

第 4 篇

AI 视频平台、工具与模型的使用

在第三篇中，我们主要介绍了国内外众多备受欢迎的在线平台与开源模型，还特别介绍了引领潮流的多模态大模型，为读者打开了视频创作与处理的全新视野。本篇内容将更进一步，深入介绍一系列模型的使用教程。这些教程涵盖多个方面，从便捷高效的在线平台操作指南，到功能强大的开源模型部署，再到创新独特的 ComfyUI 视频工作流详解，旨在帮助不同水平的用户轻松上手，充分利用这些资源发挥创意，制作出令人瞩目的视频作品。

☞ 第 10 章　在线视频平台与工具的使用

☞ 第 11 章　开源视频模型的使用

☞ 第 12 章　ComfyUI 工作流的使用

第 10 章

在线视频平台与工具的使用

本章首先介绍国内外备受欢迎的在线视频平台和工具的使用教程，包括在国际上享有盛誉的 Runway、Pika 和在国内深受欢迎的可灵 AI。通过本章的细致讲解，希望读者能够轻松掌握这些平台的使用方法，从而开启视频创作之旅。

10.1 Runway 工具的使用

Runway 成立于 2018 年，是一家应用人工智能研究公司，致力于推动艺术、娱乐和人类创造力的公司。在最近几年，Runway 陆续推出了 Gen-1、Gen-2 和 Gen-3 Alpha 三款 AI 视频生成工具。

10.1.1 注册账号

在讲述如何利用 Runway 平台生成视频之前，先简要介绍一下如何注册账号以及 Runway 平台的收费标准。

1. 官网

Runway 公司提供了一个在线网站，用户登录官网即可使用，其网址为 https://runwayml.com/，具体注册步骤如下：

（1）进入官网，单击 Try Runway New 按钮即可进入登录页面，如图 10-1 所示。

（2）用户可以使用谷歌邮箱账号或苹果账号一键注册登录，如果没有对应账号，可以单击上方的 Sign up for free 进入注册页面进行注册。

（3）国内用户可以使用 QQ 邮箱或网易邮箱账号进行注册。

（4）注册好之后回到登录页面，重新登录即可使用。

2. 收费标准

目前，Runway 推出了 3 种收费模式，新用户会获得 125 秒的免费生成视频时长，最长生成的视频只有 4 秒，而开通会员之后 Runway 的功能将会有很大的改变。比如，生成视频的总时长将会变得更多，Gen-1 和 Gen-2 的生成视频时长也会从 4 秒分别增加到最高 15

秒和 16 秒。除此之外，在储存视频的容量、生成视频的细节及生成视频的质量方面也有更
好的表现。Runway 的每月收费标准如图 10-2 所示，其他收费标准可去官网查询。

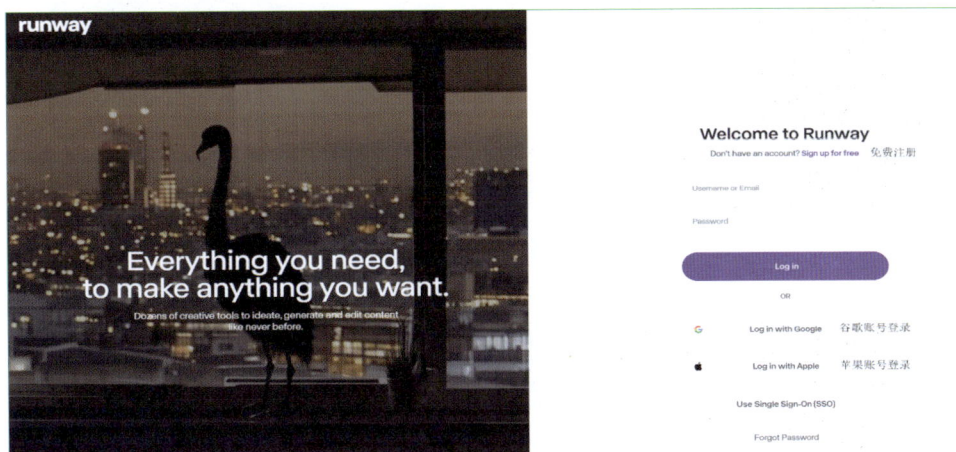

图 10-1　Runway 登录页面

图 10-2　Runway 每月收费标准

10.1.2　初代生成模型 Gen-1

Gen-1 是 Runway 最先推出的一款 AI 视频生成工具，它支持将一段现有视频生成一段
新的视频，目前可以使用文字和图像两种方式作为生成条件。

1. 使用

用户首先在 Runway 主页单击 Try Gen-1，如图 10-3 所示，随后将进入 Gen-1 的操作页
面，如图 10-4 所示。

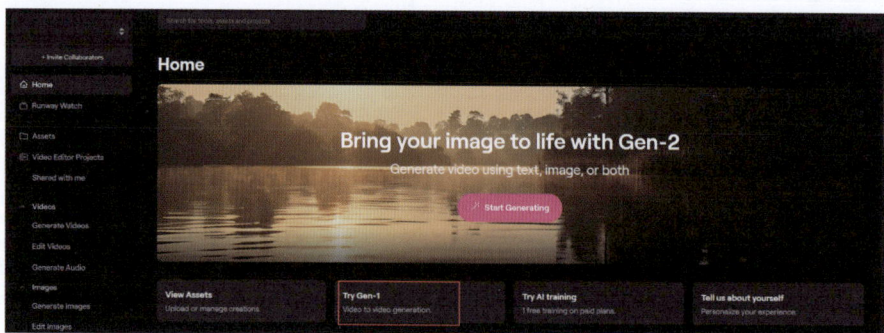

图 10-3　Runway 主页

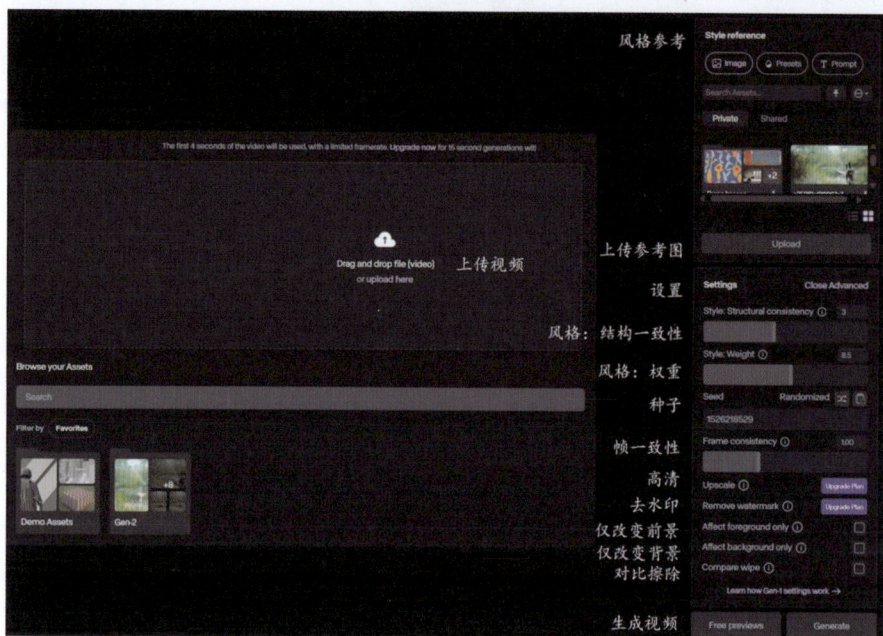

图 10-4　Gen-1 操作页面

　　进入 Gen-1 的操作页面后，用户就可以进行视频创作了。Gen-1 生成视频主要分为 3 个步骤：

　　（1）选择一个现有视频进行上传。

　　（2）在图 10-4 右侧的风格参考选项中，通过上传参考图像、填写提示文本（英文）来确定参考风格，也可以直接选择 Runway 提供的预置风格，如图 10-5 所示。

　　（3）在 Gen-1 的操作界面单击右下角的 Generate 按钮，等待几分钟后便能生成新视频。

　　例如，可以将一段视频中的狗通过 Gen-1 生成一头狮子的动态视频，原视频页面如图 10-6 所示，生成视频页面如图 10-7 所示。Gen-1 中有许多视频风格供用户选择，用户也可以根据自己的喜好上传视频风格，让 Gen-1 根据视频风格生成想要的视频。

2. 参数调节

　　Gen-1 的视频生成控制参数如图 10-4 Gen-1 操作页面右侧所示，细节如图 10-8 所示。

首先，可以通过调节 Structural consistency（结构一致性）来保持生成视频的结构一致性，使生成的视频更加流畅和生动，还可以调节生成视频中人物或者动物的权重，通过 Frame consistency（帧一致性）调节保持视频帧的一致性。

图 10-5　视频风格页面

图 10-6　原视频页面

图 10-7　生成后的视频效果

图 10-8　参数调节页面

10.1.3　二代生成模型 Gen-2

Runway 的 Gen-2 是其推出的最新文本生成影片（Text-to-video）AI 模型。使用 Gen-2 模型能够根据简单的文本提示生成 4 秒的视频片段，这些片段可被看作动画 GIF，提供了一种独特而简洁的方式让想法变为现实。Gen-2 目前支持 3 种模式生成新的视频，即文本生成视频、图片生成视频、图片和文本结合生成视频。

1. 使用

在 Runway 主页单击 Start Generating，将进入 Gen-2 操作页面，如图 10-9 所示。

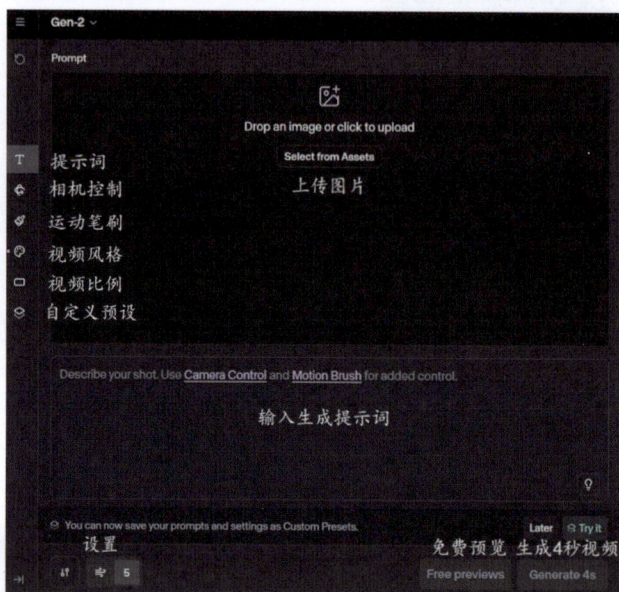

图 10-9　Gen-2 操作页面

用户此时可以在 3 种模式中选择一种模式生成视频，这 3 种模式的操作如下：

❑ 文本生成视频：在中间的文本框内输入相关提示词（英文），提示词主要包括生成视频的场景描述。描述的内容越详细，生成视频的内容越符合需求。输入完提示词后，单击下方的 Generate 4s，等待几分钟后，页面右边就会生成出视频。

❑ 图像生成视频：单击上方灰色方框的任意位置，上传一幅生成视频的相关图像，然后单击下方的 Generate 4s，等待几分钟后，页面右边就会生成出视频。

❑ 文本＋图像生成视频：首先上传一幅生成视频的相关图像，然后在文本框填入相关提示词（英文），最后单击下方的 Generate 4s 按钮，等待几分钟后，页面右边就会生成视频。

2. 参数调节

如果想要提高生成视频的质量，或者让生成的视频更加贴近自己的需求，就可以在生成视频前调整相应的视频参数。目前 Gen-2 提供了 6 种视频参数，具体说明如下：

❑ 设置：这里有 3 个选项，一般建议默认 Interpolate（插帧功能）选项，因为去水印和提高分辨率的功能需要支付一定费用升级账号才能使用，如图 10-10 所示。

❑ General Motion（一般运动）：一般默认为 5，数值越高，视频动作越多。

❑ Camera Control（相机控制）：指定摄像机的运动方向和速度，这里可以根据构思的画面视角效果进行设置，如图 10-11 所示。

图 10-10　设置页面

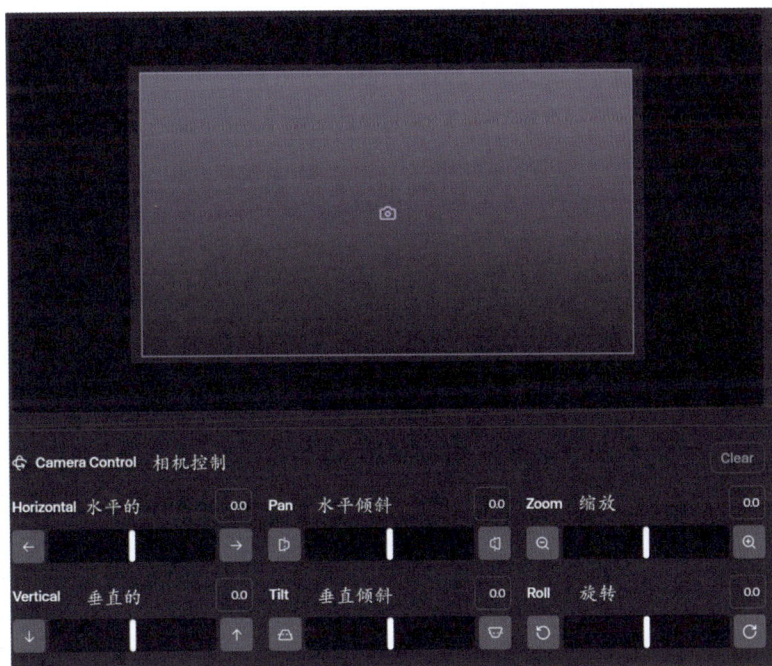

图 10-11　Camera Control 页面

❑ Style（视频风格）：网站提供包括 3D 卡通 /80 年朋克风 / 三维渲染 / 日本动漫 / 概念艺术等 27 种视频风格，可以选择想要的视频效果进行风格预设。

❑ 视频比例：官方提供了许多视频比例，如 16 ∶ 9、9 ∶ 16、1 ∶ 1 等，涵盖市面上所有的视频比例。

❑ 自定义预设：用户可以自行设置一系列参数并新建为预设，从而提高效率。

3. Motion Brush

Motion Brush（运动笔刷）是最近上线的功能，只需要在图像上任意涂抹，就可以让静止的物体动起来。可以通过提示词生成一张图片，或者单击 Image 上传一张图片，然后单击下方的 Motion Brush 按钮，再单击 Ok, got it! 按钮，如图 10-12 所示。

随后就会跳转到编辑页面，如图 10-13 所示。系统默认选择了笔刷工具，并且打开了自动检测区域，当鼠标经过图像时，会出现带有颜色的区域，用户只需要单击想要改变的区域即可。如果不小心选择了多余的区域，只需要单击橡皮擦工具进行擦除即可。如果想要在不同区域调节不同的参数，只需要选择完第一个区域，单击右方的剩余画布即可，最多可以选择 5 种。

接着对参数 Horizontal、Vertical 和 Proximity 分别进行设置。

图 10-12　运动笔刷的开始页面

- ❑ Horizontal 和 Vertical：运动的水平和垂直幅度，负值分别代表向左、向下。
- ❑ Proximity：控制元素渐渐消散 / 模糊 / 溶解的程度，可以选择 0 保持移动前后形状不变。

所有参数调整完毕后，返回提示词页面即可。如果想要重新调节参数，单击页面左上角的重置键即可。

图 10-13　Motion Brush 编辑页面

4. 系统提示词

系统提供了常用的有效提示词。如果用户不知道怎么填写提示词，可以使用以下提示词进行试用。

- ❑ 通用修饰词：masterpiece（杰作）、classic（经典）、cinematic（电影级）。
- ❑ 动作提示词：cinematic action（电影动作）、flying（飞翔）、speeding（加速）、running（奔跑）。
- ❑ 相机特定术语：摄像机角度（full shot、close up 等）、镜头类型（macrolens、wide

angle 等）、相机移动（slow pan、zoom 等）。

10.1.4　新生成模型 Gen-3 Alpha

Runway 的 Gen-3 Alpha 是 Runway 推出的新一代视频生成模型，它在保真度、一致性、运动和速度方面都比以前的模型有所改进，能够进行精细时间控制。Gen-3 Alpha 可以实现对生成内容的精确关键帧设置和场景过渡，在运动和连贯性方面有显著提升，并且 Gen-3 Alpha 支持多种高级控制模式，包括运动画笔（Motion Brush）、先进摄像头控制（Advanced Camera Controls）和导演模式（Director Mode）。

目前，Gen-3 Alpha 支持文生视频和图生视频两种生成方式，其生成模式与 Gen-2 基本一致，这里不做过多讲解，下面主要讲解二者的不同之处。

1. 生成视频时长和速度

Gen-3 Alpha 所生成的视频时长标准为 5 秒和 10 秒，收费标准为每秒 10 积分，并且视频生成的速度更快，5 秒的视频只需要大约 1 分钟即可生成完毕，而 10 秒的视频只需要 90 秒即可生成。

2. 生成效果

由于 Gen-3 Alpha 是在高度描述性、时间密集型的数据集上训练出来的，因此文本提示词越详细，生成的视频效果就越好，并且生成视频的画质也提升到了 720P，使其看上去更加清晰。

3. 提示词技巧

Gen-3 Alpha 在提示词上有自己规定的结构，主要为相机运动方式：场景 + 细节。提示词内容包括主题、场景、照明和相机运动方式等，除了视觉细节以外，Gen-3 Alpha 还可以根据主体动作、相机动作、速度和转场等内容进行提示。例如以下内容：

输入提示词：A high speed wide FPV shot approaches a rocky seaside cave, enters the cave, and emerges in an arctic landscape with glaciers and snow capped mountains,hyperlapse cinematography. 具体结构如图 10-14 所示。

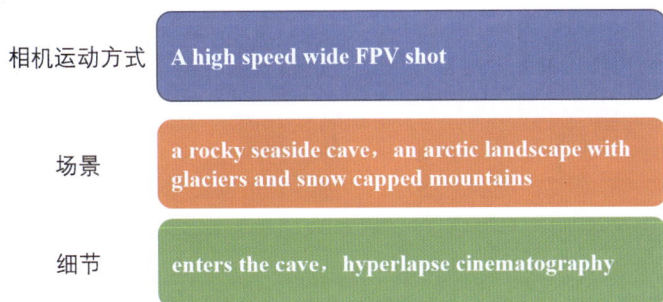

相机运动方式	A high speed wide FPV shot
场景	a rocky seaside cave，an arctic landscape with glaciers and snow capped mountains
细节	enters the cave，hyperlapse cinematography

图 10-14　Gen-3 Alpha 提示词的主要结构

同时，Gen-3 Alpha 能够处理各种提示词的结构，从简单到复杂都能够识别使用，整体上的提示词结构可以概括为视觉描述 + 摄像机运动描述，例如以下内容：

输入提示词：Visual: A pillow fort in a cozy living room. The pillow fort is made from an assortment of quilts, fabrics and pillows. Camera motion: Hand held camera smoothly zooms into the entrance of the pillow fort, revealing an ancient castle in the interior. 具体结构如图 10-15 所示。

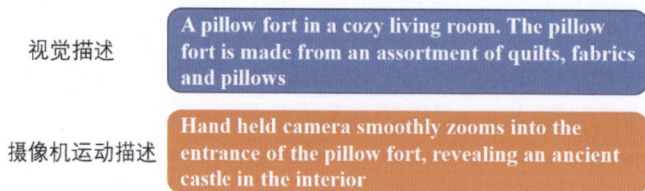

视觉描述   A pillow fort in a cozy living room. The pillow fort is made from an assortment of quilts, fabrics and pillows

摄像机运动描述   Hand held camera smoothly zooms into the entrance of the pillow fort, revealing an ancient castle in the interior

图 10-15   Gen-3 Alpha 提示词的整体结构

在模型生成过程中，相较于整体结构，追求精准的效果与细致的提示词发挥了重要作用。Gen-3 Alpha 模型的核心构成聚焦于六大关键要素：相机风格、灯光效果、移动效果、运动类型、风格与审美、文本样式。这些组成部分共同作用于模型，以实现更为精细化和个性化的输出，具体使用方法为：六要素之一 + 文本提示词 + 额外细节，具体示例如图 10-16 所示。

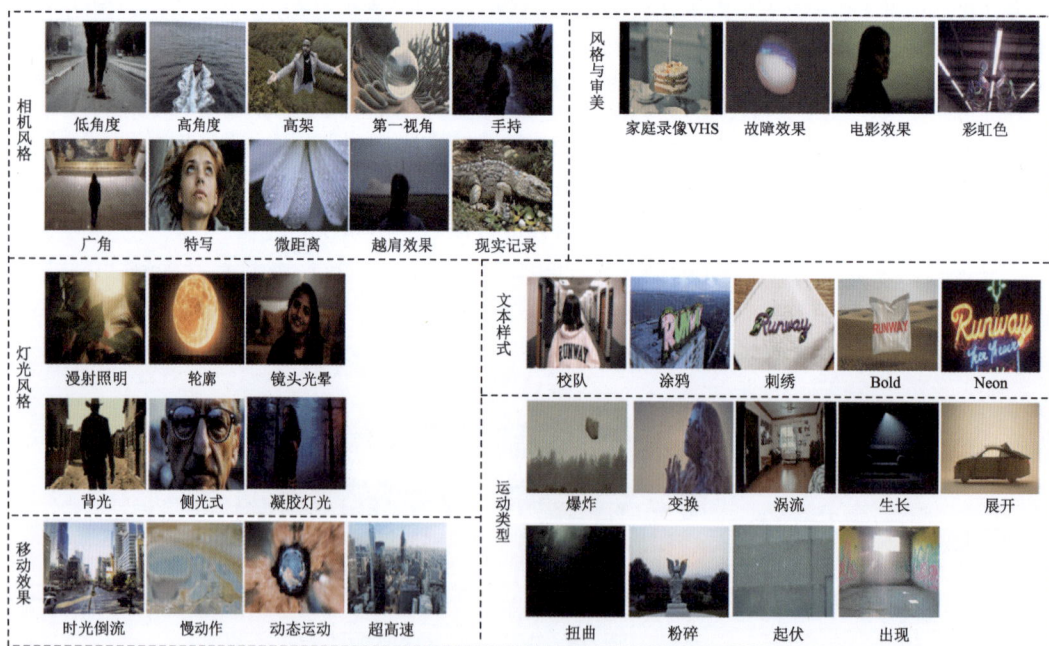

图 10-16   Gen-3 Alpha 的核心六要素

Runway 近期发布了一个新的功能——Act-One，简单的说，就是用户可以上传一段人物表演视频，来驱动一个角色跟视频中的人物做一样的面部表情。具体操作教程可以参考 Runway 官方文档，此处不再赘述。目前该功能只能迁移表情，不支持迁移动作，但是迁移的效果十分稳定，并且 Act-One 的风格泛化很好，真人、3D、2D 等角色驱动的效果都很不错。

在使用过程中，需要注意以下两点：

❑ 上传的视频必须保证面部特征明显且是肩膀以上的画面，角色的整个头部都在画面区域，视频中要确保没有手部运动，这样迁移的效果才是最好的，才能识别到人脸。另外，上传的视频时长整体要在 30 秒以内。

❑ 上传的角色图片既可以是脸部特写也可以是半身，稍微侧一点脸也是可以的，但是角色的眼睛必须注视着摄像机的方向，并且整个头部必须在画面区域中。

与 Viggle 及快手的 LivePortrait 相比，Runway 的 Act-One 最显著的优点就是视频画面十分稳定，但是它的缺点也十分明显，即只能迁移表情，不支持迁移动作。

10.1.5　导出生成的视频

生成所需的视频后，可以将视频进行导出，步骤如下：

（1）在 Runway 中选择要导出的模型或结果，在菜单栏中选择 File（文件）项，单击 Export Model（导出模型）或 Export Results（导出结果）按钮。

（2）在弹出的对话框中选择要导出的格式，如 ONNX、TensorFlow 等。

（3）指定导出的路径和文件名，然后单击 Export（导出）按钮即可。

因为 Runway 支持多种格式的导出，所以可以根据具体需要选择合适的格式进行导出。

10.1.6　模型性能评估

使用 Runway Gen-1 生成视频的好处在于高效与便捷，能够迅速生成高质量的视频内容。这一优势不仅极大地节省了用户的时间，更显著提升了工作效率，为用户带来了前所未有的便捷体验。虽然 Runway Gen-1 在视频生成技术上取得了显著突破，但是存在一些技术上的局限性，这在一定程度上影响了其应用的广泛性和深度。

此外，Runway Gen-1 对输入数据的依赖性也是一个不可忽视的问题，数据的来源和质量直接影响生成视频的效果。同时，知识产权问题也需要引起用户的注意，避免在使用过程中产生纠纷。

相比之下，Runway Gen-2 和 Gen-3 Alpha 在视频生成领域展现了其卓越的性能。不仅能够生成高质量的视频，还能呈现出多样的视频风格和效果，满足了用户多样化的需求。同时，其跨平台应用的特性以及操作的便捷性，使用户能够轻松地在不同平台间切换，实现无缝衔接。

然而，Runway Gen-2 和 Gen-3 Alpha 也并非完美无缺。由于 Runway Gen-2 和 Gen-3 Alpha 对于提示词的理解能力仍然存在缺陷，所以用户需要系统地学习相关提示词的写法才能提高产出优质视频的可能性。此外，Runway Gen-2 和 Gen-3 Alpha 并不能每次都能生成出符合提示词内容的视频，需要用户投入更多的资源和成本来生成视频。

10.2　Pika 工具的使用

Pika Labs 是一家开发 AI 文本转视频平台的公司。用户可以通过输入文本或者给出一张图片让它来生成视频。只需要输入提示词，Pika 就能制作一部史诗级别的大片。

10.2.1　注册账号

在讲述如何利用 Pika 平台生成视频之前，下面先简要介绍如何注册账号以及 Pika 平台的收费标准。

1. 官网

Pika Labs 公司提供了一个在线网站，用户登录官网即可使用，其网址为 https://pika.art/，具体注册步骤如下：

（1）进入官网之后，单击中间的 Try Pika 即可进入登录页面，如图 10-17 所示。

（2）用户可以使用谷歌邮箱账号一键注册登录，目前 Pika Labs 只提供了谷歌账号注册的途径。

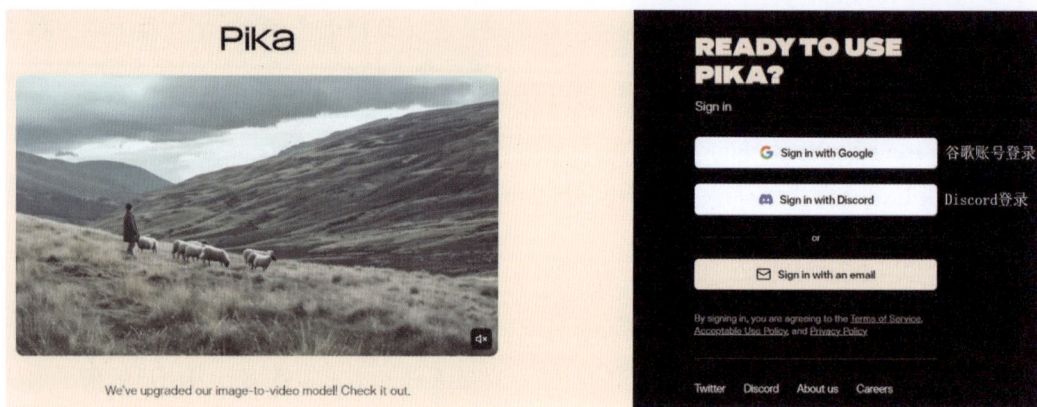

图 10-17　Pika 登录页面

2. Discord

如果用户没有谷歌邮箱账号，可以使用 Discord 进行注册登录。Discord 是一款适用于游戏玩家一体化语音和文字聊天的即时通信软件。官方网址为 https://discord.com。在搜索引擎中输入 https://discord.com/register 将直接跳转到注册页面。除网页注册外，也可以下载 Discord App，在 App 中注册。注册页如图 10-18 ①所示。依次填写邮箱、用户名、密码，可随意选择出生日期。需要注意以下几点：

❑ 尽量使用 Gmail 等国外域名邮箱。
❑ 年龄不能小于 18 岁，否则提交后会因年龄过低被驳回，后期此邮箱无法注册。
❑ 勾选协议。

单击"继续"提交注册信息之后，Discord 会向用户的邮箱发送一封官方验证邮件，如图 10-18 ③所示。如果长时间未收到验证邮件，请注意是否已被用户邮箱当作垃圾邮件处理。

如果在注册过程中出现其他需要验证的情况，重启 Discord，将会显示手机号验证的界面。如果是国内手机号，将国际区号更换为"+86"。

在注册、登录等过程中会遇到多次"我是人类"的验证，如图 10-18 ②所示，按照提示选择图片进行验证即可。

图 10-18　Discord 注册

　　完成邮箱和手机验证后，Discord 账号注册成功，即可登录 Discord。登录 Discord 之后，添加 Pika 的服务器即可使用 Pika。

3. 收费标准

　　目前，Pika 推出了 3 种收费模式，新用户会获得 250 个初始积分，并且初始积分用完后，每天会补充 30 个积分，4 秒的视频需要花费 10 积分，最长生成的视频只有 4 秒，而开通会员之后 Pika 的功能将会有很大的改变。比如，用户能够在原生成的 4 秒视频基础上增加视频时长，以此获得更长的一段视频。除此之外，可以储存的视频容量更大，生成视频的细节和质量更好，每月的收费标准如图 10-19 所示，其他收费标准可去官网查询。

图 10-19　Pika 的每月收费标准

10.2.2　使用 Pika

Pika 平台目前有两种方式供用户使用，分别为在线网页和 Discord，下面简要介绍其具体的使用教程。

1. 在线网页

用户使用谷歌邮箱账号注册登录后，便会进入 Pika 在线网页，如图 10-20 所示，用户可以在此网页中生成视频，具体步骤如下：

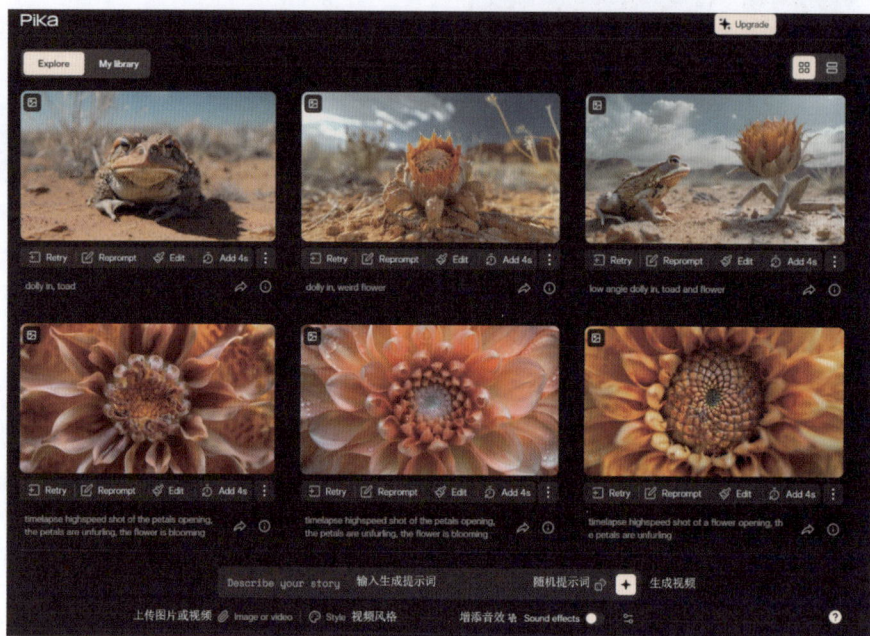

图 10-20　Pika 在线网页

（1）输入提示词。用户在下方文本框中输入相关提示词（英文）。

（2）上传图片。Pika 还支持图像生成视频和视频生成视频，只需要单击下方的 Image or video，上传所需视频或图片即可，Pika 会根据用户上传内容进行动态化的修饰和渲染。

（3）Pika 还上线了视频音效的功能，只需要单击下方的 Sound effects，Pika 会自动生成匹配视频的音效。

（4）生成视频。单击文本框右边的按钮即可生成视频，等待几分钟后，用户可以在左上角的 My Library 中查看到最终的视频，如图 10-21 所示。

（5）重新生成或延长视频。如果用户不满

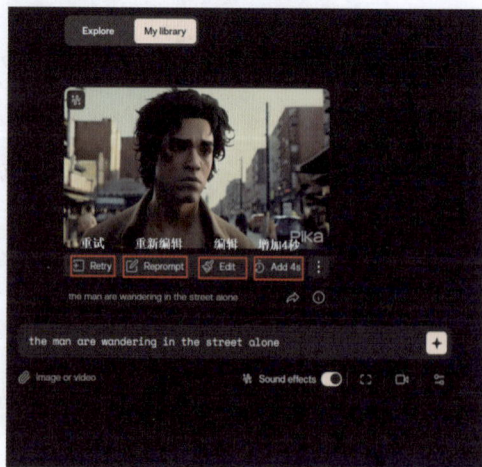

图 10-21　My Library 页面

意生成的视频，可以单击 Retry|Reprompt 或 Edit 重新输入提示词。用户如果想要增加视频时长，可以单击 Add 4s 再增加 4 秒时长（该功能需要支付一定费用）。

2．Discord

1）登录 Discord 并创建服务器

在 Discord 界面左上角，单击①中绿色的＋号按钮"添加服务器"，然后根据弹窗提示，依次单击"亲自创建"→"仅供我和我的朋友使用"→"创建"（服务器名称可自行设定）按钮，可创建自己的服务器，如图 10-22 所示。

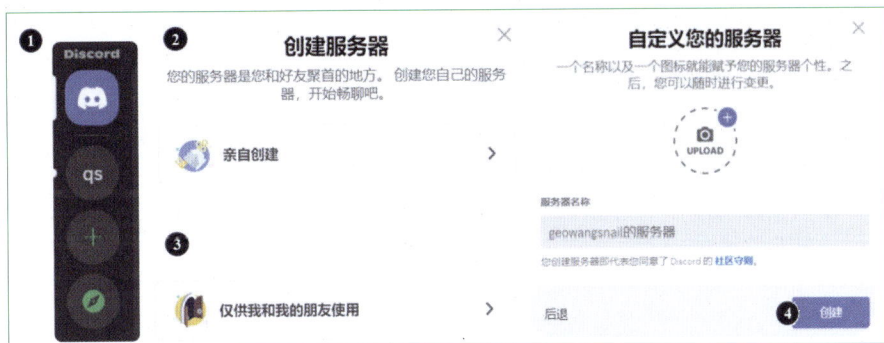

图 10-22　Discord 主页

2）添加 Pika 服务器

在 Discord 界面左上角，单击①中绿色的指南针按钮搜索可发现的服务器，然后在新页面的搜索框②中输入 Pika，随后单击③中特色社区下的 Pika，即可添加 Pika 服务器，如图 10-23 所示。

3）使用 Pika

添加好 Pika 的服务器后，就能够使用 Pika 的功能了，如图 10-24 所示。用户单击左边 CREATIONS 下 的 任 意 一 个 #generate-number，以"generate-1"（频道）为例，随后会进入创作页面。

随后在页面底端的文本框内输入"/"，则会弹出关键词选项，选择想要创作的类型，如

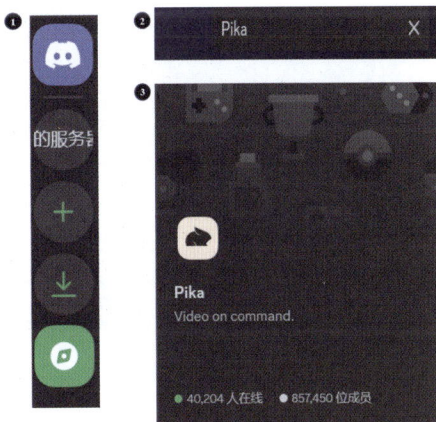

图 10-23　添加服务器操作

图 10-25 所示。以下以"/creat"（创作）功能为例进行操作。首先，单击 /creat，接着在 prompt（提示词）文本框里输入对生成视频的描述（可以使用 Chat GPT 或翻译软件），必须使用语法正确的英文句式，其他语言不支持；英文句式不要过长，多用短句有奇效，如图 10-26 所示。

然后单击消息框内的"增加"，将会在文本框上方弹出 image 选项，如图 10-27 所示。单击该选项将会出现上传图像的页面。上传完图像后，在文本框内按 Enter 键，等待 Pika

机器人 1～2 分钟时间生成视频，视频生成后即可导出生成的视频。生成的第一次视频可能会达不到预期的效果，可以多次尝试或改变提示词再次生成视频。如果获得了满意的视频，则可以直接对视频进行下载。

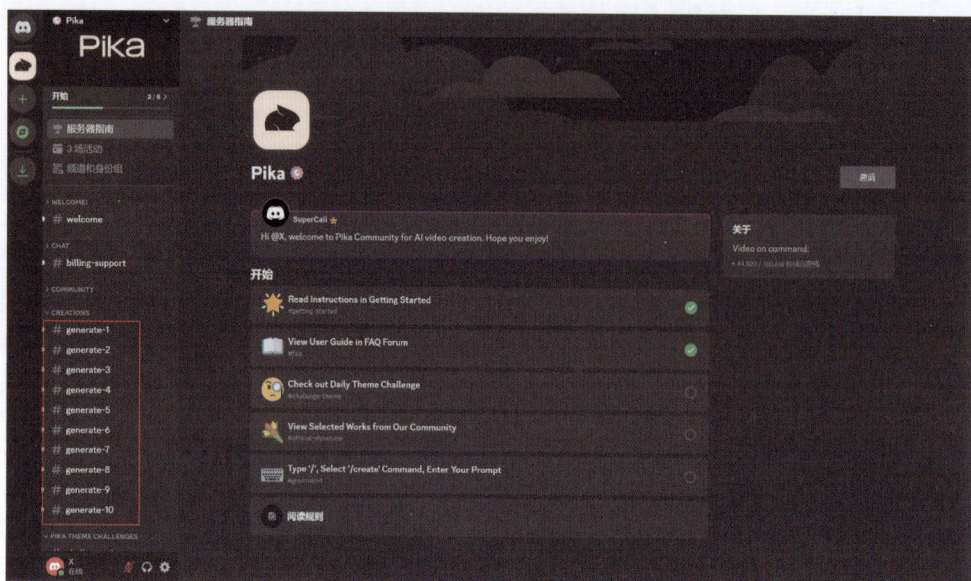

图 10-24　Pika 服务器主页

图 10-25　关键词选项页面

图 10-26　image 选项页面

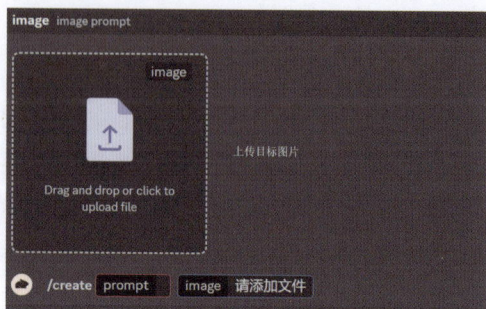

图 10-27　上传图像页面

10.2.3　视频生成参数

如果想要提高生成视频的质量，或者让生成的视频更加贴近自己的需求，可以在生成视频前调整相关视频参数，如图 10-28 所示。

- 相机控制：指定摄像机的运动方向和速度，这里可以根据你构思的画面视角效果来设置。
- 视频比例：官方提供了许多视频比例，如 16：9、9：16、1：1 等，涵盖市面上所有的视频比例，同时还能调节生成视频每秒的帧数。
- 负面提示词：在当前页面，用户可以增加负面提示词，以免生成的视频出现扭曲、变形等不好的效果。

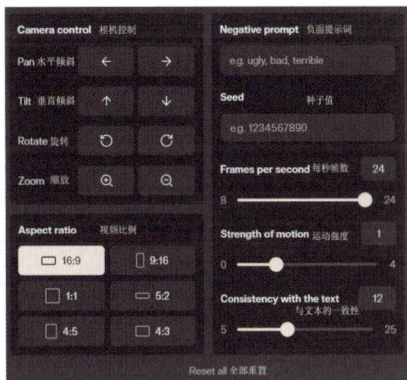

图 10-28　视频参数页面

- 每秒帧数：可以调节文字一致性，改变生成视频的可控性。
- 运动强度：调节生成视频中人物的运动速度和幅度。
- 与文本的一致性：调节生成视频的内容与文本的相关性。

10.2.4　模型性能评估

Pika 的操作简单、便捷，根据提示，可以让没有专业制作视频的用户制作出内容丰富、视觉逼真的视频。Pika 的 AI 视频编辑技术能根据提示词灵活控制画面中的元素，实现动态转换，同时保持画面的整体性不被破坏。Pika 能够识别出画面中的元素合理地填补图中不存在该元素的地方且不会使画面扭曲或变形。

10.3　可灵 AI 平台的使用

可灵 AI 是快手打造的新一代 AI 创意生产力工具，能生成高清长视频，支持多场景需求。它采用自主研发的 3D 时空联合注意力机制和扩散变压器技术，可将静态图像转为动态视频并延续视频内容，助力艺术视频及多样视觉内容创作，在电影级画面生成方面表现尤为突出。

10.3.1　注册账号

在讲述如何利用可灵 AI 平台生成视频之前，下面先简要介绍下如何注册账号以及可灵 AI 平台的收费标准。

1. 官网

快手公司提供了可灵 AI 的在线使用网址，用户登录官网即可使用，其网址为 https://klingai.kuaishou.com/，具体注册步骤如下：

（1）单击右上角的"登录"按钮即可进入登录页面。

（2）用户可以使用手机号注册账号，也可以使用快手 App 扫码注册账号。

2．收费标准

目前可灵 AI 推出了 3 种收费模式，新用户会获得 66 积分用于免费生成视频，生成视频的时长仅支持 5 秒，只能使用可灵 1.0 的模型。开通会员之后，可灵 AI 的功能将会有很大的改变。比如，生成视频的时长可以选择 10 秒，但只能在"高表现"功能下选择，并且可以延长已生成的视频时长，并且可以体验可灵 1.5 版本和 1.6 版本的模型。此外，生成视频的细节以及生成视频的质量都会有更好的表现，具体收费标准如图 10-29 所示。

图 10-29　可灵 AI 按年收费标准

10.3.2　使用可灵 AI

首先介绍文生视频，具体步骤如下：

（1）输入文案，对于有一定文本编辑能力的用户，可以在"创意描述"文本框中输入生成视频的内容；对于没有编辑能力的用户，可以在文本框下方的"推荐尝试"中进行选择，它会根据关键词输入相关文案。

（2）调整参数，参数一般选择默认即可，具体基于视频生成的内容而定。

（3）选择运镜方式，可灵 AI 提供了多种运镜方式，如垂直运镜、水平运镜和旋转运镜等，用户可根据自己的需求进行选择和设置，但是其中的高级运镜方式需要支付一定费用才能使用。

（4）输入负面提示词，在"不希望呈现的内容"文本框中输入负面提示词，如畸形、多余的手指、变形和模糊等，通过这些提示词来提高生成视频的效果。如果不考虑这些因素，可以选择不填。

（5）生成视频。全部都设置完后，单击下方的"立即生成"按钮，等待几分钟后便能生成视频，具体操作如图 10-30 所示。

图生视频的操作设置与文生视频基本一致，二者的区别仅在于输入方面。图生视频首先需要上传目标图片，可以从本地图库和可灵 AI 平台自行创作的图中上传，上传的图片仅支持 JPG 和 PNG 两种格式，并且文件大小不超过 10MB，尺寸不小于 300px。如果想要提高生成视频的效果，可以在"图片创意描述"的文本框中输入相关提示词。

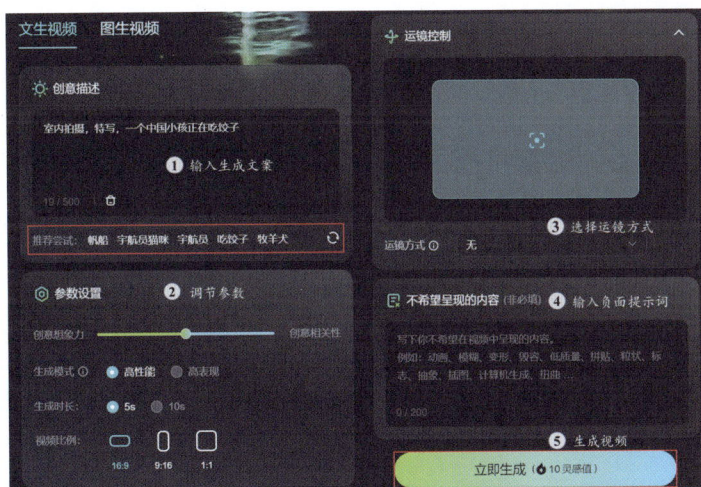

图 10-30　操作设置页面

与其他 AI 生成视频的平台和开源项目不同的是，可灵 AI 还提供了"增加尾帧"的功能，用户可以上传生成视频的首尾两帧图片，提高对生产视频的控制程度，从而提升生成视频的效果，具体操作如图 10-31 所示。

图 10-31　图生视频上传图片页面

最近，可灵 AI 在图生视频模式上新增了"运动笔刷"的功能，该功能与 Runway 的"运动笔刷"功能基本一致，具体使用操作可以参考 10.1.3 节的相关内容，或者可以参考官方文档，其网址为 https://docs.qingque.cn/d/home/eZQCVn9335hPHMla4Mv3IWuDG，此处不再赘述。需要注意的是，该功能不能与"增加尾帧"的功能同时使用。

10.3.3　视频生成参数

了解可灵 AI 的使用教程后，下面将从参数设置和运镜控制两方面进一步介绍视频生成的相关参数。

1. 参数设置

1）创意想象力和创意相关性

创意想象力是指让生成模型自行随意生成的程度，而创意相关性是指与文案提示词的相关程度。如果想要提高模型自行发挥程度，就将数值增大；如果想要提高提示词相关性，就将数值减小。一般情况下，数值默认为 0.5 即可。

2）生成模式

生成模式中高性能代表视频生成速度更快，而高表现代表生成视频的画面质量更佳。其中，高表现功能需要支付一定费用才能使用。目前生成视频的时长仅为 5 秒和 10 秒，但是支付一定费用后可以延长时间，视频比例只有 16∶9、9∶16 和 1∶1 这 3 种常见的比例，如图 10-32 所示。

2. 运镜控制

1）运镜方式

在运镜控制页面，用户可以自行选择生成视频的运镜方式，具体有水平运镜、垂直运镜、拉远 / 推进、垂直摇镜、水平摇镜、旋转运镜和大师运镜系列，其中，大师运镜需要支付一定费用才能使用，其主要有下移拉远、推进上移、右旋推进和左旋推进。

2）运动幅度

选择好运镜方式后，用户可以自行调节运镜运动幅度，这里选择"拉远 / 推进"运镜方式，如图 10-33 所示。其下方数值正值代表镜头推进，负值代表镜头拉远，数字越大，镜头运动幅度越大。

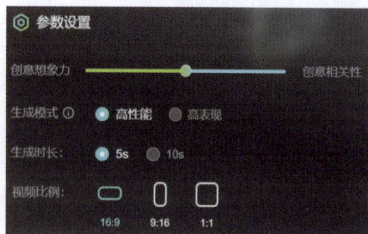

图 10-32　参数设置页面

图 10-33　运镜控制页面

10.3.4　模型性能评估

可灵 AI 被人称为"国产 Sora"，其生成视频的效果可与 Sora 相媲美。不论是文生视频还是图生视频，所生成的视频看上去十分自然，基本无闪烁，其生成视频的效果比 Runway 的 Gen-2 和 Pika 等流行平台更胜一筹。但是其对动漫人物角色的生成效果较差，会出现将其变为真实人物的现象。

第11章
开源视频模型的使用

第 10 章我们介绍了国内外备受欢迎的在线平台使用教程。本章将介绍一些受欢迎的开源模型部署教程。

AI 视频相关开源模型很多，覆盖了视频生成、视频编辑和视频理解等多个方向，并形成了不同系列。基于费用、数据隐私与研究便利性等因素，许多个人用户或者开发者倾向于使用开源模型进行私有化部署。本章将从功能、部署与使用三个方面详细介绍一些流行的开源模型。本章内容主要针对有一定计算机基础并有强烈兴趣的读者，其他读者可以直接跳过。

11.1 硬件与环境搭建

根据个人硬件配置情况、对隐私的敏感性和使用习惯，可以选择本地部署或云端部署。本地部署能够更好地保护隐私数据，云端部署则更方便远程访问。

根据个人的程序能力和部署便利性，可以选择安装源代码自行部署或使用集成安装包一键部署。使用源代码安装需要搭建环境，但代码纯净可靠，安全性高。使用一键安装包可以避免复杂的环境搭建过程，但存在安全问题。

本节将从本地部署和云端部署两个方面进行讲解。

11.1.1 本地部署

本地计算机一般需要配置显卡，虽然少数开源模型可以使用 CPU 进行推理，但效率过低。建议基础配置不低于：运行内存 16GB 及以上，SSD 固态硬盘不低于 128GB（可更快读取大模型），4GB 及以上显存的独立显卡。

如果不清楚计算机配置，可在 Windows 任务管理器中单击"性能"，查看显卡、显存、CPU、内存等信息。对计算机配置没有相关经验的读者可参考笔者使用的计算机配置：Windows 10，第 13 代 i5，NVIDIA RTX 4060Ti 16GB 显存，32GB 内存，2T 固态硬盘，总价约 8000 元（2024 年 5 月配置价格，含显示器）。下面从本地自行部署和本地一键部署进行讲解。

1. 本地自行部署

本地自行部署的步骤与注意事项如下：

（1）寻找开源项目网址。要找到可靠的开源项目网址，一般来自 GitHub、Hugging Face 等权威代码仓库。

（2）检查硬件配置。根据项目文档，检查硬件配置是否满足要求，尤其注意最低显存与内存要求。

（3）下载合适的代码版本。在下载时要注意与本机操作系统、CUDA（下载网址为 https://developer.nvidia.com）、PyTorch（下载网址为 https://pytorch.org/）、Python（下载网址为 https://www.python.org/）适配。

（4）部署虚拟环境。根据文档说明配置环境，主要是检查软硬件版本兼容性、配置环境变量与准备音频数据处理工具 FFmpeg，下载网址为 https://ffmpeg.org/download.html。

2. 本地一键部署

由于快速迭代、频繁更新，开源的 AI 视频模型较少直接提供快速安装包。但是网络上仍有很多个人开发者制作了一些尝鲜版（试用版）的整合包，这些整合包整合了源代码、预训练模型与环境的软件包，解压即用，无须搭建环境，可以一键快速部署。同时，像 GitHub、Hugging Face 等权威代码仓库在一些模型上也提供了演示空间，用户可以直接进行试用。

这里，我们推荐国外最受欢迎的 AI 软件集成网站 Pinokio，其网址为 https://pinokio.computer/，该网站经过无数爱好者检验，较为可信，使用 Pinokio 也可以实现无须搭建环境，直接一键安装。

11.1.2　云端部署

如果本地计算机的算力不足，可考虑云端部署 AI 视频项目。使用云端部署时，可选择完全自行部署（通常要进行复杂的环境搭建），仅适用云端算力；也可以选择云平台的镜像、模型或者项目一键部署（无须搭建环境），然后使用该云平台的算力。

国内一些云厂商都开通了 AI 视频云服务，不同平台收费方式不同，一般有包月、按小时付费、按资源消耗量付费 3 种。下面将从云端自行部署、云端一键部署和常见问题三个方面进行讲解。

1. 云端自行部署

AutoDL 目前提供了一些 AI 视频的云服务，非常值得推荐，其网址为 https://www.autodl.com/，具体的部署步骤如下：

（1）租用实例。首先登录 AutoDL 官网免费注册一个账号，然后单击右上角的"控制台"，随后在"容器实例"页面单击"租用新实例"按钮租用新的实例，如图 11-1 所示。

（2）创建实例。按照提示租用新实例，如图 11-2 所示。

图 11-1　AutoDL 主页

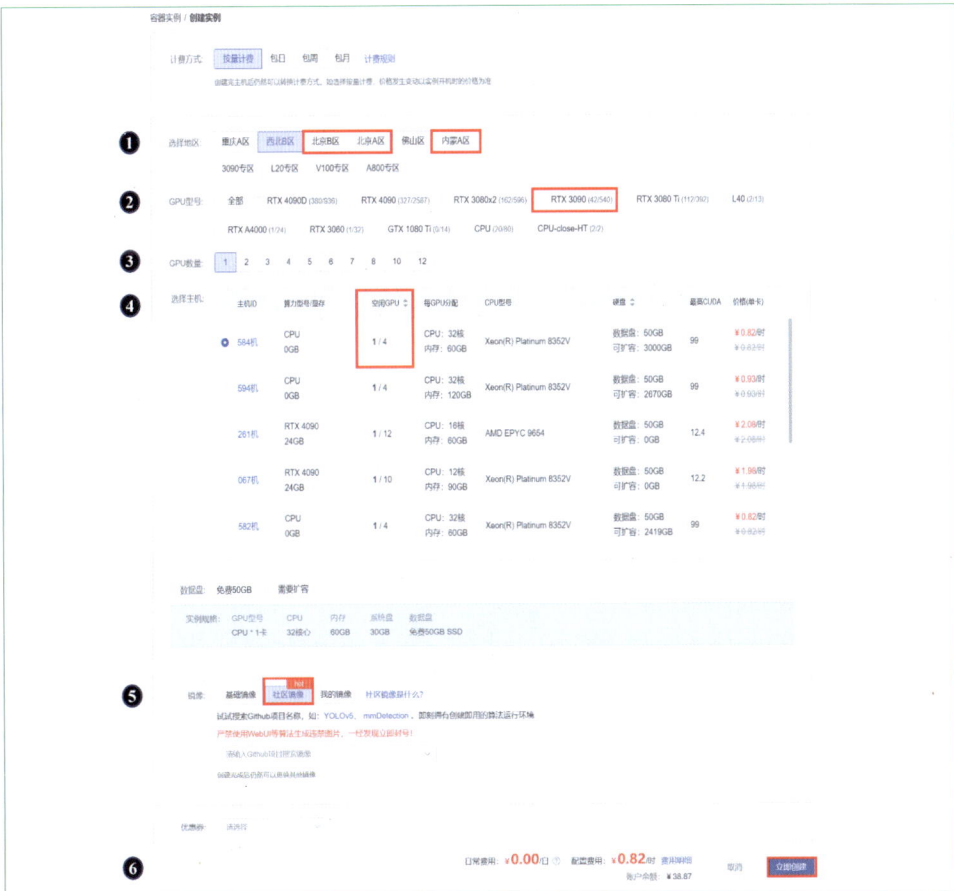

图 11-2　租用新实例页面

在图 11-2 中，需要填写和选择众多参数，参数设置规则如下：

- ❑ 选择地区：选用高可用的地区主机，通常选用内蒙古、北京。
- ❑ CPU 型号：通常选用 RTX3090，注意后面的数字表示已用 / 总数，选择地区主机时，也可以参考该处的总数多少来选择地区主机。
- ❑ CPU 数量：CPU 数量自行选择，数量越多，花的钱就越多。
- ❑ 选择主机：通常选用第一个主机 ID，通过空闲 / 总数的占比来选择，如果空闲数字越大，就容易被挤下线。
- ❑ 镜像：通常选用社区镜像，直接一键进行部署。
- ❑ 立即创建：所有参数设置完毕后，单击"立即创建"按钮即可。

单击"立即创建"按钮后，将在"容器实例"页面显示租用的新实例，如图 11-3 所示。

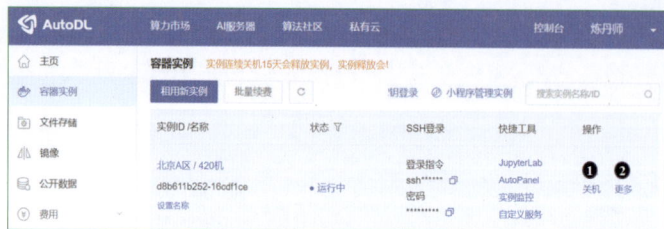

图 11-3　租用成功页面

（3）运行实例。单击"开机"按钮后，单击 JupyterLab 配置环境，按照页面提示进行操作即可。配置好环境后，在不关闭"配置环境页面"情况下返回当前页面，随后单击"自定义服务"，输入登录密码后即可使用其开源模型。

由于在线算力按秒计费，长期使用费用较高，应注意图 11-3 中的两个涉及计费规则的要点：

- ❑ 关机：平时不用就一定要单击"关机"按钮，否则会持续花钱。
- ❑ 更多：在上传或者下载数据的时候，首先需要单击"关机"按钮，然后单击"更多"按钮，选择第一个"无卡开机模式"即可。

2.　云端一键部署

仙宫云提供了数个知名 AI 语音包的镜像，选择需要的镜像，可一键在线安装，其网址为 https://www.xiangongyun.com/。

百度 AISTUDIO 提供了类似于 GitHub 上的一键复制项目功能，其中有许多基于百度飞桨开发的 AI 语音项目，其网址为 https://aistudio.baidu.com/。用户可复制这些项目，并根据需要进行一定程度的开发，然后利用百度 AISTUDIO 提供的免费算力，实现 AI 语音功能。

阿里魔搭提供了很多 AI 视频的开源模型，用户可使用在线 NoteBook，使用或开发这些模型，其网址为 https://www.modelscope.cn/。

Hugging Face 提供了很多 AI 视频的开源模型，用户可以使用其演示空间，使用或开发这些模型，其网址为 https://huggingface.co/。

3.　常见问题与基础软件安装

在安装部署开源 AI 视频项目时会遇到一些常见的报错问题。同时，我们也需要安装

Python、PyTorch 和 Git 等常用基础软件，帮助 AI 视频项目进行环境搭建并提供常用的配套辅助功能。

1）常见错误

❏ OutOfMEemoryError：内存不足，需要增加计算机内存。

❏ 显存不足：GPU 是运行智能语音相关程序的关键硬件。通常，最低需要配备 4GB 以上的独立显卡，推荐使用 12GB 显存，方可较为流畅地运行相关语音模型。如果显存不足，CMD 会给出 CUDA out of memory（显存不足）的 Error 提示。

❏ ModuleNotFoundError：缺少相关模块。以 No module named'jieba_fast' 为例，在命令行中使用 python -m pip install jieba_fast 安装缺少的 jieba_fast 模块即可。

❏ NotFound：找不到某某文件路径或某个模块触发的 Error，如 Module Not Found Error。通过确认或添加相关路径与模块即可解决。

2）Python 安装

Python 是一种解释型、面向对象的动态数据类型的高级程序设计语言，下载网址为 https://www.python.org/。这里推荐下载 3.10.6 版本，具体安装步骤如下：

（1）登录官网，选择 3.10.6 版本中的 Windows 64 bit 版本进行下载，如图 11-4 所示。

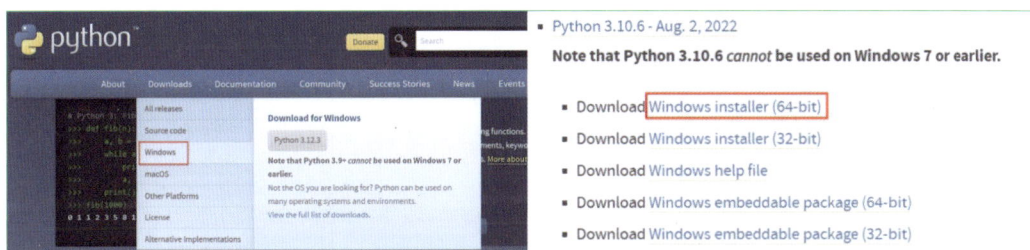

图 11-4　Python 主页

（2）下载完成后，打开相应的文件会出现一个安装对话框，如图 11-5 所示，安装前先勾选左下角的 Add Python 3.10 to PATH 复选框，将 Python 加到环境变量中，再单击 Install Now，等待几分钟后就安装好了。此时安装的位置为默认的 C 盘，如果需要更改到其他磁盘，则需单击下方的 Customise installation（自定义安装）改变安装位置，一般默认即可。

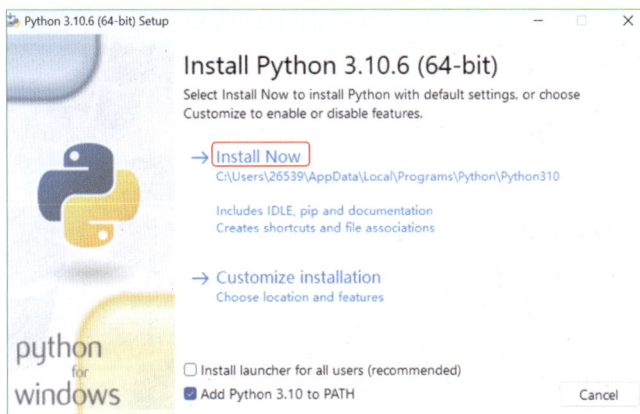

图 11-5　Python 安装对话框

（3）安装完成之后，使用 Win+R 组合键打开"运行"窗口，在其中输入 cmd 打开 prompt（命令）窗口，在其中输入 python --version 可以查看计算机里的 Python 版本信息，如图 11-6 所示。

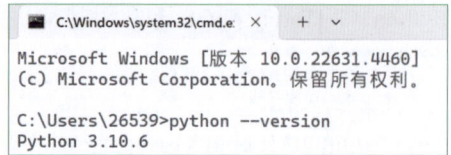

```
C:\Windows\system32\cmd.e:   ×   +   ∨

Microsoft Windows [版本 10.0.22631.4460]
(c) Microsoft Corporation。保留所有权利。

C:\Users\26539>python --version
Python 3.10.6
```

图 11-6　Python 版本信息页面

3）PyTorch 安装

PyTorch 是 FaceBook 推出的一个著名的开源机器学习库，基于 Torch 底层并使用 Python 脚本开发，下载网址为 https://pytorch.org/，页面如图 11-7 所示。用户只需要将最下方 Run this Command（运行命令）文本框的内容复制到事先搭建好的 PyTorch 环境进行安装即可。PyTorch 提供了丰富的 API 来支持深度学习模型的训练和部署。

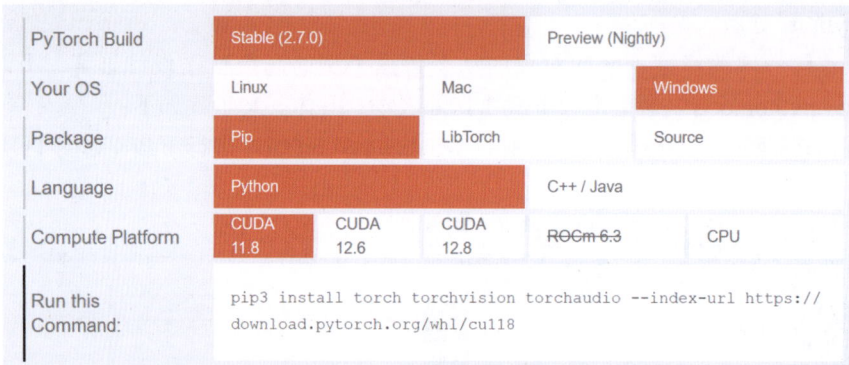

PyTorch Build	Stable (2.7.0)		Preview (Nightly)	
Your OS	Linux	Mac		Windows
Package	Pip	LibTorch		Source
Language	Python		C++ / Java	
Compute Platform	CUDA 11.8	CUDA 12.6	CUDA 12.8	ROCm 6.3	CPU
Run this Command:	pip3 install torch torchvision torchaudio --index-url https:// download.pytorch.org/whl/cu118			

图 11-7　PyTorch 下载页面

4）NVIDIA-GeForce 安装

NVIDIA-GeForce 是英伟达（NVIDIA）公司出品的显卡系列，性能非常好，建议使用 GeForce Experience 工具，并且与 PyTorch 适配，其下载网址为 https://www.nvidia.com/zh-tw/geforce/geforce-experience/，具体安装步骤如下：

（1）登录官网，单击"立即下载"按钮，下载并安装 GeForce Experience 软件，如图 11-8 所示。

图 11-8　NVIDIA-GeForce 下载主页

（2）GeForce Experience 软件会自动检测用户的 NVIDIA 显卡型号，并提供最新版的驱动程序。只需要单击"驱动程序"选项卡下的"更新"按钮，程序将自动下载并安装最新版本的驱动以及 CUDA Toolkit（如果系统配置允许且需要 CUDA 支持的话），如图 11-9 所示。

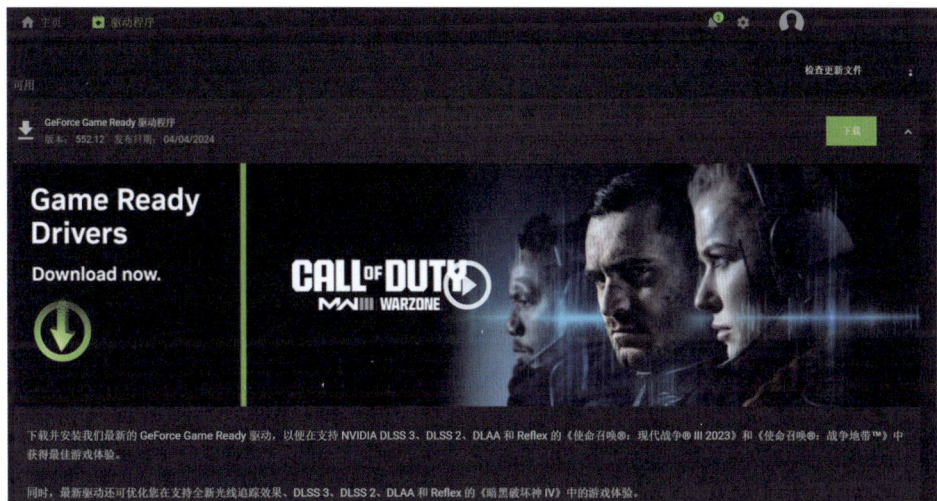

图 11-9　驱动程序页面

5）Git 安装

Git 是一个开源的分布式版本控制系统，用于敏捷、高效地处理任何或小或大的项目，下载网址为 https://git-scm.com/。推荐下载 Windows 版本，一般通常选择 64 位的版本，可根据自己的计算机版本去选择，具体安装步骤如下：

（1）登录官网，单击 Downloads，进入下载页面，然后单击 Windows，根据 Windows 版本选择合适的安装包（通常选择"64-bit Git for Windows Setup"），如图 11-10 所示。

（2）双击下载好的安装文件，启动安装向导，在安装过程中，可以选择自定义安装路径，推荐预留足够的磁盘空间。

（3）选择好自定义安装路径后，一直单击 Next 按钮即可。

（4）安装完成后，使用 Win+R 组合键打开"运行"窗口，在其中输入 cmd 打开 prompt（命令）窗口，在其中输入 git --version 可以查看计算机里 Git 的版本信息，如图 11-11 所示。

6）Anaconda 安装

Anaconda 是一个专为数据科学和机器学习设计的 Python 发行版，下载网址为 https://www.anaconda.com/。它通过 Conda 环境管理工具提供了一种便捷的方式来管理和隔离不同的 Python 版本及其相关库。如果选择使用 Anaconda 来安装相关的开源项目，则需要通过 Anaconda Prompt 命令提示符进行操作，因为 Anaconda Prompt 已经包含 Conda 命令行工具及指向所创建的虚拟环境的路径。另外，在已安装了旧版 Python 的情况下，可以并行安装 Anaconda 而不必卸载原有的 Python，因为 Anaconda 会将所有相关的包和环境独立管理。

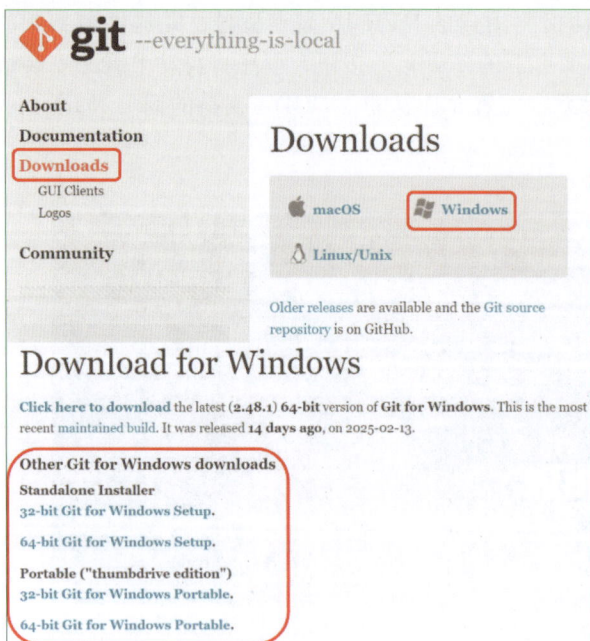

图 11-10　Git 下载页面

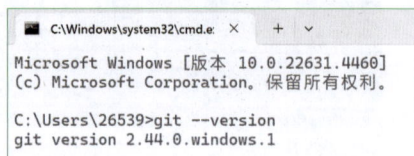

图 11-11　Git 版本信息页面

下载途径分为两种：在官网上下载和在国内镜像网站上下载。由于在官网下载速度较慢，因此推荐选择在国内镜像网站上下载。这里以清华大学开源镜像网站下载为例，其网址为 https://mirrors.tuna.tsinghua.edu.cn/anaconda/archive/，具体安装步骤如下：

（1）下载软件。首先登录清华大学开源镜像网站，选择与自己的计算机对应的版本，Windows 系统下通常选择图 11-12 中的一个。

图 11-12　Anaconda 下载页面

（2）双击下载好的安装文件，启动安装向导，在弹出的对话框（选择安装类型）中，选择 All Users 单选按钮，如图 11-13 所示。

（3）在选择磁盘时，最好选择安装在 C 盘，避免运行时出现错误。如果 C 盘内存不足，那么就装在内存足够的磁盘。

（4）在 Advanced Options（高级安装选项）页面中有两个选项，第一个选项是自动配置环境变量，第二个选项是自己手动配置环境变量，如图 11-14 所示。如果觉得手动配置有难度，可以直接选择第一个选项，然后单击下方的 Install 按钮进行安装。

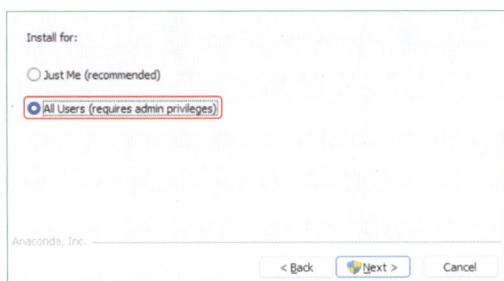

图 11-13　选择 All User 单选按钮　　　　图 11-14　Advanced Options 选项页面

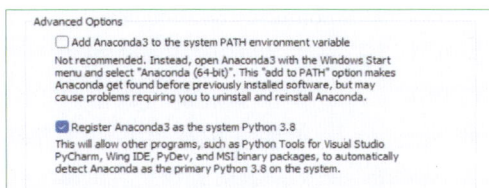

（5）如果选择了第二个选项，安装完成之后要手动配置环境变量。首先按 Win 键，在弹出的搜索框内输入"环境变量"，然后在弹出的"系统属性"对话框中单击"环境变量"按钮，在弹出的"环境变量"对话框中双击 Path，然后单击"新建"按钮，最后输入以下代码即可：

```
E:\Anaconda
E:\Anaconda\Scripts
E:\Anaconda\Library\mingw-w64\bin
E:\Anaconda\Library\usr\bin
E:\Anaconda\Library\bin
```

注意：前面的 E 代表所存的磁盘名称，需要根据实际安装位置进行更改。环境变量的配置步骤如图 11-15 所示。

图 11-15　环境变量手动配置教程

（6）安装完成后，使用 Win+R 组合键打开"运行"窗口，输入 cmd 打开 prompt（命令）

窗口，在其中输入 conda --version 可以查看计算机里 Conda 的版本信息，如图 11-16 所示。

如果提示 conda 不是内部或外部命令，一般是由于 Anaconda 的环境变量没配置好，需要好好检查一下。单击 Win 键，双击打开应用列表的 Anaconda，可能会闪屏几下，如果进入了 Anaconda 主页就表示安装成功了，如图 11-17 所示。

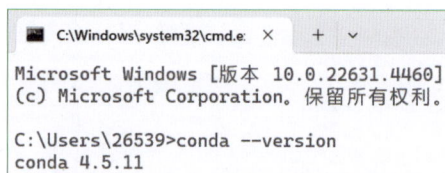

图 11-16　Conda 版本信息页面

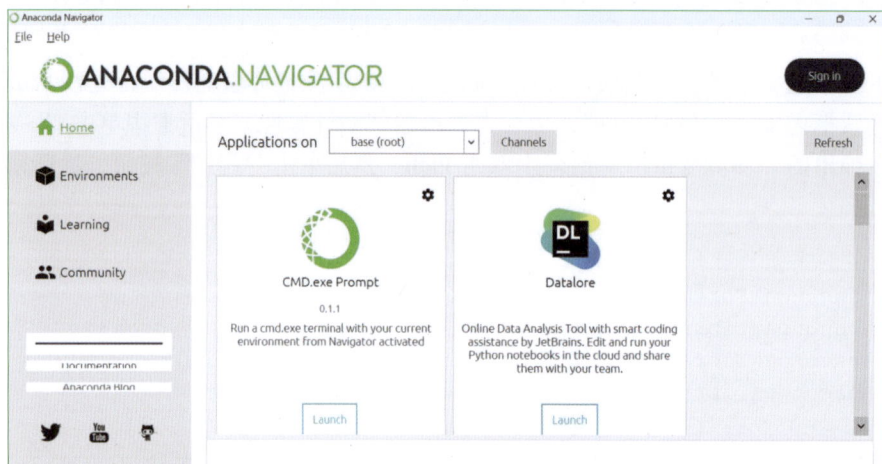

图 11-17　Anaconda 主页

7）FFmpeg 安装

FFmpeg 是一个强大的多媒体框架，可以让用户处理和操纵音频与视频文件，下载网址为 https://ffmpeg.org/。推荐下载 Windows 版本，具体安装步骤如下：

（1）登录官网，单击 Download 按钮进入下载页面，如图 11-18 所示，然后先单击 Windows 按钮，再单击图 11-18② 所示的文件进入下载页面。

（2）弹出的 FFmpeg 下载页面如图 11-19 所示。先单击左侧的 release builds，之后会出现 FFmpeg 安装包，图 11-19②是最新版本的 FFmpeg，图 11-19③是前一个版本的 FFmpeg，前一个版本比新版本更加稳定，两个安装包选择哪一个都可以，用户自行选择下载即可。

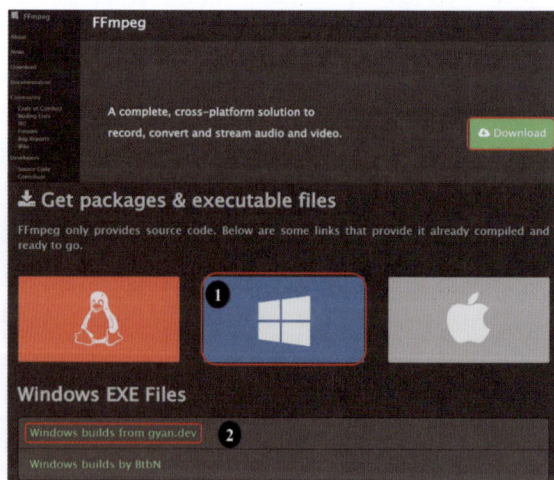

图 11-18　FFmpeg 主页

（3）下载完后对压缩包进行解压，解压完后进入解压文件的 "bin 目录"，复制 "bin 目录" 的路径。

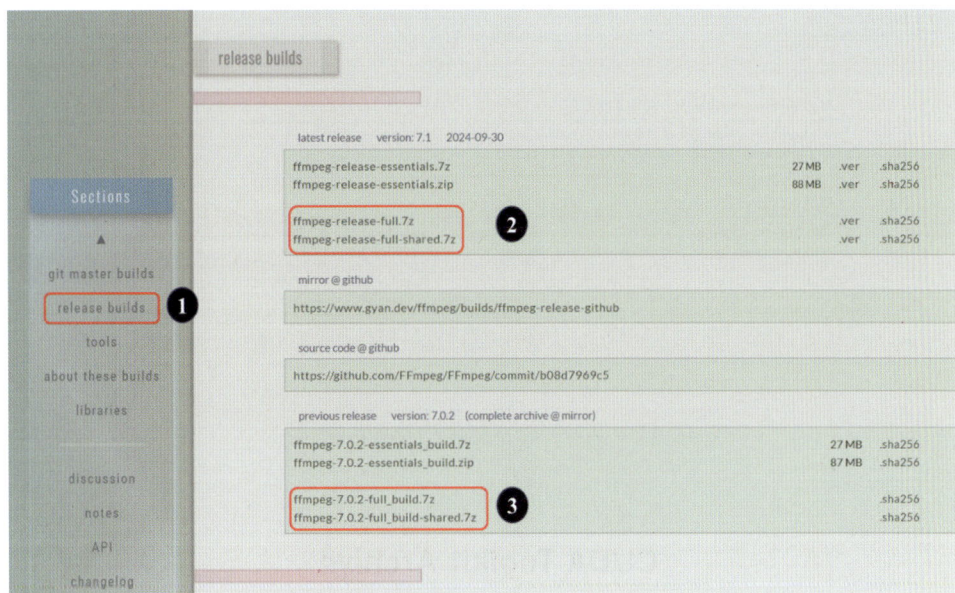

图 11-19　FFmpeg 下载页面

（4）部署环境变量，具体步骤参考 Anaconda 安装步骤的第（5）步，在新建的文本框内输入所复制的路径即可。

（5）使用"Win+R"组合键打开"运行"窗口，输入 cmd 打开 prompt（命令）窗口，在其中输入 ffmpeg -version 查看计算机里 FFmpeg 的版本信息，如图 11-20 所示。

图 11-20　FFmpeg 版本信息页面

8）NVIDIA-CUDA 安装

CUDA 是 NVIDIA 开发的一种并行计算平台和编程模型，用于在其自己的 GPU（图形处理单元）上进行常规计算，下载网址为 https://developer.nvidia.com/cuda-toolkit-archive，具体安装步骤如下：

（1）查询最高支持的 CUDA 版本。首先查询自己的计算机显卡支持的最高 CUDA 的版本，以便下载对应的 CUDA 安装包。使用 Win+R 组合键打开"运行"窗口，输入 cmd 打开 prompt（命令）窗口，在其中输入 nvidia-smi.exe 查看显卡支持的最高 CUDA 的版本信息，如图 11-21 所示。

（2）登录官网下载相应的版本，最好选择与 CUDA 版本一致的，其次也可选择低一点的版本，图 11-21 表示本机显卡支持的最高 CUDA 版本为 12.3，因此选择 12.3 版本进行下载。在下载前要选择操作系统、计算机系统版本和安装程序类型（通常选择 exe 类型），如

图 11-22 所示。

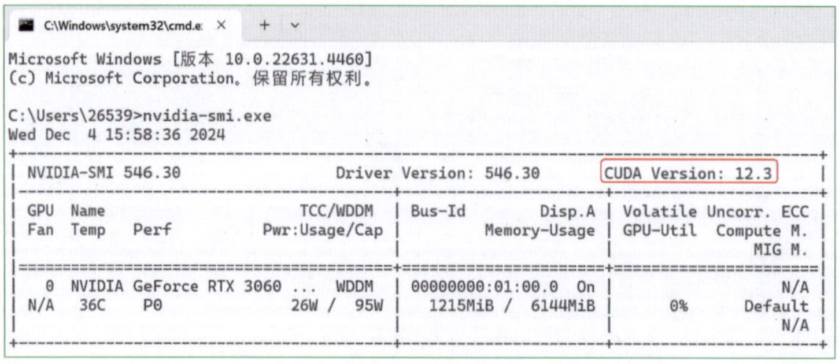

图 11-21　显卡支持的最高 CUDA 的版本信息

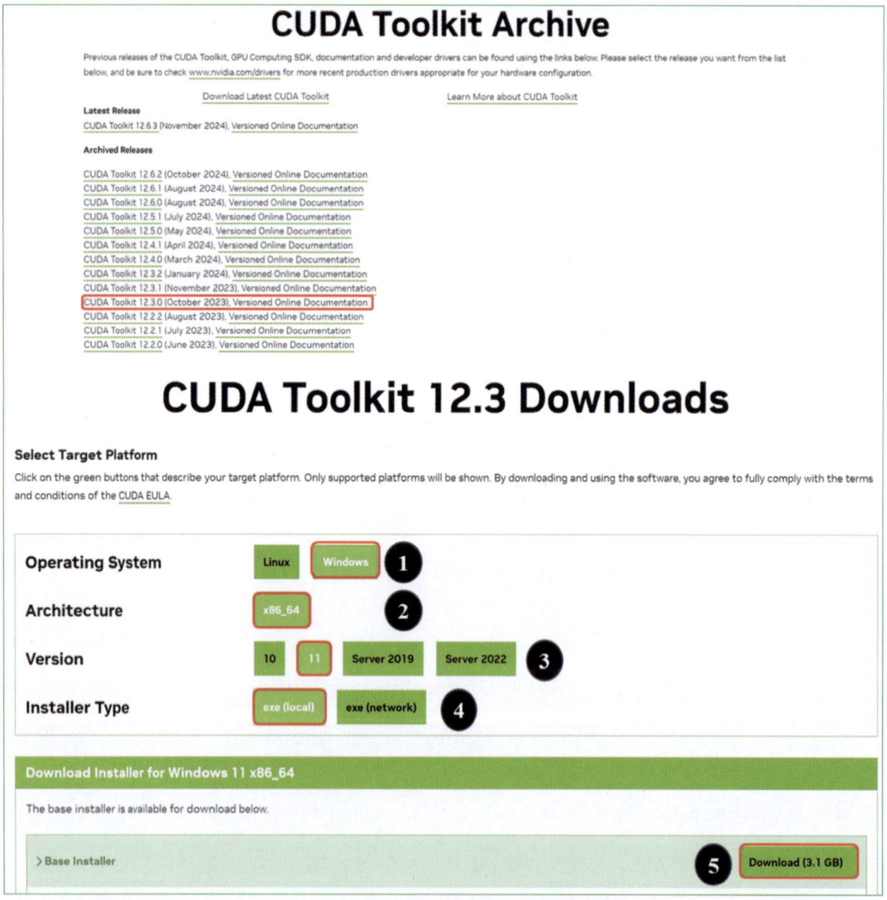

图 11-22　CUDA 下载页面

（3）下载完成后双击安装包进行安装，安装步骤如图 11-23 所示。

① 选择 CUDA 临时文件存放的位置。

② 检查系统的兼容性。

③ 如果版本不一致，则会弹出提示对话框，单击"继续"按钮即可。

④ 在弹出的对话框中单击"同意并继续"按钮。

⑤ 安装选项选择"自定义"选项。

⑥ 在弹出的"自定义安装选项"对话框中只勾选 CUDA。还需要注意一点，如果之前没有安装 Visual Studio，直接安装 CUDA 时需要把 CUDA 里面的 Visual Studio Integration 勾选取消，否则会安装不成功。

⑦ 如果想要更改 CUDA 安装的位置，就可以单击"浏览"按钮，此处默认选择为 C 盘。

⑧ 此时弹出窗口显示 Nsight Visual studio 的整合情况。

⑨ 看到这页面就代表安装完成了。

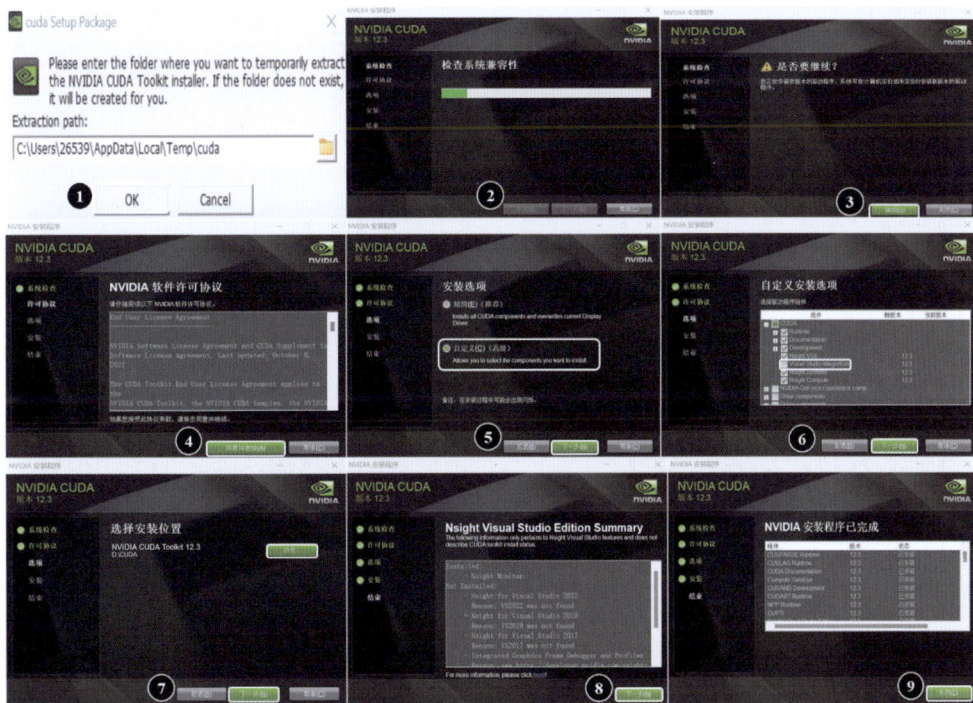

图 11-23　CUDA 安装步骤

（4）安装完成后，使用 Win+R 组合键打开运行框，输入 cmd 打开 prompt（命令）窗口，在其中输入 nvcc -V 查看计算机里 CUDA 的版本信息，如图 11-24 所示。

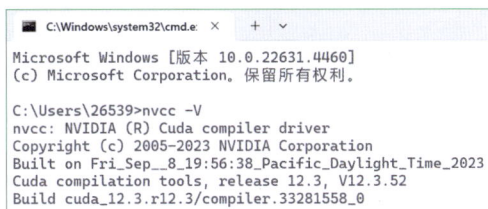

图 11-24　CUDA 的版本信息页面

11.2 视频生成模型 SVD

使用 Stable Video Diffusion 进行视频创作时，需要一定的 GPU 算力支持。个人计算机配置一般无法满足流畅生成视频的要求，所以需要将 Stable Video Diffusion 部署到云平台上使用。下面将从部署和 SVD 在线试用平台两个方面进行讲解。

11.2.1　部署 SVD

我 们 可 以 基 于 ComfyUI 与 SVD-WebUI 两 种 方 式 来 使 用 Stable Video Diffusion。ComfyUI 采用工作流的方式，功能强大，但对习惯使用菜单操作的设计师不友好，上手难度较高。SVD-WebUI 使用菜单操作，界面友好，上手难度低。因此，本节主要介绍 SVD-WebUI 的安装与使用方法。

1. 本地安装

首先介绍一下 WebUI 版的安装方法，具体安装步骤如下。

（1）搭建 Python 虚拟环境，在命令行中输入：

```
conda create --name svd python=3.10 -y

source activate svd
pip3 install -r requirements/pt2.txt
pip3 install .
```

如果已经搭建过 Python 虚拟环境，就跳过此步骤。如果觉得搭建虚拟环境比较复杂，可以直接进行云部署，一些云服务平台提供了 SVD 的镜像，读者可以直接使用，如 AutoDL、仙宫云等，具体步骤参考前面的内容。

（2）搭建完虚拟环境后，需要下载 SVD 的项目文件，下载网址为 https://github.com/Stability-AI/generative-models，只需要在搭建的虚拟环境命令行输入：

```
git clone https://github.com/Stability-AI/generative-models
cd generative-models
```

然后需要下载 SVD 和 SVD-XT 这两个模型，下载网址分别为 https://huggingface.co/stabilityai/stable-video-diffusion-img2vid-xt 和 https://huggingface.co/stabilityai/stable-video-diffusion-img2vid，将它们存放在 generative-models/checkpoints/ 目录下。

（3）运行以下代码：

```
cd generative-models
streamlit run scripts/demo/video_sampling.py  --server.address 0.0.0.0  -
-server.port7862
```

在启动时，还会下载两个模型，可以手动去下载，下载网址分别为 https://huggingface.co/laion/CLIP-ViT-H-14-laion2B-s32B-b79K/tree/main 和 https://openaipublic.azureedge.net/clip/models/b8cca3fd41ae0c99ba7e8951adf17d267cdb84cd88be6f7c2e0eca1737a03836/ViT-L-14.pt。

下载完后放到 /root/.cache/huggingface/hub/models–laion–CLIP-ViT-H-14-laion2B-s32B-b79K/root/.cache/clip/ViT-L-14.pt 目录下。

（4）加载模型。关于 models–laion–CLIP-ViT-H-14-laion2B-s32B-b79K，下载后需要执行如下命令：

```
Cp models--laion--CLIP-ViT-H-14-laion2B-s32Bb79K.tar/root/.cache/hugging
face/hub/
cd /root/.cache/huggingface/hub/
tar -zxvf models--laion--CLIP-ViT-H-14-laion2B-s32B-b79K.tar
```

（5）再次启动，如果出现如图 11-25 所示的页面，那么就说明已安装成功。

图 11-25　安装成功页面

在浏览器地址栏中输入本地 IP: 0.0.0.0:7862 即可访问 SVD，如图 11-26 所示。

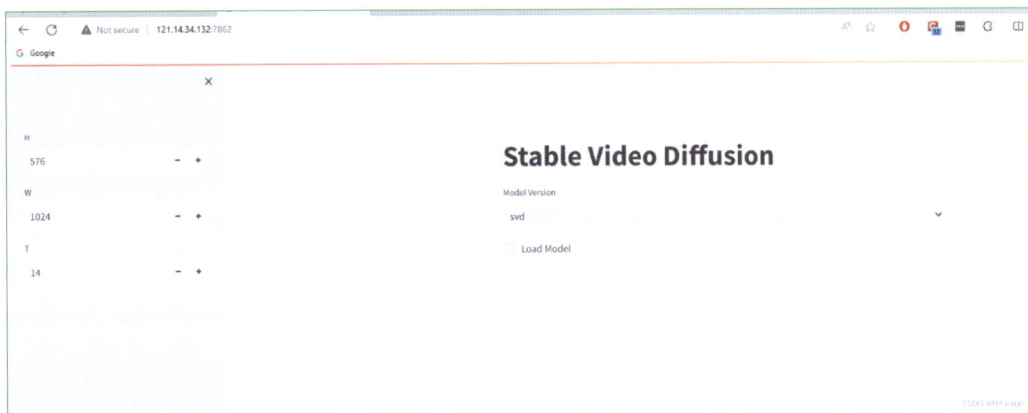

图 11-26　SVD 页面

如果出现如下报错，可能是环境变量设置有误：

```
from scripts.demo.streamlit_helpers import *
ModuleNotFoundError: No module named 'scripts'
```

可输入以下代码添加环境变量：

```
RUN echo 'export PYTHONPATH=/generative-models:$PYTHONPATH' >> /root/.
bashrc
source /root/.bashrc
```

SVD同样可以使用ComfyUI进行安装部署，具体安装方法可参考12.2.1节的相关内容，此处不再赘述。

2．整合包安装

对于没有编程基础的读者，可以直接使用社区爱好者提供的整合包，下载到本地后直接使用。这里主要基于 B 站博主"青龙圣者"提供的整合包进行讲解。具体安装步骤如下：

（1）下载整合包，下载网址为 https://pan.quark.cn/s/2a0ad8446b85，此处下载需要用到夸克网盘。

（2）部署虚拟环境。需要准备 Python 3.10.x 版本的虚拟环境，如果第一次使用脚本，控制台输入 Set-ExecutionPolicy -ExecutionPolicy RemoteSigned，部分用户输入该命令可能会失败，原因复杂，这里不再展开介绍。

（3）解压安装包，右击 powershell 选择运行"install_cn.ps1"程序，随后在官网下载 SVD 模型，右击 powershell 选择运行 run_gui.ps1 程序，将会自动打开网页，之后只需要上传一张横图，最后单击 Run 按钮，等待几分钟后便能够生成视频。

3．云端部署

Autodl、仙宫云和 Pinokio 等云平台都提供了 SVD 的模型，用户直接应用即可。以 Autodl 为例，按照前面讲述的部署过程进行部署即可，只需要在"社区镜像"一栏中搜索 SVD，选择其中一个进行部署即可，如图 11-27 所示。

图 11-27　镜像示例页面

11.2.2　SVD 在线试用平台

本节以 Hugging Face 提供的演示空间为例，其网址为 https://huggingface.co/spaces/multimodalart/stable-video-diffusion，其余途径部署的 SVD 的页面和操作均一样。SVD 的页面十分简洁。接下来介绍 SVD 的操作页面以及操作步骤，如图 11-28 所示。在图 11-28 中，SVD 界面被分为图片上传、视频生成和高级选项 3 个区域，用户在图片上传区域上传一张引导图像，然后在高级选项区域调整好相关参数，单击 Generate 按钮，等待几分钟就会在视频生成区域得到相关的视频。

图 11-28　SVD 在线试用页面

3 个区域的具体介绍如下：

❑ 图片上传区域：用户需要在此区域上传一张图像作为生成视频的第一帧，随后以此图片为基础生成一段视频。

❑ 视频生成区域：单击 Generate 按钮，SVD 将会根据上传的图像和设定的参数来生成视频。

❑ 高级选项区域：该区域可以调节一些视频的相关参数，参数会影响视频的效果。

在高级选项区域可以调整 Seed、Motion bucket id 和 Motion bucket id 这 3 个参数，下面逐一进行解释。

❑ Seed（种子）：该参数用于调节前后生成视频的差异程度。前后两次用同一个图像和参数生成视频时，种子数字不同，生成的视频效果也不同，反之则相同。如果不想手动调节种子数，可以勾选 Randomize seed（随机化种子）复选框，表示自动随机生成种子数字。

❑ Motion bucket id（运动桶标识）：该参数是控制需要在图像中添加或删除的运动量，数字越大，添加的运动量越大，一般默认即可，也可以适当调节数字。

❑ Motion bucket id（每秒帧数）：该参数是调节视频的帧率，最大可调节到 30 帧每秒，帧数越大，需要等待的时间越长，一般默认为 25 帧。

11.3　视频生成模型 CogVideo

使用 CogVideo 进行视频创作时需要一定的 GPU 算力支持。由于它对显存要求较高，个人计算机的配置一般无法满足流畅生成视频的要求，所以需要将 CogVideo 部署到云平台上使用。下面从部署和 CogVideo 在线试用平台两个方面进行讲解。

11.3.1　部署 CogVideo

目前，我们可以基于 ComfyUI 与 WebUI 两种方式来使用 CogVideo。ComfyUI 的方式对于习惯使用菜单操作的设计师不友好，上手难度较高，而 WebUI 的方式使用菜单操作，界面友好，上手难度低。因此本节主要介绍 WebUI 的安装与使用方法。

1.　云端部署

Autodl、仙宫云和丹摩智算平台等云平台都提供了 CogVideo 相关模型，用户只需要应用即可。以 Autodl 为例，按照前面讲述的部署过程进行部署，只需要在"社区镜像"一栏中搜索 CogVideo，选择其中一个进行部署即可，如图 11-29 所示。

图 11-29　镜像示例界面

2.　整合包安装

对于没有编程基础的读者，可以直接使用社区爱好者提供的整合包，下载到本地后直接使用。这里主要基于 B 站博主"手搓 AI 老徐"提供的整合包进行讲解。具体安装步骤如下：

（1）下载整合包，下载网址为 https://pan.baidu.com/s/12pgzoB4Q2wTupmtcictcYg?pwd= 8888，此处需要用到百度网盘，提取码为：8888。

（2）部署虚拟环境。准备 Python 3.10.x 版本的虚拟环境，如果是第一次使用脚本，在控制台输入 Set-ExecutionPolicy -ExecutionPolicy RemoteSigned，但输入这条指令也不一定会给出部署成功的提示。

（3）解压安装包，在官网下载 SVD 模型，随后右击 powershell 运行启动程序，之后将会自动打开网页。用户只需要输入相关提示词，然后单击文本框右边的"运行"按钮，等待几分钟后便能生成视频。

11.3.2　CogVideo 在线试用平台

本节以魔塔社区提供的演示空间为例，其网址为 https://modelscope.cn/studios/ZhipuAI/ CogVideoX-5b-demo，其余途径部署的 CogVideo 的页面和操作均一样。CogVideo 的页面十分简洁，如图 11-30 所示。整个页面从上至下分别为图片上传区域、视频上传区域、提示词输入区域、种子等参数输入区域，右边是生成视频展示区域。首先用户需要上传一张图像或者一段视频，然后输入提示词，种子等参数一般默认即可，最后单击"生成视频"按钮，等待几分钟就会在右边区域得到相关视频。

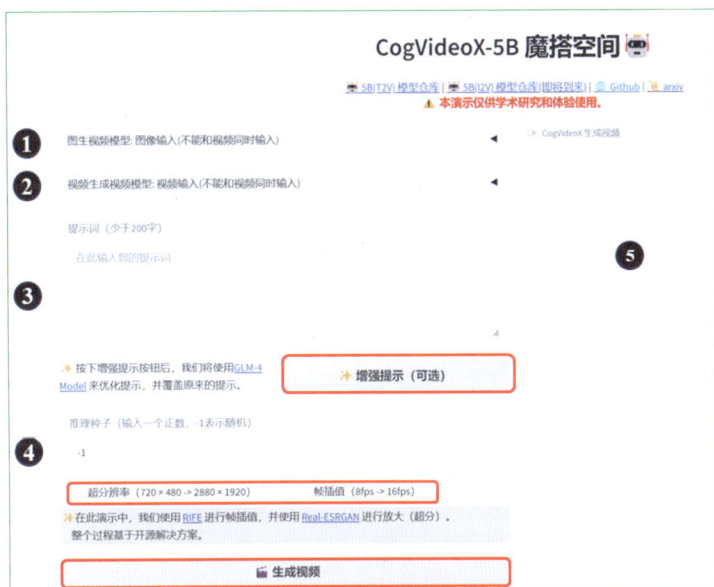

图 11-30　CogVideo 在线试用页面

关于图 11-30 左侧四个区域的详细解释如下：

❑ 图片上传区域：用户首先需要在此区域上传一张图像作为生成视频的第一帧，随后以此为基础生成出一段视频。

❑ 视频上传区域：用户首先需要在此区域上传一段视频作为生成视频的参考视频，随后以此为基础生成出一段新的视频。

❑ 提示词输入区域：用户可以在此区域输入生成视频的相关提示词。用户如果想不出完整的提示词，可以先输入其中的关键语句，随后单击下方的"增强提示（可选）"按钮来优化输入的提示词。

❑ 种子等参数输入区域：该参数用于调节前后生成视频的差异程度。前后两次用同一个图像和参数生成视频时，种子数字不同，生成的视频效果也不同，反之则相同。如果不想手动调节种子数，可以默认选择 –1（表示随机种子数）即可。

用户如果想要提高生成视频的分辨率和帧率，可以勾选种子数输入区域下方的"超分辨率"和"帧插值"这两个选项。

11.4　阿里系视频生成模型

阿里巴巴在 AI 视频开源模型开发领域成果丰硕，其中，Animate Anyone 与 Champ 等模型尤为突出，它们所生成的视频效果十分优异，展现了强大的技术实力与创新能力。

11.4.1　部署 Animate Anyone 模型

Animate Anyone 是由阿里巴巴智能计算研究院推出的一款将静态图像中的角色或人物进行动态化的开源框架，目前在网络上十分流行。Animate Anyone 生成的视频质量较高，保持了视频的可控性和稳定性，无论是真人、动漫角色还是卡通形象或人形物体，Animate Anyone 都能使其动起来。

在 Hugging Face 上提供了相应的演示空间，其网址为 https://huggingface.co/spaces/Nymbo/Moore-AnimateAnyone，页面如图 11-31 所示，用户可以 在线试用，感受其生成效果，此处不再赘述。

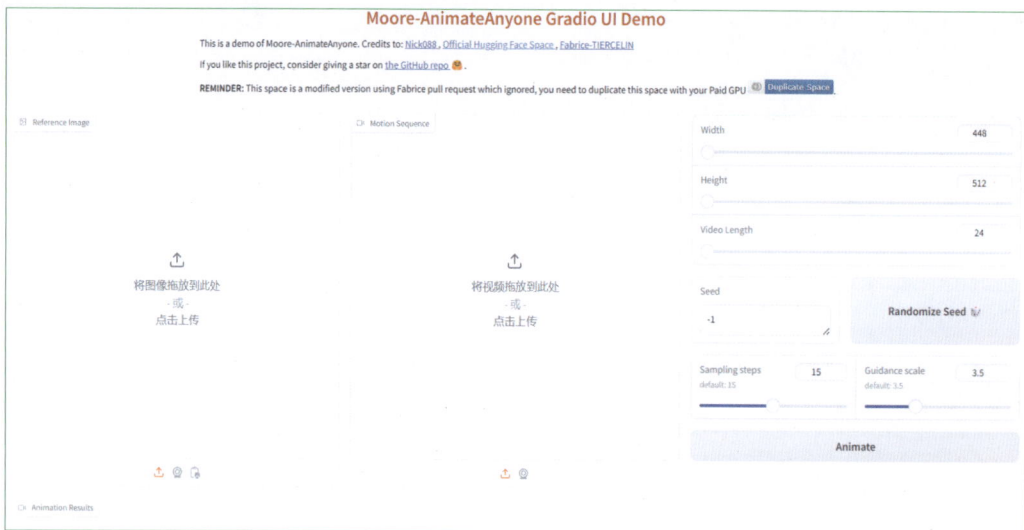

图 11-31　演示空间页面

接下来介绍 Animate Anyone 的安装方法。

1. 本地安装

目前最常见的是将 Animate Anyone 模型本地部署在 ComfyUI 中使用，具体部署流程参考 12.5.2 节的内容，此处不再赘述。

2. 整合包安装

对于没有编程基础的读者，可以直接使用社区爱好者提供的整合包，下载到本地后直接使用。这里主要基于 B 站博主"青龙圣者"提供的整合包进行讲解。具体安装步骤如下：

（1）下载整合包，下载网址为 https://pan.quark.cn/s/b52e9e5f83dd，此处需要用到夸克网盘。

（2）部署虚拟环境，主要有 Python 3.10、GitHub、CUDA 和 FFmpeg，具体安装方法可以查看 11.1 节的内容。

（3）解压安装包，右击 powershell 运行 install_cn.ps1 程序，随后在官网下载 SVD 模型，右击 powershell 运行 run_gui.ps1 程序将会自动打开网页，随后便能使用了。

（4）如果是第一次使用脚本，需要在控制台输入 Set-ExecutionPolicy -ExecutionPolicy

RemoteSigned，部分用户输入该命令可能会失败。

11.4.2　部署 Champ 模型

Champ 是由阿里巴巴、复旦大学和南京大学共同开发的一款 AI 视频生成模型，旨在通过 3D 参数指导，实现对人体图像动画的控制与一致性。该技术将深度学习与图像处理相结合，允许用户编辑静态人物图像使其具有动画效果，打开了人工智能在图像动画领域的新视界。

接下来介绍 Champ 的安装方法。

1.　本地安装

目前最常见的是将 Champ 模型本地部署在 ComfyUI 中使用，具体部署流程参考 12.5.3 节的内容，此处不再赘述。

2.　整合包安装

对于没有编程基础的读者，可以直接使用社区爱好者提供的整合包，下载到本地后直接使用。本文主要基于 B 站博主"十字鱼"提供的整合包进行讲解。具体安装步骤如下：

（1）下载整合包，下载网址为 https://pan.baidu.com/s/1F5UQ5Ed4u8SPb47DPR4u6w，此处需要用到百度网盘。

（2）解压安装包，解压后先进入 configs 文件夹，双击打开 inference 文件，将 motion 的数值修改为"06"，如图 11-32 所示，上一行的图片也可以随意修改，然后保存并关闭。

（3）运行"01 运行程序"文件，将会生成视频。生成的视频将会存放在 results 文件夹中，将会生成 3 个视频。

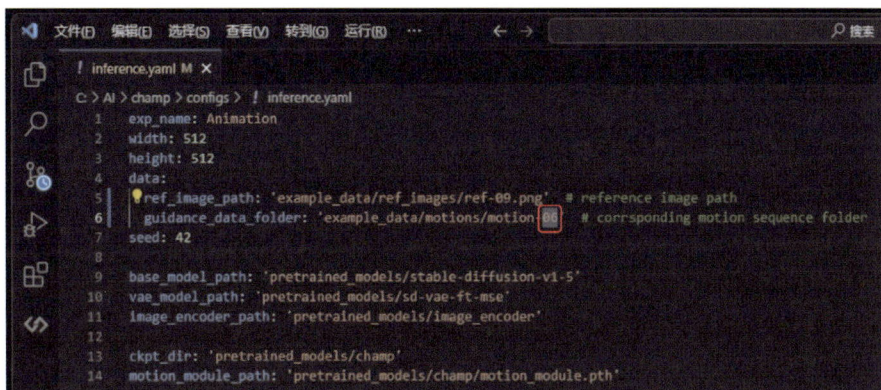

图 11-32　更改 motion 值

第12章
ComfyUI 工作流的使用

第 11 章介绍的 AI 视频开源工具全部都是基于 WebUI 的，WebUI 将视频生成模型训练、视频生成模型的推理变得可视化，将原来复杂的代码页面转变成了简单的按钮选项，大幅度降低了开源模型的使用门槛，让更多非计算机专业的人可以使用 AI 视频开源工具。

事实上，除了 WebUI 以外，还有与其类似的 ComfyUI。ComfyUI 于 2023 年提出，相较于传统的 WebUI，ComfyUI 有着轻量、灵活、快速适配新技术、数据透明等优点。最初，ComfyUI 是一个基于 Stable Diffusion 的 AI 绘画创作工具，随着它的广泛使用，越来越多的人将 AI 视频生成技术引用到 ComfyUI 中并取得了成功。

本章将详细介绍 ComfyUI 的安装方法和视频类工作流，视频类工作流按功能主要分为文生视频、图生视频、视频转绘等多种工作流，此外还包括许多创意工作流，如图片跳舞、视频换脸，视频修复、对口型、拖曳控制等。

12.1　ComfyUI 的下载与安装

部署 ComfyUI 可以带来更好的使用体验，特别是隐私保护。本节主要介绍 ComfyUI 的本地安装步骤，并在成功部署 ComfyUI 后对 ComfyUI 最新版本的基本界面及其功能进行简明的介绍。

12.1.1　ComfyUI 的安装

在满足一定的配置要求之后，用户可以选择适配的 ComfyUI 安装方法体验 AI 绘画。

1. 安装方法

我们可以根据自己的计算机能力选择一键使用或者源码安装。

对于一键使用，解压压缩包即可使用 ComfyUI，这种方式适合没有程序基础的用户。压缩包分为两种：一种是官方舒适版本；另一种是国内"大神"的整合包版本。在此推荐使用国内秋叶"大神"制作的整合包，其下载链接为 https://pan.quark.cn/s/64b808baa960。本书配套的电子资料中将会提供百度网盘下载链接，下载完成后，解压文件夹，双击文件中的"AI 绘世启动器"即可使用。

对于源码安装方式，适合有一定代码基础、想了解源码或基于源码开发的用户。

- ❑ 一键使用：在 GitHub 的 ComfyUI 项目官网（项目网址为 https://github.com/comfyanonymous/ComfyUI/releases）上下载并解压 new_ComfyUI_windows_portable_nvidia_cu121_or_cpu.7z 压缩文件，双击文件夹中的 run_cpu.bat 文件使用 CPU 加载出 ComfyUI 页面，双击文件夹中的 run_nvidia_gpu.bat 文件使用 GPU 加载出 ComfyUI 页面。
- ❑ 源码安装：首先安装 Python，推荐安装 Python 3.10.6，其次安装 Git，再安装 ComfyUI，通过选择安装目录，在网址栏中输入 cmd 调出命令行窗口，在其中输入 git clone https://github.com/comfyanonymous/ComfyUI.git。然后安装 PyTorch，最后安装依赖并通过双击项目文件夹的 main.py 加载 ComfyUI 页面。

> **注意**：若采用一键使用的安装方法，用记事本或者其他文本编辑工具打开 extra_model_paths.yaml.example 文件，将 base_path 路径改为包含 webui-user.bat 文件的文件夹路径，然后保存修改，对文件夹重命名，去除 ".example" 扩展名，将文件保存为 yaml 类型，即可实现共享 SD-WebUI 的模型。

2. 配置要求

与常规使用 SD-WebUI 相比，ComfyUI 对计算机硬件的配置需求差别不大，仍然聚焦在是否配置具有足够显存的显卡。当然，AIGC 对内存的消耗也明显增加，也需要予以关注。

- ❑ 显存配置。相较于 SD-WebUI，ComfyUI 降低了对显存的要求，不仅可以用 CPU 生成图片，还支持显存低于 3GB 的 GPU 生成图像。如果使用显存低于 3GB 的 GPU 生成图像，则需要在 run_nvidia_gpu 文件中添加 "--lowvram" 命令。但不停涌现的新模型对显存的要求越来越高，显存配置当然越大越好，从成本与适用性考虑，建议配置 16GB 及以上显存为宜。
- ❑ 内存配置。为确保音视频类工作流的兼容性并提升图像生成类工作流的顺畅度，建议使用配备有 16GB 或更高容量的运行内存，并搭载不低于 128GB 容量的固态硬盘（SSD）的系统配置，以便更迅速地访问和加载大型模型数据。

3. 节点安装

ComfyUI 的节点安装也有两种方式，分别为使用源码安装和 Git Clone 安装，下面具体介绍这两种节点安装方式。

1）使用源码文件安装

以 Manager 节点为例，该项目的网址为 https://github.com/ltdrdata/ComfyUI-Manager，在其 GitHub 的项目页面上找到 Download ZIP 选项，单击即可下载代码文件的压缩包，如图 12-1 所示。下载完成后，放至 ComfyUI 文件夹下的 custom_nodes 路径网址，解压即可使用。注意确保文件夹名称与节点名称一致，以便 ComfyUI 能够正确识别并加载该节点。

2）使用 Git Clone 安装

（1）安装 Git 软件配置管理（SCM）应用。Git 是进行版本控制和代码管理的必要工具。访问 Git 官方网站（https://git-scm.com/），可下载并安装适合其操作系统的 Git 软件。

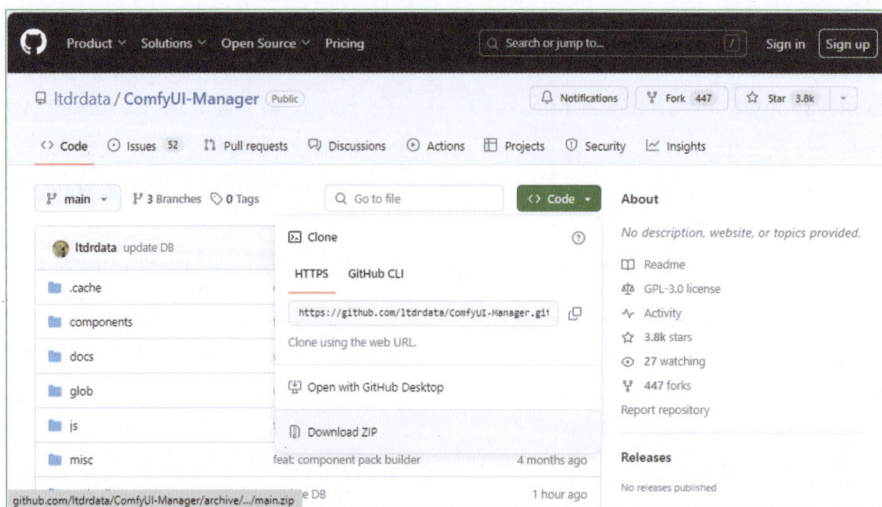

图 12-1　下载压缩包

（2）安装 ComfyUI Manager 节点。在 ComfyUI 的 custom_nodes 文件夹的网址栏中输入 cmd，按 Enter 键，调出命令行窗口。以安装 ComfyUI Manager 节点为例，在命令行窗口中输入 git clone https://github.com/ltdrdata/ComfyUI-Manager.git，随后按 Enter 键，如图 12-2 所示。

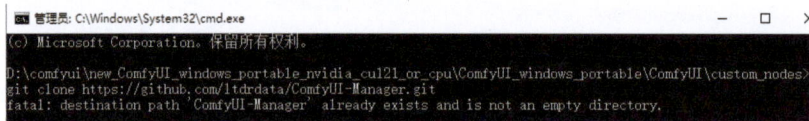

图 12-2　安装 Git Clone 节点

此时如果 ComfyUI 的 custom_nodes 的文件夹出现与新节点对应的文件夹，则表明节点安装成功。

无论是通过下载解压压缩包，还是通过 Git Clone 安装，成功安装自定义节点后，都需要重新启动 ComfyUI。

12.1.2　节点管理

ComfyUI Manager 是由 Dr.Lt.Data（@ltdrdata）开发并维护的一个实用的节点管理工具，该项目的网址为 https://github.com/ltdrdata/ComfyUI-Manager。ComfyUI Manager 提供了一系列功能，如下载、管理其他自定义节点与更新 ComfyUI 等，如图 12-3 所示。可以通过前面讲述的节点安装方法安装 ComfyUI Manager 节点。安装成功之后，在控制台里会出现 Manager 按钮。

搜索安装节点与自动安装缺失节点是 ComfyUI Manager 的两大核心功能，此两大功能极大提升了用户的使用体验和操作效率。下面具体介绍 ComfyUI Manager 的两大核心功能。

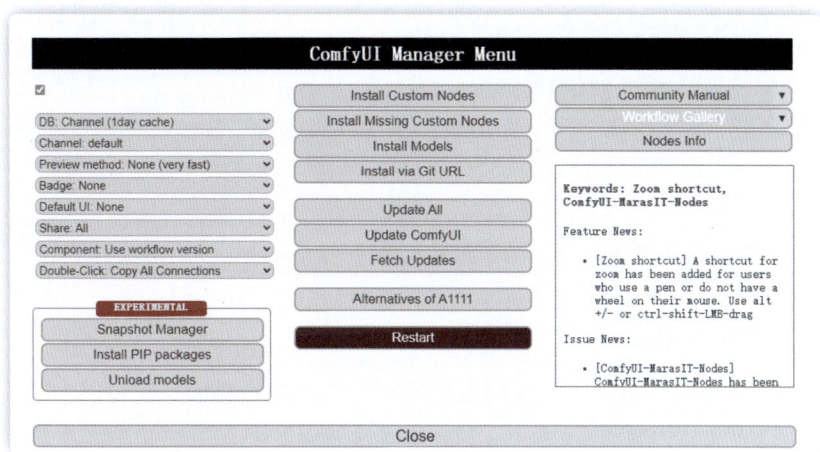

图 12-3　ComfyUI Manager 菜单页面

1.　搜索安装节点

ComfyUI Manager 提供了搜索安装节点的功能。

☐ 搜索节点：单击 Manager 菜单中间最上方的 Install Custom Nodes 选项（安装自定义节点），即可从在线使用网址上加载包含众多开发者开发的自定义节点的"节点列表"。以安装 Crystools 插件为例，在搜索框内输入 Crystools，选择目标节点。

☐ 安装节点：单击列表右侧的 install（安装）按钮即可开始安装。安装成功后，Crystools 右侧将呈现 3 个操作按钮：Try update（更新）、Disable（禁用）和 Uninstall（卸载），分别用于节点的更新操作、临时禁用以及卸载删除。

☐ 重启后使用：完成安装后，需要单击弹出的 Restart（重启）按钮，等待 ComfyUI 重启完毕即可使用，如图 12-4 所示。

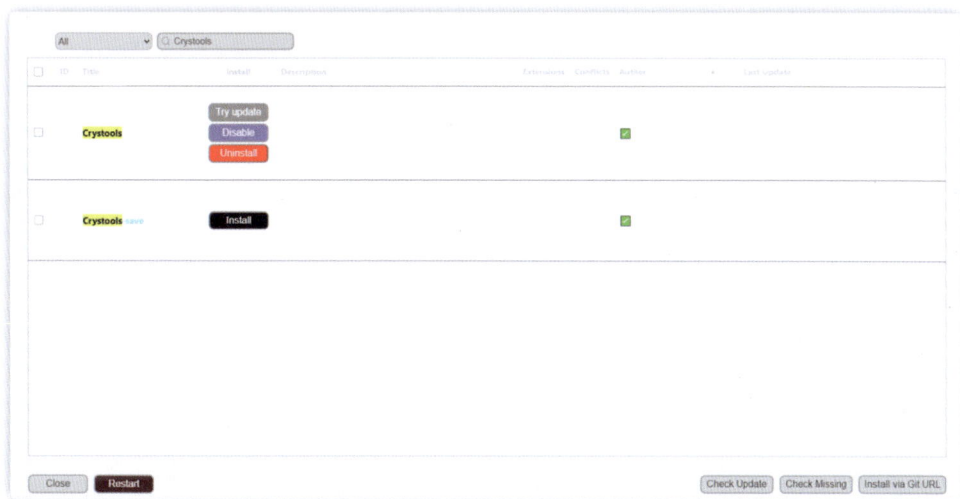

图 12-4　安装 Crystools 插件

Crystools 是个重要的实时查看数据插件，该项目的网址为 https://github.com/crystian/ComfyUI-Crystools。该插件可以查看资源监视器、进度条和经过的时间、元数据，进行两个图像之间的比较、两个 JSON 之间的比较，以及向控制台 / 显示器显示任何值和管道等。其提供了加载 / 保存图像、预览等功能，并在不加载新工作流程的情况下查看"隐藏"数据。

> **注意**：单击 ComfyUI Install via Git URL 后输入项目的 GitHub 网址，具有同样的安装功能。

2. 自动安装缺失节点

当在 ComfyUI 界面导入他人优秀的工作流时，ComfyUI 界面往往会因为缺失节点而出现"满屏飘红"的情况。使用 ComfyUI Manager 自动安装缺失节点功能，可以一键安装所有缺失节点。

单击 ComfyUI Manager 菜单中的 Install Missing Custom Nodes（安装缺失节点），Manager 便会自动读取当前打开的工作流中缺失的节点名称并进行下载、安装。如果缺失的节点数量较多，则安装过程可能会相对较长。重启 ComfyUI 即可使用节点，从而实现复刻优秀工作流的效果。

> **注意**：在 ComfyUI_windows_portable\update 路径下可以看到 update_comfyui、update_comfyui_and_python_dependencies 文件，二者分别用于更新 ComfyUI 和配置环境。单击 update_comfyui 更新 ComfyUI，弹出 Done 后提示更新完成，一般情况下不建议更新配置环境。

12.1.3　在线 ComfyUI 平台简介

采用在线平台作为 ComfyUI 的访问与运用方式不仅有效规避了高昂的 GPU 购置成本，还极大地简化了 ComfyUI 的部署流程，使得用户能够轻松跨越技术门槛，实现随时随地、即开即用的高效体验。下面将分享几个常用的 ComfyUI 在线平台。

1. 哩布

2024 年 7 月 25 日哩布上线了 ComfyUI 平台，其网址为 https://www.liblib.art/comfy，LiblibAI 已支持 4000+ 个节点，1000+ 工作流，可提高图像生成效率和创作体验。同时，哩布作为国产较大的工作流分享网站，支持工作流上传、下载和在线使用。

2. 吐司

吐司将 ComfyUI 分为创建工作流与导入工作流，将复杂的控制台界面简化为一键运行，其网址为 https://tusiart.com/。吐司同样缺失 manager 管理器，只能使用已有插件，不支持自行安装插件。标准用户每日赠送 100 算力，生图按照默认参数预估，一张图像约 1 个算力。

3. eSheep

eSheep 相较于哩布与吐司两个平台，提供了基本的设置面板，但不支持更多的自定义功能，如不能修改 ComfyUI 界面属性，其网址为 https://www.esheep.com/。但 eSheep 作为国产工作流分享网站，提供了常用的工作流上传、下载和在线使用等功能，截至 2025 年 2 月 28 日，eSheep 的 ComfyUI 功能一直在维护，无法注册新用户。

4．RunningHUB

RunningHUB 只有 ComfyUI 工作流模式，其在工作台界面提供了工作流预设模板、导入工作流、新建空白工作流 3 种使用工作流的方式，网址为 https://www.runninghub.cn/。RunningHUB 同样缺失 manager 管理器，只能使用已有插件，不支持自行安装插件。

5．Nodecomfy

Nodecomfy 是一个在线平台，其网址为 https://nodecomfy.com/。它集成了工作流模式和开发模式，为用户提供全面的支持。在工作流模式下，用户可以轻松使用他人上传的优秀工作流，生成高质量图像、视频或者语音。

更为出色的是，Nodecomfy 还支持将工作流转换为代码开发模式。这个功能使用户能够深入探索工作流的内部逻辑，通过代码形式对工作流进行自定义和扩展。开发模式为用户提供了更高的自由度，让他们可以根据自己的需求来优化工作流，或者将工作流集成到更大的系统中。

截至 2025 年 2 月 28 日，Nodecomfy 的 ComfyUI 功能一直在维护中。

6．其他平台

ComfyUI 工作流的分享网站较多且形式与功能较为相似，以下为其他常用的工作流分享网站。

- ❏ https://openart.ai/workflows/home：支持上传、下载、在线生成工作流、免费下载工作流，如果使用其工作流在线生成视频，则需要另行付费，免费账户有 50 个积分，加入其 Discord 可再加 100 积分（一次性），开通每月 6 美元的套餐后每月有 5 000 积分（需要科学上网）。
- ❏ https://comfyworkflows.com：comfyworkflows 是一个与 openart.ai 类似的工作流分享社区。
- ❏ https://github.com/comfyanonymous/ComfyUI_examples：ComfyUI 官方开源项目，提供了众多工作流示例。
- ❏ https://www.comfy.org：ComfyUI 社区官网，提供了 ComfyUI 安装包、工作流节点及相关生态。

12.2　文生视频工作流

文生视频即根据文本描述生成视频。这个功能通过特定的模型和算法，将输入的文本内容转化为生动的视频画面。例如，使用 Stable-Video-Diffusion（SVD）模型，ComfyUI 可以从文本描述中生成短视频片段。SVD 模型以静止图像为条件帧，并据此生成视频，支持多种分辨率和时长的视频生成。用户只需要输入文本描述，选择相应的模型和参数，即可生成符合文本内容的视频，与此相同的还有 AnimateDiff、MagicTime 和 Deforum 等。

12.2.1　SVD 文生视频

在 ComfyUI 中使用 SVD 文生视频的操作流程如下：

（1）需要确保 ComfyUI 的版本为最新版（在 ComfyUI 控制台区域单击 Manager，选择 Update All，更新 ComfyUI 需要重启 ComfyUI），确保可以加载 SVD 节点。

（2）下载 SVD 模型，调节节点参数，生成视频。

1.　下载 SVD 模型

使用 ComfyUI-SVD 需要确保 ComfyUI 有 SVD 模型，在 Hugging Face 上下载模型，其下载网址为 https://huggingface.co/collections/stabilityai/video-65f87e5fc8f264ce4dae9bfa，并将其放在 ComfyUI/models/checkpoint 目录下。

目前 SVD 的模型有 3 个，以下是对这 3 个模型的详细介绍。

- ❑ stabilityai/stable-video-diffusion-img2vid：原版模型，用于训练的视频帧数是在 14 帧视频上训练的。
- ❑ stabilityai/stable-video-diffusion-img2vid-xt：xt 模型，用于训练的视频帧数是在 25 帧视频上训练的，运动更加流畅自然。
- ❑ stabilityai/stable-video-diffusion-img2vid-xt-1-1：xt 模型的最新版本模型。

2.　创建节点工作流

SVD 文生视频工作流的原理为文生图加上图生视频，需要先搭建文生图节点，通过输入提示词生成一张图像，再将生成的图像通过 SVD 节点合成视频，以下为创建节点的详细介绍。

- ❑ 创建效率加载器节点：在 ComfyUI 界面的任意位置右击，在弹出的快捷菜单中依次选择 Add Node | Efficiency Nodes | Loaders | Efficient Loader。
- ❑ 创建 K 采样器（效率）节点：在 ComfyUI 界面的任意位置右击，在弹出的快捷菜单中依次选择 Add Node | Efficiency Nodes | Sampling | Ksampler（Efficient）。
- ❑ 创建仅图片加载节点：在 ComfyUI 界面的任意位置右击，在弹出的快捷菜单中依次选择 Add Node | loaders | video_models | Image Only Checkpoint Loader（img2vid model）。
- ❑ 创建 SVD 图像到视频 _ 条件节点：在 ComfyUI 界面的任意位置右击，在弹出的快捷菜单中依次选择 Add Node | conditioning | video_models | SVD_img2vid_Conditioning。
- ❑ 创建线性 CFG 引导节点：在 ComfyUI 界面的任意位置右击，在弹出的快捷菜单中依次选择 Add Node | sampling | video_models | VideoLinerCFGGuidance。
- ❑ 创建 K 采样器（效率）节点：在 ComfyUI 界面的任意位置右击，在弹出的快捷菜单中依次选择 Add Node | Efficiency Nodes | Sampling | Ksampler（Efficient）。
- ❑ 创建合并为视频节点：在 ComfyUI 界面的任意位置右击，在弹出的快捷菜单中依次选择 Add Node | Video Helper Suite | Video Combine。

3.　输入提示词

创建完工作流之后，需要输入提示词，可在 CLIP_POSITIVE 框内输入 A rocket, frontal image, taking off, blue sky, white clouds, high-definition, 4k, 作为正向提示词，生成一张火箭发射的图片。

其他参数设置参照图 12-5 所示。

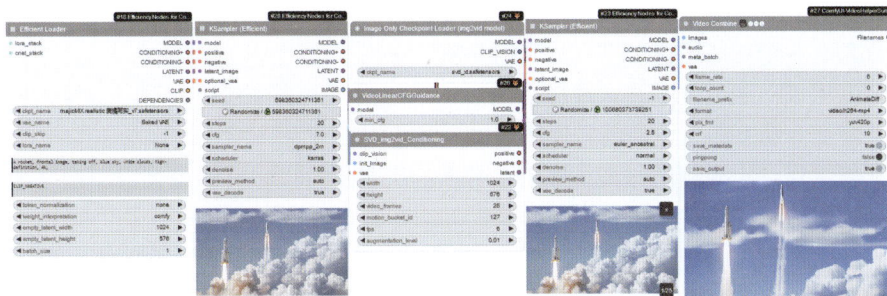

图 12-5　SVD 文生视频

4. 生成视频

在输入提示词之后，单击控制台上的 Queue Prompt 按钮即可生成视频，具体工作流如图 12-5 所示。

5. 重要节点介绍

在 SVD 文生视频工作流中存在若干重要的节点，它们对于理解和操作整个流程具有重要意义。接下来对这些关键节点进行详细介绍。

（1）Image Only Checkpoint Loader（img2vid model）（仅图像检查点加载器（img2vid 模型））节点的作用为加载 SVD 模型。

（2）VideoLinerCFGGuidance（线性 CFG 引导）节点的作用为跨帧缩放 CFG 进行视频采样。VideoLinerCFGGuidance 的参数为 min_cfg，其中文译为最小无分类器指导，默认值为 1。SVD 在绘制视频第一帧内容时运用最小 CFG，之后逐渐增大，到最后一帧内容时变为 Ksampler 里的最终 CFG。

（3）SVD_img2vid_Conditioning（SVD 图像到视频 _ 条件）节点是 SVD 的核心节点，将图片转化为视频。SVD_img2vid_Conditioning 节点也有一些需要了解的参数，以下是对该节点参数的详细介绍。

- ❑ width：生成视频的宽度。
- ❑ height：生成视频的高度。
- ❑ video_frames：生成的运动总帧数，如果使用原版模型则建议最大值设置为 14；如果使用 xt 模型则建议最大值设置为 25。
- ❑ motion_bucket_id：控制生成视频的运动幅度，数值越大，运动幅度就越大，默认值为 127。
- ❑ fps：帧率，表示视频每秒播放的帧数，默认值为 6，一般设置为 6 或 8。
- ❑ augmentation_level：控制添加到图像的噪声量，数值越大，视频与初始帧的差异就越大，一般设置不超过 1。

注意：SVD 模型是在 1024576（16：9）的尺寸上进行训练的，所以推荐生成的图片尺寸为 1024576。Ksampler（Efficient）节点的 CFG 值一般设置为 1 ~ 3，建议设置为 2.5。

12.2.2　AnimateDiff 文生视频

ComfyUI-AnimateDiff 能够将个性化的文本或图像转换为高质量的动态图像或视频。AnimateDiff 有 3 个功能特点，以下是详细介绍。

❑ 动画生成：通过文本输入或静态图像，用户可以创建个性化的动画图像，将静态图像转变为动态图像，为创意表达提供一种新的方式。

❑ 视频制作：为视频制作人员提供一种新的工具，可以将文本描述或图像序列转换为动画视频从而丰富视频内容。

❑ 高效性：与 WebUI 相比，ComfyUI 在生成图片和视频的速度上更快，可控性更强并且所需的显存更小。

ComfyUI-AnimateDiff 只是基础版本，因此在下载插件时推荐下载 ComfyUI-AnimateDiff-Evolved 插件，相比基础版本，ComfyUI-AnimateDiff-Evolved 插件进行了优化，增加了更多节点，方便搭配组织工作流，并且增加了更多的动画效果和过渡类型，视频的变化更加自然、流畅和多样化。使用 ComfyUI-AnimateDiff-Evolved 插件创建工作流的方法如下。

1. 下载插件和模型

使用 ComfyUI-AnimateDiff-Evolved 插件前，在 ComfyUI 控制台区域单击 Manager，选择 Install Custom Nodes，搜索 ComfyUI-AnimateDiff-Evolved（项目网址为 https://github.com/Kosinkadink/ComfyUI-AnimateDiff-Evolved）和 ComfyUI-VideoHelperSuite（项目网址为 https://github.com/Kosinkadink/ComfyUI-VideoHelperSuite）视频处理助手，安装后重启 ComfyUI 即可使用。同时，还需要下载一些适配的模型，具体的模型及放置位置如表 12-1 所示。

表 12-1　模型及放置位置

分　　类	文件夹目录	模　　型
1.5 基础运动模型	ComfyUI/custom_nodes/ComfyUI-AnimateDiff-Evolved/models 或 ComfyUI/models/animatediff_models	mm_sd_v14.ckpt mm_sd_v15.ckpt mm_sd_v15_v2.ckpt v3_sd15_mm.ckpt
SDXL 运动模型	ComfyUI/custom_nodes/ComfyUI-AnimateDiff-Evolved/models 或 ComfyUI/models/animatediff_models	mm_sdxl_v10_beta.ckpt
AnimateDiff-Lightning 模型	ComfyUI/custom_nodes/ComfyUI-AnimateDiff-Evolved/models/ 或 ComfyUI/models/animatediff_models	animatediff_lightning_Nstep_comfyui.safetensors
微调模型	ComfyUI/custom_nodes/ComfyUI-AnimateDiff-Evolved/models 或 ComfyUI/models/animatediff_models	mm_sd_v14 的稳定模型： mm-Stabilized_mid mm-Stabilized_high mm_sd_v15_v2 的微调模型： mm-p_0.5.pth mm-p_0.75.pth 高分辨率微调模型： temporaldiff-v1-animatediff
适配器	ComfyUI/models/loras	v3_sd15_adapter.ckpt

续表

分　类	文件夹目录	模　型
编码器	ComfyUI/models/controlnet	v3_sd15_sparsectrl_rgb.ckpt v3_sd15_sparsectrl_scribble.ckpt
LoRa 模型	ComfyUI/custom_nodes/ComfyUI-AnimateDiff-Evolved/motion_lora 或 ComfyUI/models/animatediff_motion_lora	v2_lora_PanLeft.ckpt v2_lora_PanRight.ckpt v2_lora_RollingAnticlockwise.ckpt v2_lora_RollingClockwise.ckpt v2_lora_TiltDown.ckpt v2_lora_TiltUp.ckpt v2_lora_ZoomIn.ckpt v2_lora_ZoomOut.ckpt

注意：AnimateDiff-Lightning 是字节跳动在 AnimateDiff 模型基础上进行深度优化和加速的结果。相比原版 AnimateDiff，AnimateDiff-Lightning 在生成效率上实现了质的飞跃，能够快十多倍速度生成高质量的视频内容。模型下载网址为 https://huggingface.co/ByteDance/AnimateDiff-Lightning。

2. 创建工作流节点

使用 AnimateDiff 文生视频工作流，需要创建如下节点。

- 创建效率加载器节点。在 ComfyUI 界面的任意位置右击，在弹出的快捷菜单中依次选择 Add Node | Efficiency Nodes | Loaders | Efficient Loader。
- 创建 K 采样器（效率）节点。在 ComfyUI 界面的任意位置右击，在弹出的快捷菜单中依次选择 Add Node | Efficiency Nodes | Sampling | Ksampler（Efficient）。
- 创建动态扩散加载器（上下文）节点。在 ComfyUI 界面的任意位置右击，在弹出的快捷菜单中依次选择 Add Node | Animate Diff | Gen1 nodes | AnimateDiff Loader[Legacy]。
- 创建动态上下文设置节点。在 ComfyUI 界面的任意位置右击，在弹出的快捷菜单中依次选择 Add Node | Animate Diff | context opts | Context Options Looped Uniform。
- 创建合并为视频节点。在 ComfyUI 界面的任意位置右击，在弹出的快捷菜单中依次选择 Add Node | Video Helper Suite | Video Combine。

3. 输入提示词

在 CLIP_POSITIVE 框内输入 A rocket, launching into the sky, high-quality, 4k, 作为正向提示词；在 CLIP_NEGATIVE 框内输入 EasyNegative,nsfw, 作为反向提示词。

其他参数设置参照图 12-6 所示。

4. 生成视频

单击控制台上的 Queue Prompt 按钮即可生成视频，具体工作流如图 12-6 所示。

注意：如果图片崩坏或者出现大幅的色块，可以将帧数（context_length）与批次数（batch_size）设置保持一致，推荐设置为 16 或者将模型改为 v2 模型进行调整。

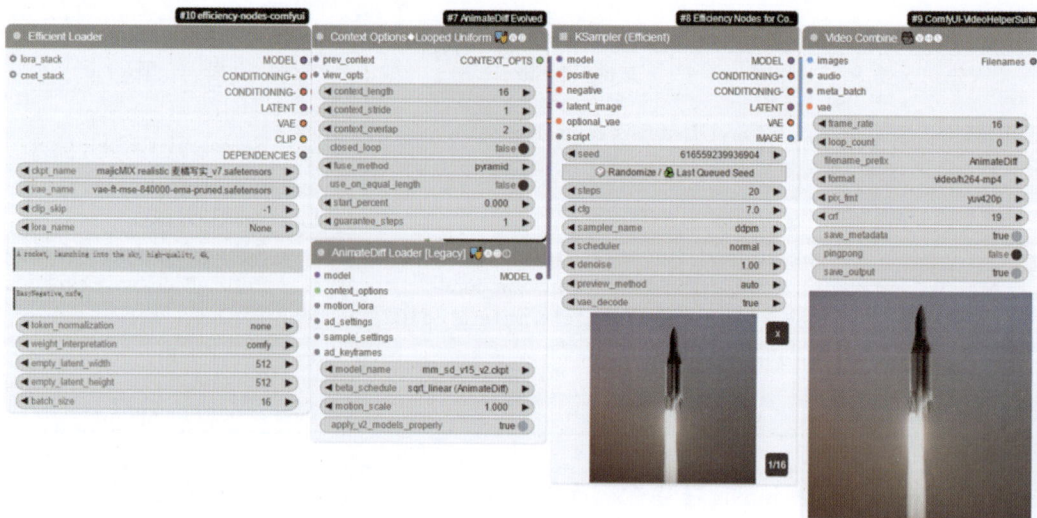

图 12-6　AnimateDiff 文生视频

5. 重要节点介绍

在 AnimateDiff 文生视频工作流中，存在若干至关重要的节点，它们对于理解和操作整个流程具有重要意义。接下来将对这些关键节点进行详细介绍。

（1）AnimateDiff Loader[Legacy]（动态扩散加载器（上下文））节点的功能为加载动态扩散所需的模型和参数，这些模型和参数用于将静态图像或文本描述转化为动画。其有 3 个重要的输入端，以下是对这 3 个输入端的详细介绍。

- ❑ model：指定使用的文生图模型（Checkpoint 模型）。
- ❑ context_options：采样时使用的可选上下文窗口，用于控制动画的生成方式和长度。如果传入 context_options，则动画总长度没有限制。
- ❑ motion_lora：可选的 motion lora 模型，用于影响运动模型，从而改变动画的特定效果（如放大、缩小、平移及旋转等）。

AnimateDiff Loader[Legacy] 节点具备三项至关重要的参数，唯有深入理解并妥善设置这些参数才能制作出高质量的视频。以下是对这 3 项参数的详细介绍。

- ❑ model_name：用于加载运动模型。
- ❑ beta_schedule：用于控制动画中每一帧的生成质量或平滑度。
- ❑ motion_scale：用于控制动画中运动的强度或幅度。在动态扩散的上下文中，运动通常是通过在关键帧之间插值来模拟的，而 motion_scale 则允许用户调整这种插值程度，从而影响动画中的物体或特征移动的速度和距离。通过增加 motion_scale 的值，用户可以生成更加剧烈和动态的动画效果；相反，降低该值则会使动画看起来更加平缓和缓慢。

（2）Context Options Looped Uniform（动态上下文设置）节点通过逐部分生成动画的方式，确保动画在达到末尾时能够平滑地回到起始点，从而形成循环。在上下文设置中，Standard 表示静态设置，Looped 表示动态设置。与 Standard Static 或 Standard Uniform 等选项不同，Looped Uniform 更注重在动画生成过程中保持采样的均匀性，以确保动画的流畅性和一致性。以下是对该节点一些重要参数的详细介绍。

- ❑ context_length：一次扩散的潜空间变量（latents）数量，即一次生成的帧数。通常设置为 8 的倍数，当设置为 8 时表示一次生成 8 张图片。
- ❑ context_stride：相邻潜在变量之间的最大距离，即步幅。通常设置为 1，表示一帧一张图片。
- ❑ context_overlap：相邻窗口之间重叠的潜空间变量数量，即前后文叠加帧数。通常设置为 2。重叠部分有助于在动画的不同部分之间创建平滑的过渡。
- ❑ closed_loop：当设置为 True 时，表示生成循环动画。在 Looped Uniform 中，这个参数通常是默认启用的，以确保动画能够无缝循环。

（3）Video Combine（合并为视频）节点将生成的图片合并为视频。以下是对该节点的一些重要参数的详细介绍。

- ❑ frame_rate：帧率，设置一秒钟多少帧，通常设置为 8。
- ❑ loop_count：循环次数，一般保持默认值为 0。
- ❑ filename_prefix：文件名前缀。
- ❑ format：生成视频的格式。
- ❑ pix_fmt：编码器。
- ❑ crf：码率。
- ❑ save_metadata：控制是否储存原数据。
- ❑ pingpong：控制生成的视频是否要从头放到尾，再从尾放到头。
- ❑ save_output：是否要保存到 output 文件夹。

6. 进阶用法

若要利用文生视频工作流创作出高质量的视频，掌握一些高级技巧是必不可少的，例如，为提示词添加关键帧处理，以此实现视频中多种效果的变换，或者执行视频补帧处理，使视频画面更为流畅、自然。以下将详细阐述这些进阶用法。

1）使用 ComfyUI_FizzNodes 通过提示词为视频添加关键帧处理

首先，在使用 FizzNodes 为提示词打关键帧时，需要先下载 FizzNodes 插件。可以在 ComfyUI 控制台区域单击 Manager，选择 Install Custom Nodes，搜索 "FizzNodes"（项目网址为 https://github.com/FizzleDorf/ComfyUI_FizzNodes），安装后重启 ComfyUI 即可使用。

其次，在 AnimateDiff 文生视频的工作流基础上创建提示词调度（批次）节点。在 ComfyUI 界面的任意位置右击，在弹出的快捷菜单中依次选择 Add Node | FizzNodes | BatchScheduleNodes 与 Batch Prompt Schedule。

提示词调度（批次）节点的提示词书写也有一定的规则，接下来以摩托车变赛车为例设置关键帧，关键帧设置如下：

```
"0" :"A (motorcycle:1.2) is speeding on the road",
"6" :"A (motorcycle:1.2) is speeding on the road",
"9" :"A (racing car:1.2) is speeding on the road"
```

注意：提示词关键帧的写法为引号中写关键帧数字与提示词，用冒号隔开，最后一个关键帧不带 ","，逗号起连接作用。

最后，单击控制台上的 Queue Prompt 按钮即可生成视频，具体工作流如图 12-7 所示。

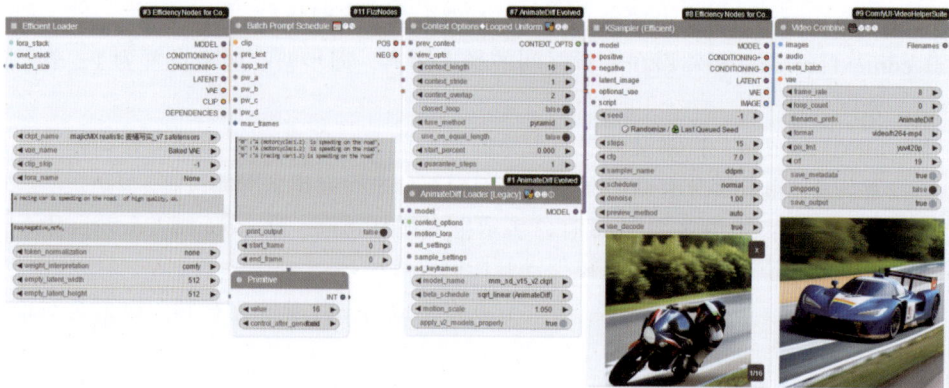

图 12-7　摩托车变赛车

2）ComfyUI-Frame-Interpolation 补帧处理

首先，在使用 Frame-Interpolation 进行补帧处理时需要下载 Frame-Interpolation 插件。可以在 ComfyUI 控制台区域单击 Manager，选择 Install Custom Nodes，搜索 Frame-Interpolation（项目网址为 https://github.com/Fannovel16/ComfyUI-Frame-Interpolation），安装后重启 ComfyUI 即可使用。

其次，创建 RIFE VFI 节点。在 ComfyUI 界面的任意位置右击，在弹出的快捷菜单中依次选择 Add Node | ComfyUI-Frame-Interpolation | VFI | RIFE VFI（recommend rife47 and rife49）。RIFE VFI（recommend rife47 and rife49）节点中也有一些重要的参数，以下是对这些重要参数的介绍。

- ❑ ckpt_name：补帧模型，指定使用的补帧模型名称。建议选择 rife47 或 rife49 模型。
- ❑ clear_cache_after_n_frames：补帧缓存，用于控制在处理一定数量的帧之后是否清除缓存，避免在处理大量数据时耗尽系统资源。默认值为 10，一般建议保持默认即可。
- ❑ multiplier：乘数，用于控制输出帧数的增加倍数。如果原始视频帧率为 30fps，设置乘数为 2，则输出视频的帧率将增加到 60fps。这个参数直接影响补帧的密度和最终视频的流畅度。
- ❑ fast_mode：高速模式，启用此模式可以加快补帧处理的速度。
- ❑ ensemble：集成模型，用于指定是否使用多个模型的集成结果进行补帧。集成模型通常能够提供更稳定、更准确的补帧效果，但会增加计算复杂度和处理时间。
- ❑ scale_factor：缩放因子，用于控制输出视频的分辨率或尺寸。这个参数允许用户根据需要调整输出视频的尺寸，以适应不同的显示设备或需求。然而，需要注意的是，缩放操作可能会影响视频的清晰度和质量。

注意：在使用 RIFE VFI（recommend rife47 and rife49）节点时，因网络问题报错，显示无法下载 RIFE 模型，可在 GitHub 上下载对应的模型，项目网址为 https://github.com/styler00dollar/VSGAN-tensorrt-docker/releases/tag/models，下载完后将其放在 ComfyUI/custom_nodes/ComfyUI-Frame-Interpolation/vfi_models/rife 目录下。

最后，单击控制台上的 Queue Prompt 按钮即可生成视频，视频补帧工作流如图 12-8 所示。

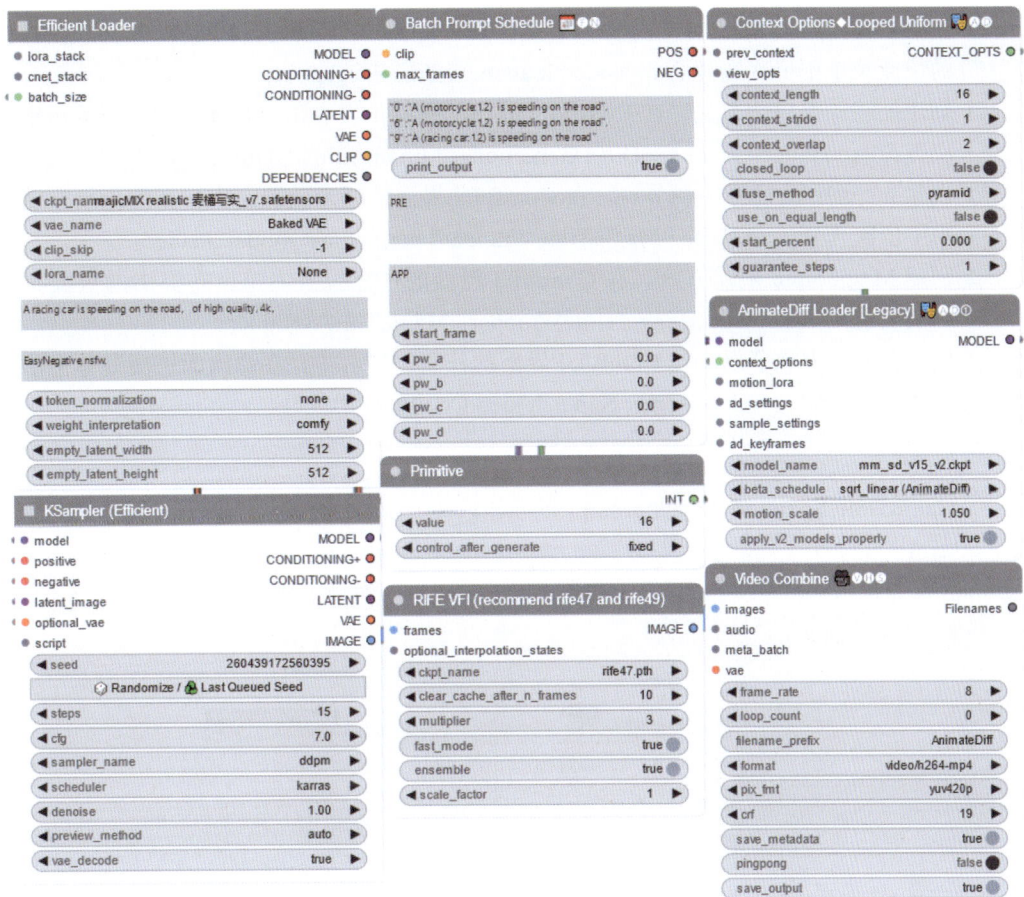

图 12-8　视频补帧工作流

12.2.3　MagicTime 文生视频

MagicTime 是一款由北大团队开发的创新框架，专注于生成可变时间延时视频（Metamorphic Videos）。这款工具的核心功能在于它能够根据用户提供的文本描述，生成展示物体或场景变化过程的延时摄影视频。MagicTime 专注于制作变形时光延续视频，如花朵开放、冰块融化等，并能够学习和应用现实世界的物理规律。通过先进的计算机图形技术和机器学习算法，MagicTime 能够精准捕捉并模拟物体在不同时间状态下的细微变化，从而让视频中的每一个瞬间都显得自然流畅。下面详细介绍使用 MagicTime 的具体操作流程。

1. 下载插件和模型

在 ComfyUI 控制台区域单击 Manager，选择 Install Custom Nodes，搜索 ComfyUI-MagicTimeWrapper（项目网址为 https://github.com/kijai/ComfyUI-MagicTimeWrapper?tab=readme-ov-file），安装后重启 ComfyUI 即可使用。同时，下载适配的模型，MagicTime 的模型会在配置网络的情况下自动下载。

2. 创建工作流节点

使用 MagicTime 工作流需要创建以下节点。

- ❑ 创建 Checkpoint 加载器（简易）节点。在 ComfyUI 界面的任意位置右击，在弹出的快捷菜单中依次选择 Add Node | loaders | Load Checkpoint。
- ❑ 创建加载动态模型节点。在 ComfyUI 界面的任意位置右击，在弹出的快捷菜单中依次选择 Add Node | Animate Diff | Gen2 nodes | Load AnimateDiff Model。
- ❑ 创建 magictime 模型加载节点。在 ComfyUI 界面的任意位置右击，在弹出的快捷菜单中依次选择 Add Node | MagicTimeWrapper | magictime_model_loader。
- ❑ 创建 MagicTime 采样节点。在 ComfyUI 界面的任意位置右击，在弹出的快捷菜单中依次选择 Add Node | MagicTimeWrapper | MagicTime Sampler。
- ❑ 创建合并为视频节点。在 ComfyUI 界面的任意位置右击，在弹出的快捷菜单中依次选择 Add Node | Video Helper Suite | Video Combine。

3. 输入提示词

在 MagicTime Sampler 节点的 prompt 框内输入 The dough starts to smooth, expand, and turn yellow in the oven, and finally turns into fully swollen toasted bread, 作为正向提示词；在 n_prompt 框内输入 bad quality, worse quality, blurry, nsfw，作为正向提示词。

其他参数设置如图 12-9 所示。

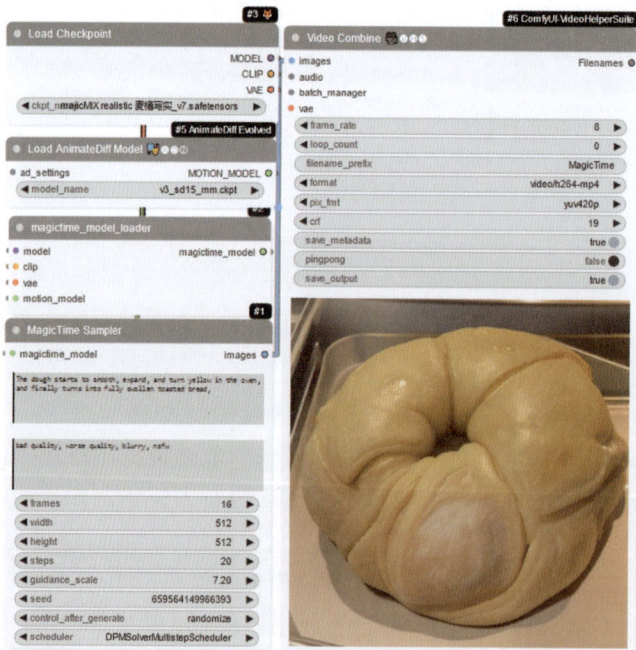

图 12-9　MagicTime 文生视频

4. 生成视频

单击控制台上的 Queue Prompt 按钮即可生成视频，具体工作流如图 12-9 所示。

用户也可在 Hugging Face 上在线使用 MagicTime 生成视频，其网址为 https://huggingface.co/spaces/BestWishYsh/MagicTime。

5. 关键节点介绍

MagicTime 文生视频工作流的重要节点包括 magictime_model_loader 和 MagicTime Sampler。

（1）magictime_model_loader（magictime 模型加载）节点的功能为加载 magictime 模型，用于生成延时视频。

（2）MagicTime Sampler（MagicTime 采样）节点的功能为根据 MagicTime 模型的输出或给定的条件（如文本描述、时间参数等）来采样生成延时视频的中间帧或关键帧。

12.2.4　Deforum 文生视频

Deforum 作为 ComfyUI 的一个插件，专注于生成动画效果。它利用 Stable Diffusion 模型的强大能力，根据用户提供的关键词或图像生成连续变化的动画帧，从而制作出流畅的动画视频。下面详细介绍使用 Deforum 的具体操作流程。

1. 下载插件和模型

在 ComfyUI 控制台区域单击 Manager，选择 Install Custom Nodes，搜索 deforum-comfy-nodes（项目网址为 https://github.com/XmYx/deforum-comfy-nodes），安装后重启 ComfyUI 即可使用。

2. 创建节点工作流

Deforum 工作流通过关键帧的提示词改变图像内容，运用采样迭代生成高质量的图像帧，多次生成并缓存图像以实现动画的连续播放，最终将生成的图像帧拼接成视频并导出保存。下面对需要创建的节点进行逐一介绍。

- ❑ 创建提示词节点。在 ComfyUI 界面的任意位置右击，在弹出的快捷菜单中依次选择 Add Node | deforum、prompt | （deforum）Prompt。
- ❑ 创建一系列参数调整节点。在 ComfyUI 界面的任意位置右击，在弹出的快捷菜单中依次选择 Add Node | deforum | prameters，在 prameters 分类下选择（deforum）Animation Parameters、（deforum）Depth Parameters、（deforum）Translate Parameters、（deforum）ColorMatch Parameters、（deforum）Cadence Parameters、（deforum）Base Parameters、（deforum）Diffusion Parameters、（deforum）Hybrid Schedule 以及（deforum）Noise Parameters 这 9 个节点。
- ❑ 创建加载缓存潜空间节点。在 ComfyUI 界面的任意位置右击，在弹出的快捷菜单中依次选择 Add Node | deforum | cache | （deforum）Load Cached Latent。
- ❑ 创建迭代器节点。在 ComfyUI 界面的任意位置右击，在弹出的快捷菜单中依次选择 Add Node | deforum | logic | （deforum）Iterator Node。
- ❑ 创建加载大模型节点。在 ComfyUI 界面的任意位置右击，在弹出的快捷菜单中依次选择 Add Node | loaders | Load Checkpoint。
- ❑ 创建混合条件节点。在 ComfyUI 界面的任意位置右击，在弹出的快捷菜单中依次选择 Add Node | deforum | conditioning | （deforum）Blend Conditionings。

- □ 创建保存视频节点。在 ComfyUI 界面的任意位置右击，在弹出的快捷菜单中依次选择 Add Node | deforum | video |（deforum）Save Video。
- □ 创建 VAE 编码节点。在 ComfyUI 界面的任意位置右击，在弹出的快捷菜单中依次选择 Add Node | latent | VAE Decode。
- □ 创建 K 采样器节点。在 ComfyUI 界面的任意位置右击，在弹出的快捷菜单中依次选择 Add Node | deforum | sampling |（deforum）KSampler。
- □ 创建帧数变形节点。在 ComfyUI 界面的任意位置右击，在弹出的快捷菜单中依次选择 Add Node | deforum | image |（deforum）Frame Warp。
- □ 创建添加噪声节点。在 ComfyUI 界面的任意位置右击，在弹出的快捷菜单中依次选择 Add Node | deforum | noise |（deforum）Add Noise。
- □ 创建 VAE 编码节点。在 ComfyUI 界面的任意位置右击，在弹出的快捷菜单中依次选择 Add Node | latent | VAE Encode。
- □ 创建缓存潜空间节点。在 ComfyUI 界面的任意位置右击，在弹出的快捷菜单中依次选择 Add Node | deforum | cache |（deforum）Cached Latent。

3. 生成视频

创建完工作流后，单击控制台上的 Queue Prompt 按钮即可生成视频，具体工作流如图 12-10 所示。

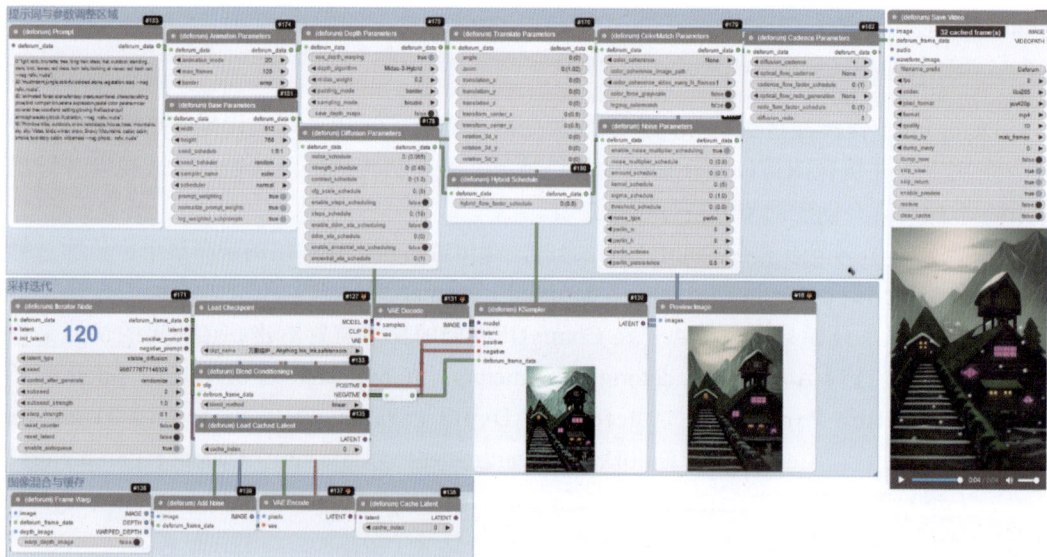

图 12-10　Deforum 工作流

注意：一次视频生成完毕之后，如果想要再次生成新的视频，必须将（deforum）Save Video 节点中 clear_cache 参数设置为 True 以清除缓存，否则再次生成的视频将续接在上一次视频之后。

4. 重要节点介绍

在 Deforum 工作流中，存在若干至关重要的节点，它们对于理解和操作整个流程具有重要意义。接下来将对这些关键节点进行详细介绍。

（1）Prompt（提示词）节点的功能为引导生成视频的内容。提示词的写法也具有一定的规则，具体写法如下：

0:" tiny cute swamp bunny, highly detailed, intricate, ultra hd, sharp photo, crepuscular rays, in focus, 4k, landscape --neg nsfw, nude",

30:" anthropomorphic clean cat, surrounded by mandelbulb fractals, epic angle and pose, symmetrical, 3d, depth of field --neg nsfw, nude"

在上述提示词中，数字 0、30 代表视频中的帧数，用冒号将帧数与提示词隔开，在引号中填入正向和负向提示词，负向提示词的写法为英文状态下的两个短横线加 neg 加空格和负向提示词，关键帧提示词之间用逗号连接，最后一个关键帧结尾不加逗号。

（2）Animation Parameters（动画参数）节点有 3 个重要参数，以下是对这 3 个参数的详细介绍。

❑ animation_mode：决定动画的生成模式，包括无动画（none）、2D 动画、3D 动画、基于视频输入的动画（Video Input）以及插值动画（Interpolation）。

❑ max_frames：设置生成视频的最大帧数，直接控制视频的时长。

❑ border：处理图像边缘的方式，有包围（wrap）、重复（replicate）和清零（zeros）3 种选项。

（3）Base Parameters（基本参数）节点有一些重要的参数，以下是对这些参数的详细介绍。

❑ width 和 height：分别设置视频的宽度和高度。

❑ seed_schedule 和 seed_behavior：与随机种子相关，影响生成图像的随机性和一致性。

❑ sampler_name：指定采样器的名称。

❑ scheduler：调度器设置。

❑ prompt_weighting 和 normalize_prompt_weights：用于调整提示词的权重，影响图像内容的生成。

❑ log_weighted_subprompts：与提示词子权重相关的日志记录或处理。

（4）Cadence Parameters（节奏参数）节点有一些重要的参数，以下是对这些参数的详细介绍。

❑ diffusion_cadence：控制扩散过程的节奏，影响视频的流畅度和处理时间。数值越大，视频越跳跃，处理时间越快；数值越小，视频流畅度越高，处理时间越慢。建议值在 2 ～ 4 之间。

❑ optical_flow_cadence：光流节奏，用于估计图像间像素或特征的移动，影响视频的连贯性。

❑ cadence_flow_factor_schedule：节奏流系数表。

❑ optical_flow_redo_generation：光流重做生成。

❑ redo_flow_factor_schedule：重做流系数表。

❑ diffusion_redo：扩散重做。

（5）ColorMatch Parameters（配色参数）节点有一些重要的参数，以下是对这些参数的详细介绍。

- ❑ color_coherence：颜色连贯性，用于控制图像配色的连贯性和一致性，可以指定参考图像或视频。
- ❑ color_coherence_imag_path：色彩连贯成像路径。
- ❑ color_coherence_video_every_N_frames：每 N 帧保持视频颜色一致。
- ❑ color_force_grayscale：设置为 True，表示强制将图像转换为灰度图。
- ❑ legacy_colormatch：设置为 True，表示选择运用传统配色。

（6）Depth Parameters（深度参数）节点有一些重要的参数，以下是对这些参数的详细介绍。

- ❑ use_depth_wraping：使用深度包装，与图像深度信息的使用和处理相关，可用于生成具有深度感的 3D 效果。
- ❑ depth_algorithm：深度算法。
- ❑ midas_weight：Midas 权重。
- ❑ padding_mode：填充模式。
- ❑ sampling_mode：采样模式。
- ❑ save_depth_maps：保存深度图。

（7）Diffusion Parameters（扩散参数）节点有一些重要的参数，以下是对这些参数的详细介绍。

- ❑ noise_schedule：控制生成过程中的噪声强度，影响图像的清晰度。数值太小会导致画面变得模糊，数值太大会导致画面噪顶过多，建议设置在 0.02 ～ 0.06 之间。
- ❑ strength_schedule：控制参考图像的强度，即当前帧与前一帧的相似度。数值越大，当前帧图像的画面会与前一帧越相像，数值过大也可能导致画面变得模糊；数值越小，图像与前一帧图像的关联越小，画面的跳跃感越明显，建议设置在 0.55 ～ 0.7 之间。
- ❑ contrast_schedule：调整图像的对比度。数值越高画面越鲜艳，默认值为 1。如果需要调整，建议调整幅度为 0.01。
- ❑ cfg_scale_schedule：CFG 规模表。
- ❑ enable_steps_scheduling：启用步骤调度。
- ❑ steps_schedule：步骤调度。
- ❑ enable_ddim_eta_scheduling：启用 ddim-eta 调度。
- ❑ ddim_eta_schedule：ddim-eta 调度。
- ❑ enable_ancestral_eta_scheduling：启用 ancestral-eta 调度。
- ❑ ancestral_eta_schedule：ancestral-eta 调度。

（8）Hybrid Parameters（混合参数）节点有一些重要的参数，以下是对这些参数的详细介绍。

- ❑ hybrid_use_first_frame_as_init_image：设置为 True，表示使用第一帧作为初始图像。
- ❑ hybrid_motion：混合动力运动，与图像间运动估计和混合相关，用于生成更自然的动画效果。
- ❑ hybrid_motion_use_prev_img：混合运动使用前置图像。

❑ hybrid_flow_consistency：混合流一致性。

❑ hybrid_consistency_blur：混合一致性模糊。

❑ hybrid_flow_method：混合流法。

❑ hybrid_composite：混杂复合。

（9）Noise Parameters（噪声参数）节点有一些重要的参数，以下是对这些参数的详细介绍。

❑ enable_noise_multiplier_scheduling：启用噪声倍增器调度，控制生成过程中噪声的添加，可以影响图像的纹理和细节。

❑ noise_multiplier_schedule：噪声倍增器调度。

❑ amount_schedule：噪声量调度，即噪声的密度或强度。

❑ kernel_schedule：内核调度。

❑ threshold_schedule：阈调度。

❑ noise_type：指定使用的噪声类型，包括均匀噪声（uniform）以及 Perlin 噪声（perlin）。不同类型的噪声具有不同的统计特性和视觉效果。

❑ perlin_w 和 perlin_h：定义噪声生成网格的宽度和高度

❑ perlin_octaves、perlin_persistence：这些参数特定于 Perlin 噪声，是一种常用于图形和动画中的噪声类型，能够生成自然且连续的噪声纹理。

（10）（deforum）Translate Parameters（转换参数）节点有一些重要的参数，以下是对这些参数的详细介绍。

❑ angle：控制图像或视频主体的旋转角度。正值表示顺时针旋转，负值表示逆时针旋转。括号中的数值定义旋转的速率或增量。例如，0:(0) 表示不旋转，0:(1) 代表从第一帧图像开始之后的每一帧图像主体都顺时针旋转一个角度。

❑ zoom：控制镜头的变焦效果。如果括号中的数字为 1 则表示镜头没有变化；如果大于 1 则代表镜头推进，视频主体会变大；括号中的数字在 0 ～ 1 之间则代表镜头拉远，视频主体会变小。例如，0:(1.02) 表示每帧图像放大 2%，从第一帧开始之后每一帧图像主体都逐渐变大，到第 100 帧图像，主体放大 2 倍（0.02*100）。而复杂的表达式如 0:(1.0025+0.002*sin(1.25*3.14*t/30)) 则可以实现更复杂的变焦效果，如周期性地放大、缩小。

❑ translation_x：控制图像在水平方向上的平移。0:(10),60:(0) 代表从第一帧图像开始之后的每一帧图像主体都向右平移 10 像素，从第 60 帧开始到最后一帧图像主体保持不变。括号中的数字为 0 则表示不平移；为正则表示向右平移；为负则表示向左平移。

❑ translation_y：控制图像在垂直方向上的平移。0:(10),60:(0) 代表从第一帧图像开始之后的每一帧图像主体都向上平移 10 个像素，从第 60 帧开始到最后一帧图像主体保持不变。括号中的数字为 0 则表示不平移；为正数则表示向上平移；为负数则表示向下平移。

❑ translation_z：控制图像在三维空间中前后方向上的平移。

❑ translation_center_x：图像中心点 X 的值。

❑ translation_center_y：图像中心点 Y 的值。translation_center_x 和 translation_center_y 定义图像旋转、缩放和平移的中心点，这对于确保变换效果符合预期非常重要，其具体值代表位置如图 12-11 所示。

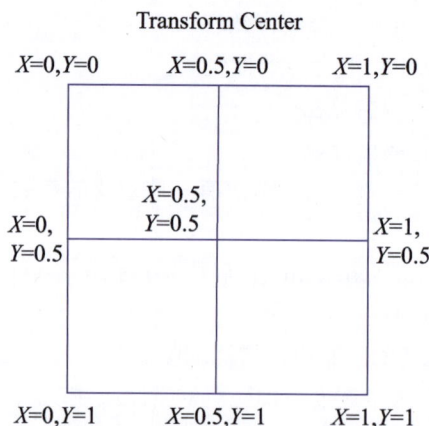

图 12-11　Translation_center_x 和 Translation_center_y 的数值位置表示

❑ rotation_3d_x、rotation_3d_y、rotation_3d_z：用于控制图像在三维空间中的旋转，在创建具有深度感和复杂动态变化的视频时特别有用。

（11）（deforum）Iterator Node（迭代器）节点有一些重要的参数，以下是对这些参数的详细介绍。

❑ latent_type：控制潜空间的类型。

❑ seed：随机数种子，用于确保每次生成的视频具有可重复性。不同的种子将产生不同的输出。

❑ control_after_generate：控制生成之后是否允许对结果进行进一步调整，包括固定、增加、减少以及随机 4 种。

❑ subseed：用于生成过程中某个特定阶段的随机数种子。

❑ subseed_strength：控制随机性对最终结果的影响程度。这有助于在保持整体一致性的同时，增加生成结果的多样性。

❑ reset_counter：重置计数器。当设置为 True 时，会重置与迭代次数相关的计数器。

❑ reset_latent：重置潜空间。当设置为 True 时，会重置潜空间的状态。通常在完成一次视频或图像序列的生成后使用，以便能够开始生成一个新的、不同的序列。reset_counter 与 reset_latent 两个参数通常一起使用，以确保从干净的状态开始新的生成过程。

❑ enable_autoqueue：控制是否自动排队进行下一轮迭代或处理。设置为 True 可以自动化工作流程，减少手动操作的需要。

12.3　图生视频工作流

　　图生视频是指根据图片生成视频。ComfyUI 提供了多种图像到视频（Image-to-Video）的生成模型，如 SVD 模型。用户只需要上传一张或多张图片，选择相应的模型和参数，即可生成以这些图片为基础的视频内容。这种工作流特别适用于将静态图片转化为动态视频，如将风景图片转化为风景视频，或将人物图片转化为人物动作视频等。与此相同的还有 DiffSynth-Studio、DynamiCrafter、ToonCrafter、MuseV 等。

12.3.1　SVD 图生视频

在 ComfyUI 中使用 SVD 图生视频的操作与 12.2.1 节 SVD 文生视频的操作类似，只是在 SVD 文生视频工作流基础上删除了生成图片这个模块，并将这个模块改为加载图像节点，下面介绍 SVD 图生视频的具体使用方法。

1. 创建工作流节点

使用 SVD 图生视频工作流需要创建相应节点，下面对需要创建的节点逐一进行介绍。

- ❏ 创建仅图片加载节点。在 ComfyUI 界面的任意位置右击，在弹出的快捷菜单中依次选择 Add Node | loaders | video_models | Image Only Checkpoint Loader（img2vid model）。
- ❏ 创建加载图像节点。在 ComfyUI 界面的任意位置右击，在弹出的快捷菜单中依次选择 Add Node | image | Load image。
- ❏ 创建 SVD 图像到视频 _ 条件节点。在 ComfyUI 界面的任意位置右击，在弹出的快捷菜单中依次选择 Add Node | conditioning | video_models | SVD_img2vid_Conditioning。
- ❏ 创建线性 CFG 引导节点。在 ComfyUI 界面的任意位置右击，在弹出的快捷菜单中依次选择 Add Node | sampling | video_models | VideoLinerCFGGuidance。
- ❏ 创建 K 采样器（效率）节点。在 ComfyUI 界面的任意位置右击，在弹出的快捷菜单中依次选择 Add Node | Efficiency Nodes | Sampling | Ksampler（Efficient）。
- ❏ 创建合并为视频节点。在 ComfyUI 界面的任意位置右击，在弹出的快捷菜单中依次选择 Add Node | Video Helper Suite | Video Combine。

2. 参数调整

创建完成工作流后，可以通过调节 VideoLinerCFGGuidance、SVD_img2vid_Conditioning 以及 Ksampler（Efficient）节点的参数，使视频更加流畅、自然，具体参数详见 12.2.1 节。

3. 生成视频

调整完节点参数之后，单击控制台的 Queue Prompt 即可生成视频，具体工作流如图 12-12 所示，SVD 图生视频效果如图 12-13 所示。

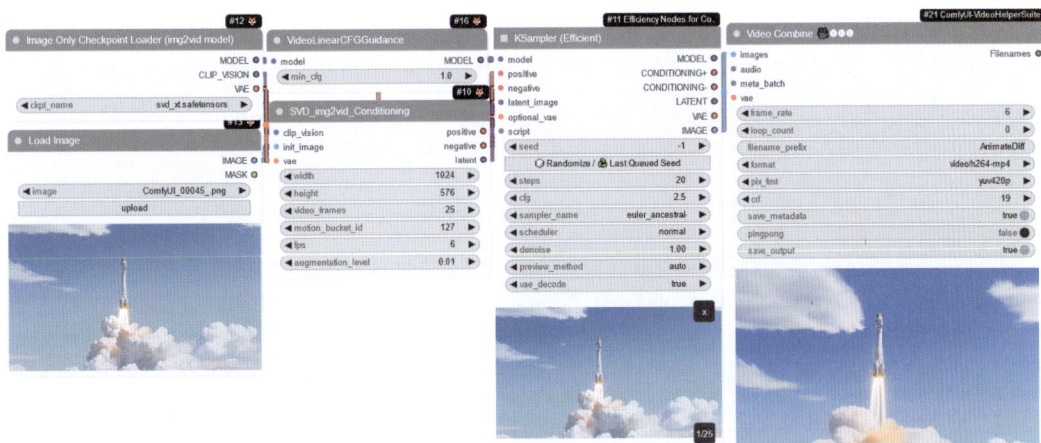

图 12-12　SVD 图生视频工作流

第1帧　　第10帧

第20帧　　第25帧

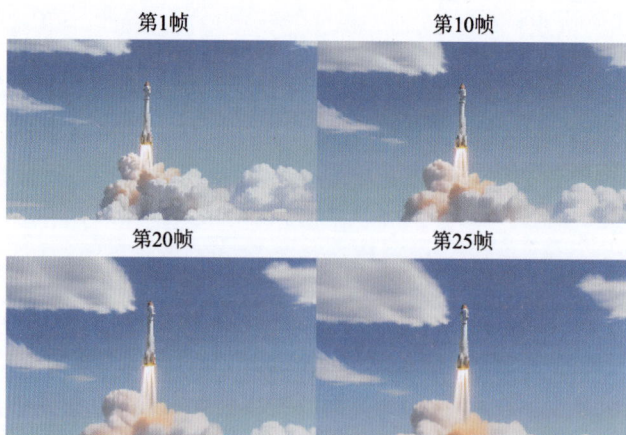

图 12-13　SVD 图生视频效果展示

12.3.2　DiffSynth-Studio 图生视频

DiffSynth-Studio 是一款创新的开源项目，它集成了先进的机器学习技术和多种模型架构，为用户提供了强大的图像和视频生成能力。其基于深度学习的扩散引擎，通过高效的算法和丰富的模型支持，实现高质量的图像和视频生成。下面对其功能进行详细介绍。

❑ 图像合成：DiffSynth-Studio 能够生成高分辨率的图像，分辨率高达 4096×4096，突破了传统的扩散模型的限制。

❑ 视频创作：通过 ExVideo 技术可以生成长达 128 帧的稳定视频，拓展短视频的创作边界。

❑ 动画制作：提供 Diffutoon 解决方案，将现实视频转化为卡通风格，为动画制作提供新视角。

❑ 视频风格化：不需要视频模型即可实现视频的风格转换，创作出独一无二的作品。

在了解完 DiffSynth Studio 的功能之后，接下来详细介绍图生视频的具体使用方法。

1. 安装插件

用户在使用 DiffSynth-Studio 时，需要先下载 ComfyUI-DiffSynth-Studio 插件，可在 ComfyUI 控制台区域单击 Manager，选择 Install Custom Nodes，搜索 ComfyUI-DiffSynth-Studio（项目网址为 https://github.com/AIFSH/ComfyUI-DiffSynth-Studio），安装后重启 ComfyUI 即可使用。

2. 创建工作流节点

在安装完插件之后，需要创建工作流节点，下面对需要创建的节点进行逐一介绍。

❑ 创建加载图像节点。在 ComfyUI 界面的任意位置右击，在弹出的快捷菜单中依次选择 Add Node | image | Load Image。

❑ 创建 SD 路径加载器节点。在 ComfyUI 界面的任意位置右击，在弹出的快捷菜单中依次选择 Add Node | AIFSH_DiffSynth-Studio | SDPathLoader。

❑ 创建 EX 视频节点。在 ComfyUI 界面的任意位置右击，在弹出的快捷菜单中依次选择 Add Node | AIFSH_DiffSynth-Studio | ExVideoNode。

□ 创建预览视频节点。在 ComfyUI 界面的任意位置右击，在弹出的快捷菜单中依次选择 Add Node | V-Express | PreViewVideo。

3. 生成视频

创建完工作流之后，单击控制台上的 Queue Prompt 按钮即可生成视频，具体工作流如图 12-14 所示。

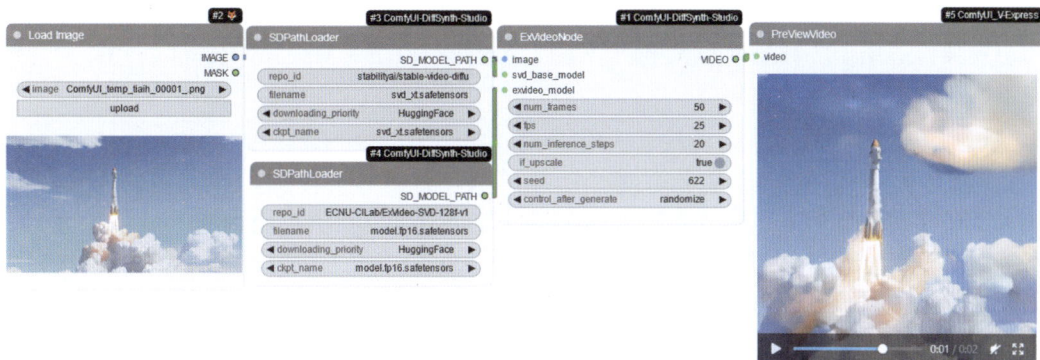

图 12-14　DiffSynth Studio 图生视频工作流

4. 重要节点介绍

ExVideonode（EX 视频）节点通过结合输入的图像、SVD 基础模型和 Exvideo 模型生成或修改视频内容。它允许用户通过调整不同的参数来控制视频的生成过程，包括视频的帧率、推理步骤数、是否放大视频等。以下是对该节点输入端和输出端的详细介绍。

□ image：用于连接需要转视频的图像，该图像将被用作视频中的一帧或多帧的基础。

□ svd_base_model：用于连接 SVD 基础模型。

□ exvideo_model：用于连接 Exvideo 模型。

□ video：ExVideoNode 的最终输出，是一个包含处理或生成的视频内容的文件。这个视频可以根据输入的图像、模型和参数的不同而具有不同的内容、长度和质量。

ExVideoNode 节点有几个重要的参数，唯有深入理解并妥善设置这些参数，才能制作出高质量的视频。以下是对这些参数的详尽阐释。

□ num_frames：指定生成的视频中的帧数，其决定了视频的长度。

□ fps：帧率，即每秒播放的帧数。默认值为 6，但可以根据需要调整。较高的帧率会使视频看起来更流畅，但也会增加文件大小和处理时间。建议设置为 6 或 8。

□ num_inference_steps：推理步骤数。

□ if_upscale：用于指示是否在生成视频后对其进行放大处理。放大可以提高视频的分辨率，但也可能引入一些模糊或失真。当设置为 True 时表示放大。

□ seed：随机数种子，用于确保结果的可重复性。相同的种子和参数将产生相同的输出。

□ control_after_generate：控制生成之后是否允许对结果进行进一步调整，包括固定、增加、减少以及随机 4 种。

12.3.3　其他图生视频工作流

其他图生视频工作流还包括 DynamiCrafter、ToonCrafter、MuseV，以下是对这些工作流的详细介绍。

1. DynamiCrafter

DynamiCrafter 是由香港中文大学、腾讯 AI LAB 等团队联合研发的一个先进的 AI 视频生成模型。该模型具有极高的灵活性，能够结合静态图像和文本提示，瞬间生成逼真的动态视频，适用于多种场景和风格的动态内容创作。以下是对使用 DynamiCrafter 的详细介绍。

1）下载插件和模型

在 ComfyUI 控制台区域单击 Manager，选择 Install Custom Nodes，搜索 ComfyUI-DynamiCrafterWrapper（项目网址为 https://github.com/kijai/ComfyUI-DynamiCrafterWrapper/），安装后重启 ComfyUI 即可使用 DynamiCrafter 与 ToonCrafter（如果有网络设置，则可自动下载模型）。

2）创建工作流节点

使用 DynamiCrafter 图生视频工作流，需要创建如下节点。

- ❑ 创建加载图像节点。在 ComfyUI 界面的任意位置右击，在弹出的快捷菜单中依次选择 Add Node | image | Load image。
- ❑ 创建 DynamiCrafter 模型加载节点。在 ComfyUI 界面的任意位置右击，在弹出的快捷菜单中依次选择 Add Node | DynamiCrafterWrapper | DynamiCrafterModelLoader。
- ❑ 创建下载并加载 CLIP 视觉模型的节点。在 ComfyUI 界面的任意位置右击，在弹出的快捷菜单中依次选择 Add Node | DynamiCrafterWrapper | DownloadAndLoadCLIPVisionModel。
- ❑ 创建下载并加载 CLIP 模型的节点。在 ComfyUI 界面的任意位置右击，在弹出的快捷菜单中依次选择 Add Node | DynamiCrafterWrapper | DownloadAndLoadCLIPModel。
- ❑ 创建 DynamiCrafter 图像到视频节点。在 ComfyUI 界面的任意位置右击，在弹出的快捷菜单中依次选择 Add Node | DynamiCrafterWrapper | DynamiCrafterI2V。
- ❑ 创建合并为视频节点。在 ComfyUI 界面的任意位置右击，在弹出的快捷菜单中依次选择 Add Node | Video Helper Suite | Video Combine。

3）输入提示词

在与 DynamiCrafterI2V 节点的 positive 端口相连的 CLIP Text Encode（Prompt）框内输入 A rocket,launching into the sky,high-quality,4k, 作为正向提示词；在与 DynamiCrafterI2V 节点的 negative 端口相连的 CLIP Text Encode（Prompt）框内输入 EasyNegative,nsfw, 作为反向提示词。

其他参数设置如图 12-15 所示。

4）生成视频

单击控制台上的 Queue Prompt 按钮即可生成视频，具体工作流如图 12-15 所示。鉴于笔者当前计算机显存资源的限制，无法直接展示生动的工作流效果，官方效果展示如图 12-16 所示。同时，用户也可以在 Hugging Face 上在线使用 DynamiCrafter，网址为 https://huggingface.co/spaces/Doubiiu/DynamiCrafter。

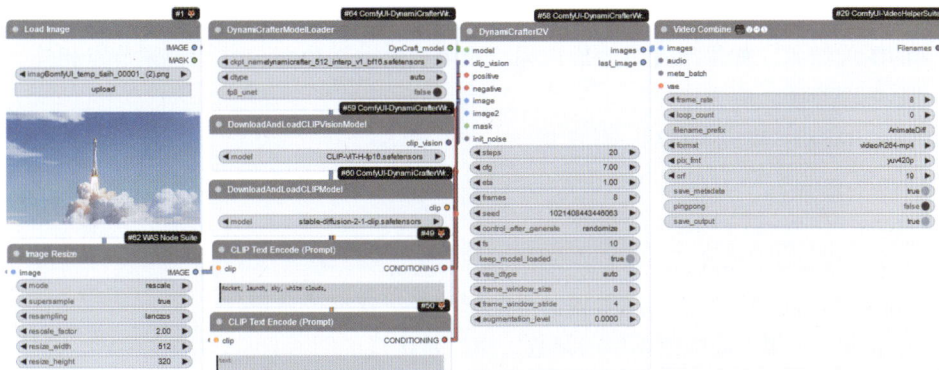

图 12-15　DynamiCrafter 图生视频工作流

图 12-16　DynamiCrafter 官方效果展示

5）重要节点介绍

DynamiCrafterI2V（DynamiCrafter 图像到视频）节点允许用户将一张或多张静态图像转换为动态视频。通过结合大模型、CLIP 视觉模型、提示词以及可能的蒙版和初始噪声，它可以生成一系列连续变化的图像帧，进而合成为视频。以下是对该节点输入端和输出端的详细介绍。

❑ model：连接用于图像和视频生成的大模型。

❑ clip_vision：用于连接 CLIP 视觉模型。

❑ positive：用于连接正向提示词，这些提示词将指导生成过程朝着特定的视觉风格或内容发展。

❑ negative：用于连接负向提示词，避免生成不希望出现的内容。

❑ image：用于连接需要转视频的图像，作为生成视频的初始帧。

❑ image2（可选）：用于连接需要转视频的图像，作为生成视频的最后一帧。

❑ mask（可选）：蒙版，用于指定图像中哪些区域应该发生变化或保持不变。

❑ init_noise（可选）：初始噪声，可以影响生成过程的随机性。

- images：输出图像。如果 DynamiCrafterI2V 配置为生成单帧图像，则此输出为最终的图像结果。如果配置为生成视频，则需要将此输出与合并为视频节点相连，以将多个图像帧合成为视频。
- last_image：生成的最后一帧图像。

DynamiCrafterI2V 节点有几个重要的参数，以下是对这些参数的详细介绍。

- steps：生成过程中迭代的步数。
- cfg：提示词引导系数。
- eta：与生成过程相关的超参数，可能影响生成速度或质量。
- frames：希望生成的视频中的帧数，也表示生成的图片数量。
- seed：随机数种子，用于确保结果的可重复性。
- control_after_generate：控制生成之后是否允许对结果进行进一步调整，包括固定，增加，减少以及随机 4 种。
- fs：帧率。
- keep_model_loaded：是否保持模型在内存中加载，以加快连续生成的速度。当设置为 True 时，表示保持模型在内存中加载。
- vae_dtype：VAE 的数据类型。
- frame_window_size：在生成视频时考虑的帧窗口大小。
- frame_window_stride：帧窗口的跨步，影响帧之间的重叠程度。
- augmentation_level：增强水平，用于增加生成图像的多样性。

2．ToonCrafter

ToonCrafter 作为腾讯 AI 实验室推出的生成式卡通插值工具，其在技术上与 DynamiCrafter 有着紧密的联系。可以认为，ToonCrafter 是在 DynamiCrafter 模型基础上针对卡通动画领域进行优化的产物。它专注于在两帧卡通图像之间生成流畅的过渡动画，从而提升卡通作品的质量和连贯性。以下是对使用 ToonCrafter 的详细介绍。

1）下载插件和模型

在 ComfyUI 控制台区域单击 Manager，选择 Install Custom Nodes，搜索 ComfyUI-DynamiCrafterWrapper（项目网址为 https://github.com/kijai/ComfyUI-DynamiCrafterWrapper/），安装后重启 ComfyUI 即可使用 DynamiCrafter 与 ToonCrafter（如果有网络设置，则可自动下载模型）。

2）创建工作流节点

使用 ToonCrafter 图生视频工作流，需要创建如下节点。

- 创建加载图像节点。在 ComfyUI 界面的任意位置右击，在弹出的快捷菜单中依次选择 Add Node | image | Load image。
- 创建 DynamiCrafter 模型加载节点。在 ComfyUI 界面的任意位置右击，在弹出的快捷菜单中依次选择 Add Node | DynamiCrafterWrapper | DynamiCrafterModelLoader。
- 创建下载并加载 CLIP 视觉模型节点。在 ComfyUI 界面的任意位置右击，在弹出的快捷菜单中依次选择 Add Node | DynamiCrafterWrapper | DownloadAndLoadCLIPVisionModel。
- 创建下载并加载 CLIP 模型节点。在 ComfyUI 界面的任意位置右击，在弹出的快捷

菜单中依次选择 Add Node | DynamiCrafterWrapper | DownloadAndLoadCLIPModel。

- ❑ 创建 ToonCrafter 插值节点。在 ComfyUI 界面的任意位置右击，在弹出的快捷菜单中依次选择 Add Node | DynamiCrafterWrapper | ToonCrafterInterpolation。
- ❑ 创建 ToonCrafter 解码节点。在 ComfyUI 界面的任意位置右击，在弹出的快捷菜单中依次选择 Add Node | DynamiCrafterWrapper | ToonCrafterDecode。
- ❑ 创建合并为视频节点。在 ComfyUI 界面的任意位置右击，在弹出的快捷菜单中依次选择 Add Node | Video Helper Suite | Video Combine。

3）输入提示词

在 CLIP Text Encode（Prompt）框内输入 A rocket, launching into the sky, high-quality, 4k, 作为正向提示词；在 CLIP Text Encode（Prompt）框内输入 EasyNegative,nsfw, 作为反向提示词。其他参数设置如图 12-17 所示。

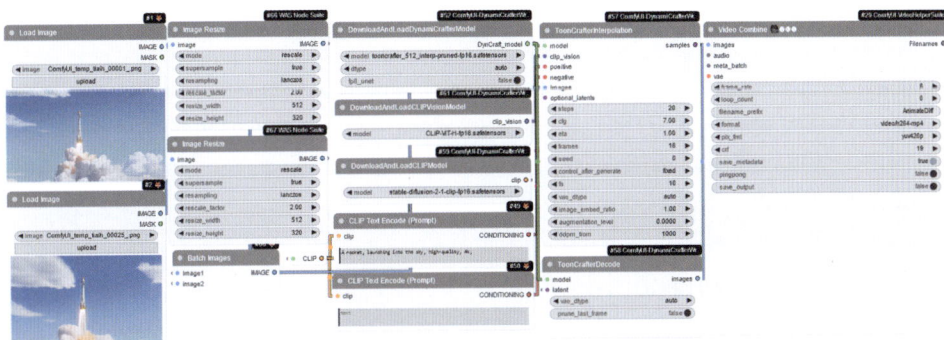

图 12-17　ToonCrafter 图生视频工作流

4）生成视频

单击控制台的 Queue Prompt 即可生成视频。鉴于笔者计算机显存资源的限制，无法直接展示生动的工作流效果，因此只展示工作流，具体工作流如图 12-17 所示。官方效果展示如图 12-18 所示。

5）关键节点介绍

ToonCrafterInterpolation（ToonCrafter 插值）节点允许用户在两个或多个图像之间进行插值，生成一系列过渡图像，通常用于创建动画或平滑的视觉效果。同时，ToonCrafterInterpolation 节点还结合了文本提示词和模型来指导插值过程。以下是对该节点输入端和输出端的详细介绍。

- ❑ model：连接用于插值的大模型。
- ❑ clip_vision：用于连接 CLIP 视觉模型。
- ❑ positive：连接正向提示词，影响插值过程中的视觉风格或内容。
- ❑ negative：连接负向提示词，避免插值过程中出现不希望的内容。
- ❑ images：连接需要进行插值的源图像列表。
- ❑ optional_latents（可选）：提供可选的潜空间，用于控制插值过程的细节。
- ❑ samples：输出一系列插值生成的图像，这些图像展示了从源图像到目标图像（或多个目标图像）的平滑过渡。

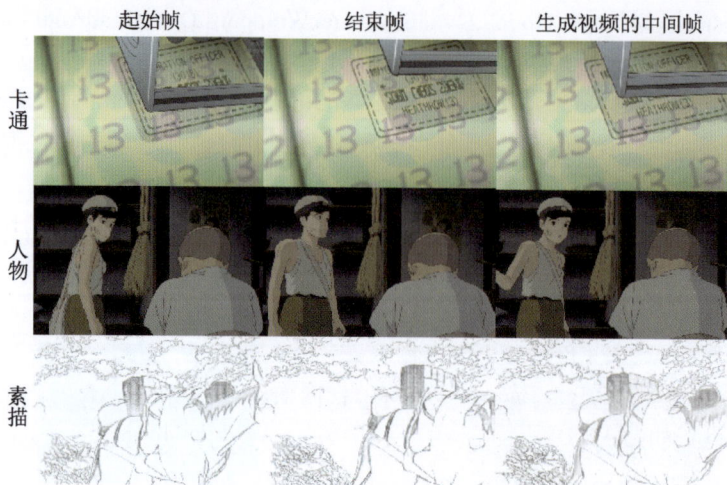

图 12-18　ToonCrafter 官方效果展示

ToonCrafterInterpolation 节点有几个重要的参数，以下是对这些参数的详细介绍。

❑ steps：插值过程中的迭代步数。

❑ cfg：配置参数。

❑ eta：与插值过程相关的超参数。

❑ frames：希望生成的插值图像帧数。

❑ seed：随机数种子。

❑ control_after_generate：控制生成之后是否允许对结果进行进一步调整，包括固定、增加、减少以及随机 4 种。

❑ fs：帧率。

❑ vae_dtype：VAE 的数据类型。

❑ image_embed_ratio：图像嵌入的比例，可能影响插值结果的风格或内容。

❑ augmentation_level：增强水平，用于增加插值图像的多样性。

❑ ddpm_from：与 DDPM（去噪扩散概率模型）相关的参数。

3. MuseV

MuseV 是一个由腾讯音乐娱乐天琴实验室开源的虚拟人视频生成框架，该项目的网址为 https://github.com/chaojie/ComfyUI-MuseV。它基于扩散模型，采用了新颖的视觉条件并行去噪方案，专为生成高质量的虚拟人视频和人物口型同步而设计，以下是对其技术特点的详细介绍。

❑ 无限长度视频生成：MuseV 突破了传统 AI 视频生成技术的短视频限制，通过并行去噪方案，理论上可以生成无限时长的视频，使用户的创意得到无限延伸。

❑ 高保真和一致性：利用先进的算法，MuseV 能够制作出具有高度一致性和自然表情的长视频内容，使虚拟人物看起来更自然和真实。

❑ 多功能性：支持 Image2Video（图像到视频）、Text2Image2Video（文本到图像再到视频）和 Video2Video（视频到视频）等多种功能模式，满足不同创作需求。

❑ 多参考图像技术：支持 IPAdapter、ReferenceOnly、ReferenceNet、IPAdapterFaceID

等多参考图像技术，从而进一步提升视频质量。

- 自定义动作和风格：支持通过 Openpose 技术自定义生成动作，提供更大的创作自由度。同时，无论是写实风格还是二次元风格，MuseV 都能生成效果稳定的视频。

12.4　视频风格转绘工作流

视频风格转绘工作流允许用户将现有视频的风格进行转换或重绘成新的风格视频。例如，可以将真实视频重绘为动漫风格，或者使用新的人物形象重放视频中的人物动作。ComfyUI 提供了多种视频转绘工具和方法，如使用 Animatediff 工具结合闪电模型进行视频风格转换，可以大幅提升视频的生成速度和稳定性。这种工作流为用户提供了更多的创意空间，使视频内容更加丰富多彩。本节将介绍如何使用 Animatediff 和 DiffSynth-Studio 工作流进行视频转绘。

12.4.1　AnimateDiff 视频转绘

在 ComfyUI 中使用 AnimateDiff 视频转绘的操作与 12.2.2 节 AnimateDiff 文生视频的操作类似，只是在 AnimateDiff 文生视频工作流的基础上删掉了生成图片这个模块，并将这个模块改为加载视频节点，以下是对使用 AnimateDiff 进行视频转绘的详细介绍。

1. 创建工作流节点

使用 AnimateDiff 进行视频转绘需要在 AnimateDiff 文生视频的工作流上添加加载视频节点与 ControlNet 节点，以下是对需要添加的节点的详细介绍。

- 创建加载视频节点。在 ComfyUI 界面的任意位置右击，在弹出的快捷菜单中依次选择 Add Node | Video Helper Suite | Load Video（Upload）。
- 创建加载 ControlNet 模型节点。在 ComfyUI 界面的任意位置右击，在弹出的快捷菜单中依次选择 Add Node | loaders | Load ControlNet Model。
- 创建 Aux 集成预处理器节点。在 ComfyUI 界面的任意位置右击，在弹出的快捷菜单中依次选择 Add Node | ControlNet Preprocessors | AIO Aux Preprocessor。
- 创建 ControlNet 应用节点。在 ComfyUI 界面的任意位置右击，在弹出的快捷菜单中依次选择 Add Node | conditioning | Apply ControlNet。

注意：根据不同的视频类型，选择不同的 ControlNet 模型与预处理器。例如，如果需要转绘美女跳舞的视频，可以选择 openpose、depth、canny 的模型和预处理器，可以单个控制使用，也可以多个控制叠加使用。

2. 输入提示词

在 CLIP_POSITIVE 框内输入 1 girl, anime style, beautiful,High quality, detail, high resolution, 4k 作为正向提示词；在 CLIP_NEGATIVE 框内输入 embedding:easynegative, bad hands, hat, bracelet, (worst quality, low quality: 1.3), zombie, horror, distorted, photo 作为反向提示词。

其他参数设置如图 12-19 所示。

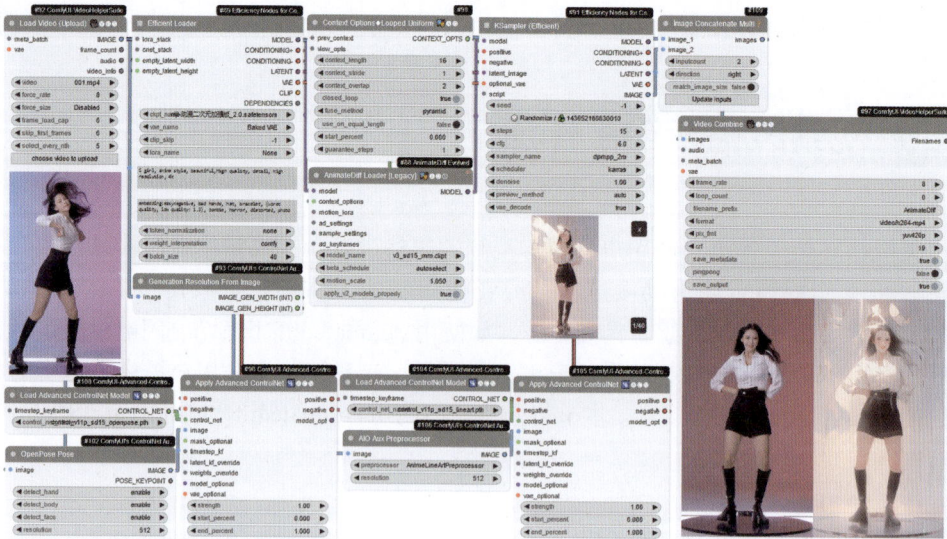

图 12-19　AnimateDiff 视频转绘工作流

3．生成视频

单击控制台上的 Queue Prompt 按钮即可生成视频，具体工作流如图 12-19 所示，AnimateDiff 视频转绘效果如图 12-20 所示。

图 12-20　AnimateDiff 视频转绘效果展示

12.4.2　DiffSynth-Studio 视频转绘

使用 DiffSynth-Studio 工作流进行视频转绘，其工作流节点与模型安装详见 12.3.2 节，下面介绍视频转绘的具体使用方法。

1.　创建工作流节点

使用 DiffSynth-Studio 视频转绘工作流，需要创建如下节点。

- 创建加载视频节点。在 ComfyUI 界面的任意位置右击，在弹出的快捷菜单中依次选择 Add Node | AIFSH_DiffSynth-Studio | LoadVideo。
- 创建 SD 路径加载器节点。在 ComfyUI 界面的任意位置右击，在弹出的快捷菜单中依次选择 Add Node | AIFSH_DiffSynth-Studio | SDPathLoader。
- 创建差异文本节点。在 ComfyUI 界面的任意位置右击，在弹出的快捷菜单中依次选择 Add Node | AIFSH_DiffSynth-Studio | DiffTextNode。
- 创建 Difftoon 节点。在 ComfyUI 界面的任意位置右击，在弹出的快捷菜单中依次选择 Add Node | AIFSH_DiffSynth-Studio | DifftoonNode。
- 创建 ControlNet 路径加载器节点。在 ComfyUI 界面的任意位置右击，在弹出的快捷菜单中依次选择 Add Node | AIFSH_DiffSynth-Studio | ControlNetPathLoader。
- 创建预览视频节点。在 ComfyUI 界面的任意位置右击，在弹出的快捷菜单中依次选择 Add Node | AIFSH_DiffSynth-Studio | PreViewVideo。

2.　输入提示词

在 DiffTextNode 框内输入 High quality,anime style, 作为正向提示词；在 DiffTextNode 框内输入 verybadimagenegative v1.3 作为负向提示词。

其他参数设置参照图 12-21 中所示的参数来配置。

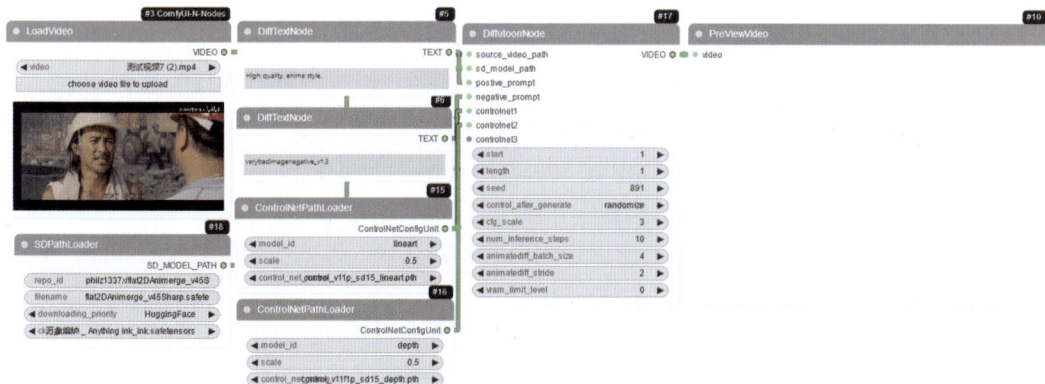

图 12-21　DiffSynth-Studio 视频转绘工作流

3.　生成视频

单击控制台上的 Queue Prompt 按钮即可生成视频，鉴于笔者计算机显存资源的限制，无法直接展示生动的工作流效果，因此只展示工作流，具体工作流如图 12-21 所示。

4. 重要节点介绍

DifftoonNode（Difftoon 节点）节点利用深度学习技术，特别是基于扩散模型的图像生成算法，结合用户提供的输入（如视频片段、模型、提示信息等）和控制网络生成或修改具有特定风格和内容的视频或图像序列。以下是对该节点输入端和输出端的详细介绍。

- source_video_patch：源视频片段，作为生成或修改视频内容的起点，可以是一个完整的视频文件或视频中的一部分。
- sd_model_patch：加载大模型，用于图像生成。这个模型是 DifftoonNode 工作的核心，决定生成图像的风格和质量。
- positive_prompt：用于连接正向提示词，这些提示词将指导生成过程朝着特定的视觉风格或内容发展。
- negative_prompt：用于连接负向提示词，避免生成不希望出现的内容。
- controlnet1、controlnet2、controlnet3：控制网络输入，每个控制网络都可以为生成过程提供额外的指导或约束。这些网络可以基于不同的图像特征（如边缘、深度、颜色等）来优化生成结果。
- video：DifftoonNode 的最终输出，其是一个包含处理或生成的视频内容的文件。这个视频可以根据输入的图像、模型和参数的不同而具有不同的内容、长度和质量。

DifftoonNode 节点有几个重要的参数，以下是对这些参数的详细介绍。

- start：指定处理或生成视频内容的起始点（如从视频的第几秒开始）。
- length：指定要处理或生成的视频内容的长度（如以秒为单位）。
- seed：随机数种子，用于确保结果的可重复性。相同的种子和参数将产生相同的输出。
- control_sfter_generate：控制生成之后是否允许对结果进行进一步的调整或控制，包括固定、增加、减少以及随机 4 种。
- cfg_scale：提示词引导系数大小，用于调整生成过程中提示词的影响程度，进而影响生成图像的细节和风格。
- num_inference：推理次数，即模型在生成每个图像或视频帧时进行的迭代次数，从而影响生成结果的质量和计算时间。
- animatediff_batch_size：动画差异（或视频生成）的批量大小，控制同时处理的视频帧数量，从而影响处理速度和内存使用。
- animatediff_stride：动画差异（或视频生成）的步长，决定相邻帧之间的间隔，从而影响生成视频的流畅度和计算量。
- vram_limit_level：虚拟内存限制级别，用于控制生成过程中占用的 GPU 内存量，从而帮助用户根据硬件资源调整生成设置。

12.5 图片跳舞工作流

在数字化娱乐与创意表达日益盛行的今天，让静态图片中的人物"活"起来甚至跳起舞蹈，已成为许多人追求的新奇体验。在 ComfyUI 中就包括一系列让图片中的人物跳舞的插件，如 MimicMotion、Animate Anyone、Champ、MusePose、MagicAnimate 等，这些插件通过深度学习算法，能够分析图片中人物的身体结构、姿态与面部表情，并基于预设的舞蹈动作模板或用户自定义的舞蹈序列，为图片人物添加流畅的舞蹈动作。用户只需要上传一张人物照片，选择喜欢的舞蹈风格（如街舞、爵士、芭蕾等），并调整舞蹈动作的细节与节奏，ComfyUI 便能迅速生成一段令人惊叹的舞蹈视频。

12.5.1　使用 MimicMotion 实现图片跳舞

MimicMotion 是腾讯和上海交通大学共同推出的一个动作视频生成模型，其能够根据单张图像和简单的姿势指导，生成高质量的人体运动视频。ComfyUI-MimicMotion 将 MimicMotion 技术集成到 ComfyUI 的图形用户界面中，使用户可以通过直观的界面操作轻松生成高质量的人体运动视频。用户可以根据自己的需求，通过调整节点参数和选择不同的节点组合，实现对视频内容的精确控制，包括动作、姿势和视频风格等。下面介绍其具体使用方法。

1. 下载插件和模型

用户在使用 ComfyUI-MimicMotion 插件时，可以在 ComfyUI 控制台区域单击 Manager，选择 Install Custom Nodes，搜索 ComfyUI-DynamiCrafterWrapper（项目网址为 https://github.com/kijai/ComfyUI-DynamiCrafterWrapper/），安装后重启 ComfyUI 即可使用。

同时，用户还需要在 Hugging Face 网站上下载 MimicMotion 模型，项目网址为 https://huggingface.co/Kijai/MimicMotion_pruned/tree/main，下载完后将其放置在 ComfyUI\models\mimicmotion 目录下。随后在 Hugging Face 网站上下载 img2vid-xt-1-1 模型，该项目的网址为 https://huggingface.co/stabilityai/stable-video-diffusion-img2vid-xt-1-1/tree/main，下载完后放在 ComfyUI/models/diffusers 目录下。

2. 创建工作流节点

使用 MimicMotion 工作流需要创建如下节点。

❑ 创建加载图片节点。在 ComfyUI 界面的任意位置右击，在弹出的快捷菜单中依次选择 Add Node | loaders | Load Image。

❑ 创建加载视频节点。在 ComfyUI 界面的任意位置右击，在弹出的快捷菜单中依次选择 Add Node | Video Helper Suite | Load Video（Upload）。

❑ 创建（下载）加载 MimcMotion 模型节点。在 ComfyUI 界面的任意位置右击，在弹出的快捷菜单中依次选择 Add Node | MimcMotionWrapper |（Down）Load MimcMotionModel。

❑ 创建 MimcMotion 采样节点。在 ComfyUI 界面的任意位置右击，在弹出的快捷菜单中依次选择 Add Node | MimcMotionWrapper | MimcMotion Sampler。

❑ 创建 MimcMotion 获取姿势节点。在 ComfyUI 界面的任意位置右击，在弹出的快捷菜单中依次选择 Add Node | MimcMotionWrapper | MimcMotion GetPoses。

❑ 创建 MimcMotion 解码节点。在 ComfyUI 界面的任意位置右击，在弹出的快捷菜单中依次选择 Add Node | MimcMotionWrapper | MimcMotion Decode。

❑ 创建合并为视频节点。在 ComfyUI 界面的任意位置右击，在弹出的快捷菜单中依次选择 Add Node | Video Helper Suite | Video Combine。

注意：加载的图片尺寸需要与加载的视频尺寸相同，否则运行时会报错。

3．生成视频

单击控制台上的 Queue Prompt 按钮即可生成视频，具体工作流如图 12-22 所示。

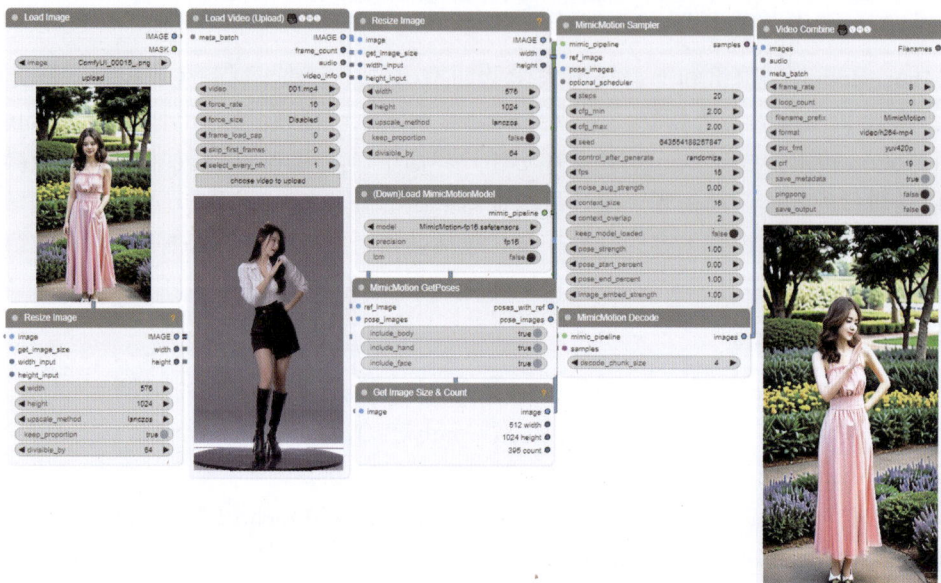

图 12-22　MimicMotion 工作流

4．重要节点介绍

MimcMotion Sampler（MimcMotion 采样）节点利用输入的图像和姿势信息，通过采样和插值技术生成或修改视频中的运动数据，包括面部动画、人体姿态变化等，以创建自然、流畅的运动序列。以下是对该节点输入端和输出端的详细介绍。

- ❏ mimic_pipeline：用于加载 MimcMotion 模型。
- ❏ ref_image：参考图像，用作生成运动数据时的基准或参考点。
- ❏ pose_images：包含姿势信息的图像序列，这些图像定义了目标运动的关键姿势。
- ❏ optional_scheduler（可选）：可选调度器，用于控制采样过程中的步骤或阶段，以实现特定的动画效果。
- ❏ samplers：输出的是采样器对象或结果，这些对象包含生成的运动数据，可以直接用于渲染视频或进一步处理，与 MimcMotion Decode 节点相连。

MimcMotion Sampler 节点有几个重要的参数，以下是对这些参数的详细介绍。

- ❏ steps：指定采样步数，即生成过程中将采取的步骤数量，影响生成动画的细腻程度。
- ❏ cfg_min 和 cfg_max：cfg（配置）的最小值和最大值，用于调整生成过程中模型配置的影响程度，从而影响生成结果的风格和质量。
- ❏ seed：随机数种子，确保结果的可重复性。
- ❏ control_after_generate：控制生成过程之后是否允许对结果进行进一步调整，包括固定、增加、减少以及随机 4 种。

- fps：帧率，表示视频每秒播放的帧数，影响视频的流畅度和观感。默认值为 6，建议设置为 6 或 8。
- noise_aug_strength：特定于面部动画的参数，控制鼻子运动的增强程度，以模拟更自然的表情。
- context_size：生成运动数据时考虑的上下文大小，即同时考虑多少个帧或时间步的数据，有助于生成更连贯和自然的运动序列。
- context_overlap：相邻窗口之间重叠的潜空间变量数量，即前后文叠加帧数。通常设置为 2。重叠部分有助于在动画的不同部分之间创建平滑的过渡。
- keep_model_loaded：控制是否在生成过程中保持模型加载状态。
- pose_strength：控制姿势变化的幅度。
- pose_start_percent：指定在序列的哪个部分开始这些姿势变化。
- pose_end_percent：指定在序列的哪个部分结束这些姿势变化。
- image_embed_strength：控制图像特征在生成运动数据时的嵌入强度，以生成与图像内容更匹配的运动。

12.5.2　使用 Animate Anyone 实现图片跳舞

Animate Anyone 是一个具有创新性和实用性的开源项目，它降低了动画创作的技术壁垒，开启了个性化数字内容生产的崭新大门。无论是专业人士还是科技爱好者，都可以借助这一项目探索动态视觉叙事的无限可能。下面将介绍其具体使用方法。

1. 下载插件和模型

在 ComfyUI 控制台区域单击 Manager，然后选择 Install Custom Nodes，最后搜索 ComfyUI-AnimateAnyone-Evolved，该插件的项目网址为 https://github.com/MrForExample/ComfyUI-AnimateAnyone-Evolved，安装后重启 ComfyUI 即可使用。

此外，需要下载一些适配的模型，具体的模型及其网址目录如表 12-2 所示。

表 12-2　Animate Anyone 模型与模型网址目录

分　类	网址目录	模　型
稳定扩散模型	ComfyUI/custom_nodes/ComfyUI-AnimateAnyone-Evolved/pretrained_weights/stable-diffusion-v1-5/unet	diffusion_pytorch_model.bin
Moore-AnimateAnyone预训练模型	ComfyUI/custom_nodes/ComfyUI-AnimateAnyone-Evolved/pretrained_weights	denoising_unet.pth motion_module.pth pose_guider.pth reference_unet.pth
clip_vision	ComfyUI/models/clip_vision	pytorch_model.bin
vae	ComfyUI/models/vae	diffusion_pytorch_model.bin

2. 创建工作流节点

使用 Animate Anyone 工作流需要创建如下节点。

- ❑ 创建加载图片节点。在 ComfyUI 界面的任意位置右击，在弹出的快捷菜单中依次选择 Add Node | loaders | Load Image。
- ❑ 创建加载视频节点。在 ComfyUI 界面的任意位置右击，在弹出的快捷菜单中依次选择 Add Node | Video Helper Suite | Load Video（Upload）。
- ❑ 创建加载 UNet2D 条件模型节点。在 ComfyUI 界面的任意位置右击，在弹出的快捷菜单中依次选择 Add Node | AnimateAnyone-Evolved | Loaders | Load UNet2D ConditionModel。
- ❑ 创建加载 UNet3D 条件模型节点。在 ComfyUI 界面的任意位置右击，在弹出的快捷菜单中依次选择 Add Node | AnimateAnyone-Evolved | Loaders | Load UNet3D ConditionModel。
- ❑ 创建加载姿态引导节点。在 ComfyUI 界面的任意位置右击，在弹出的快捷菜单中依次选择 Add Node | AnimateAnyone-Evolved | Loaders | Load Pose Guider。
- ❑ 创建姿态引导编码节点。在 ComfyUI 界面的任意位置右击，在弹出的快捷菜单中依次选择 Add Node | AnimateAnyone-Evolved | processor | Pose Guider Encode。
- ❑ 创建加载 VAE 节点。在 ComfyUI 界面的任意位置右击，在弹出的快捷菜单中依次选择 Add Node | loaders | Load VAE。
- ❑ 创建 CLIP 视觉加载器节点。在 ComfyUI 界面的任意位置右击，在弹出的快捷菜单中依次选择 Add Node | loaders | Load CLIP Vision。
- ❑ 创建 Animate Anyone 采样器节点。在 ComfyUI 界面的任意位置右击，在弹出的快捷菜单中依次选择 Add Node | AnimateAnyone-Evolved | Animate Anyone Sampler。
- ❑ 创建合并为视频节点。在 ComfyUI 界面的任意位置右击，在弹出的快捷菜单中依次选择 Add Node | Video Helper Suite | Video Combine。

注意：加载的图片尺寸需要与加载的视频尺寸相同，否则运行时会报错。

3. 生成视频

单击控制台上的 Queue Prompt 按钮即可生成视频，具体工作流如图 12-23 所示。

4. 重要节点介绍

Animate Anyone Sampler（Animate Anyone 采样器）节点有一些关键的输入端和输出端，以下是对该节点输入端和输出端的详细介绍。

- ❑ reference_unet：参考 UNet 模型，可能用于生成或调整图像的某些特征。UNet 是一种常用于图像分割和生成的神经网络结构。
- ❑ denoising_unet：降噪 UNet 模型，用于减少图像中的噪声，提高图像质量，这对于生成清晰、自然的动态图像非常重要。
- ❑ ref_image_latent：参考图像的潜空间，这是图像在某种潜空间中的编码，通常用于生成模型中控制图像的生成。
- ❑ clip_image_ebeds：参考图像的 CLIP 嵌入，CLIP（Contrastive Language-Image Pre-training）是一种能够学习图像和文本之间关联的技术，其嵌入用于指导图像的生成。

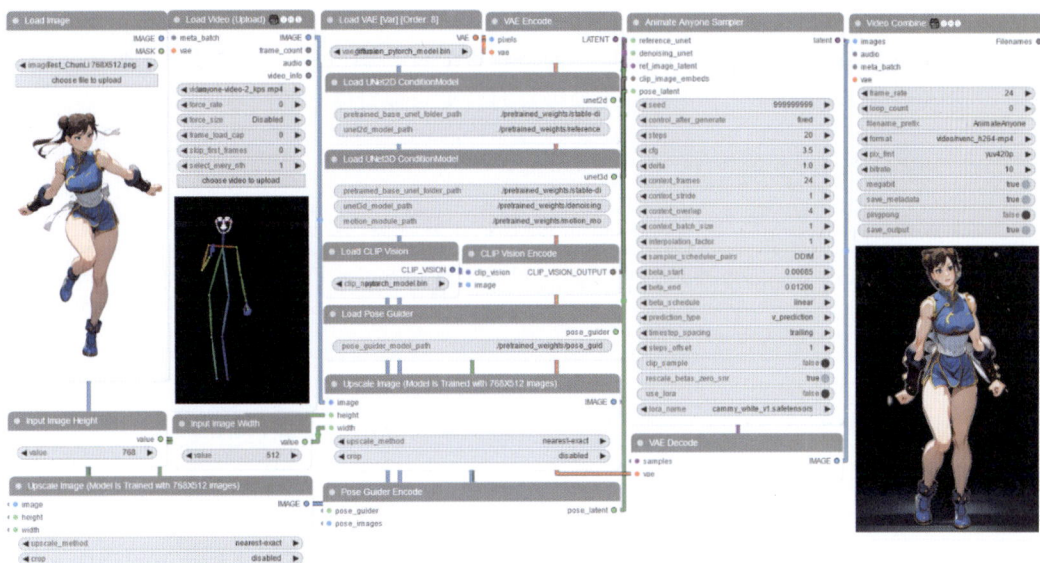

图 12-23　Animate Anyone 工作流展示

- pose_latent：姿态的潜在表示，描述了目标人像的姿态信息，用于指导动态图像的生成。
- latent：潜空间，是生成图像在潜空间中的编码，可以用于进一步处理或生成最终的图像。

Animate Anyone Sampler 节点有几个重要的参数，以下是对这些参数的详细介绍。

- seed：随机数种子，用于确保结果的可重复性。
- control_after_generate：控制生成过程之后是否允许对结果进行进一步调整，包括固定、增加、减少以及随机 4 种。
- steps：生成过程中的步数，控制生成过程的迭代次数。
- cfg：配置（Configuration）。
- delta：增量值，可用于调整某些参数或特征的变化量。
- context_frames：上下文帧数。
- context_stride：上下文步长。
- context_overlap：上下文重叠。
- context_batch_size：上下文批次大小。
- interpolation_factor：插值系数，用于调整生成图像之间的平滑度。
- sampler_scheduler_pairs、beta_start、beta_end 与 beta_schedule：这些参数与采样过程的调度和 beta 值的变化有关，beta 值通常用于控制生成过程中的噪声水平。
- prediction_type：预测类型，指生成过程中使用的特定预测方法或模型。
- timestep_spacing、Steps_offset：与时间步长和偏移量相关的参数，用于控制生成过程的时序。
- clip_sample：CLIP 采样。
- rescale_betas_zero_snr：一个与信噪比（SNR）和 beta 值重缩放相关的参数。

□ use_lora 和 Lora_name：LoRA 名称指示是否使用 LoRA（Low-Rank Adaptation）以及 LoRA 模型的名称。LoRA 是一种轻量级的模型微调技术，可以在不改变原始模型大部分参数的情况下，通过添加少量参数来实现对模型的调整。

12.5.3　其他图片跳舞工作流

在图像处理与动画技术中，还存在着多种让图片"舞动"的创新方法，诸如 Champ、MusePose、MagicAnimate 等技术。鉴于篇幅限制，这里仅进行简单介绍并不深入探讨其具体细节与应用实例。

1. Champ

Champ 是由阿里巴巴集团、南京大学和复旦大学研究团队共同提出的创新人体动画生成技术，该项目的网址为 https://github.com/kijai/ComfyUI-champWrapper?tab=readme-ov-file。该技术能够在仅有一段原始视频和一张静态图片的情况下，激活图片中的人物，使其按照视频中的动作进行动态表现，极大地促进了虚拟主播和其他虚拟角色生成技术的发展，其使用效果如图 12-24 所示。

图 12-24　Champ 官方效果展示

2. MusePose

MusePose 是一个基于姿态控制的虚拟人图像转视频生成框架，该项目的网址为 https://github.com/TMElyralab/Comfyui-MusePose。它能够通过给定的姿势序列生成参考图中人物的舞蹈视频。MusePose 作为 Muse 开源系列的最后一个模块，与 MuseV 和 MuseTalk 共同致力于构建一个能够进行全身运动和交互的虚拟人端到端生成系统，其使用效果如图 12-25 所示。

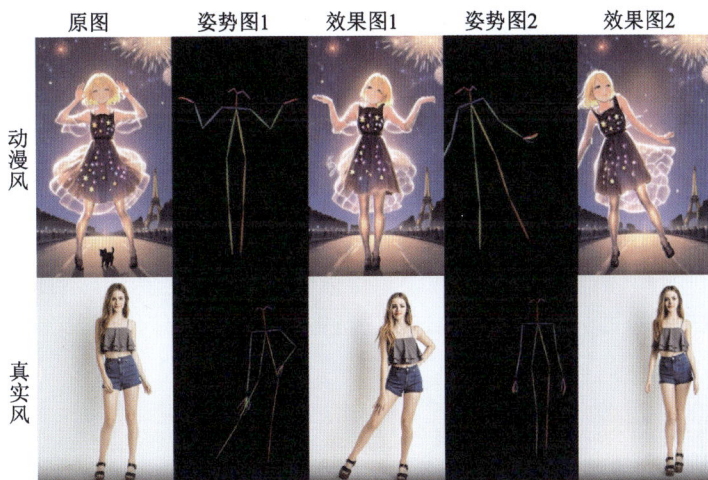

原图　　　姿势图1　　效果图1　　姿势图2　　效果图2

动漫风

真实风

图 12-25　MusePose 官方效果展示

3．MagicAnimate

MagicAnimate 是由新加坡国立大学的 Show Lab 和字节跳动共同打造的一项开创性的开源项目，该项目的网址为 https://github.com/thecooltechguy/ComfyUI-MagicAnimate?tab= readme-ov-file#node-types。该项目旨在通过先进的人工智能技术简化动画创作过程，提供高效、便捷的动画制作解决方案。以下是对其技术特点的详细介绍。

❑ 高保真度：MagicAnimate 能够忠实地保留参考图像的细节，确保动画中的人物或对象与原图保持一致。

❑ 时间一致性：动画在时间上的连贯性得到保证，使动作看起来自然、流畅，没有突兀的变化。

❑ 灵活性：MagicAnimate 支持多种输入方式，包括静态图像、视频、语音和文字，可以生成与原始人像图像风格、姿态、表情一致的动态人像视频。

❑ 跨领域应用：MagicAnimate 不仅能够处理真实的人物图像，还能基于非真实人物图像生成动画，如油画和电影角色。

同时，用户也可在 Hugging Face 上在线使用 MagicAnimate，其网址为 https://huggingface.co/ spaces/zcxu-eric/magicanimate，其使用效果如图 12-26 所示。

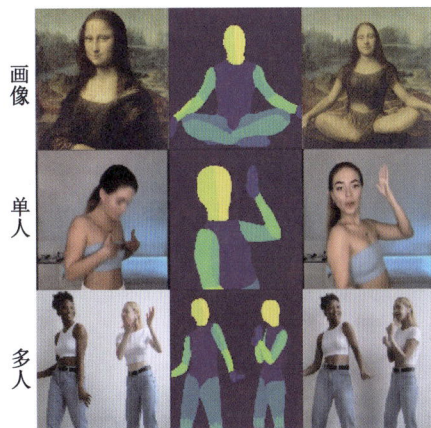

画像

单人

多人

图 12-26　MagicAnimate 官方效果展示

12.6　其他创意应用

用户可以使用 ComfyUI 创建多种创意应用的视频工作流，包括视频换脸、视频修复、对口型和拖曳控制等视频工作流。这些工作流不仅展示了人工智能在多媒体内容创作中的潜力，也为用户带来了前所未有的互动体验。本节将深入探讨这些高级创意应用工作流。

12.6.1　使用 ReActor 实现视频换脸

视频换脸是 ComfyUI 中的一项高级功能，它允许用户将视频中的人物面部替换为另一个人的面部。ComfyUI 提供了多种视频换脸模型和工具，如使用 ReActor 等开源技术进行视频换脸操作。用户只需要上传原始视频和目标面部图片，选择相应的模型和参数，即可实现视频换脸效果。下面介绍使用 ReActor 进行视频换脸的具体使用方法。

1. 下载插件和模型

在 ComfyUI 控制台区域单击 Manager，选择 Install Custom Nodes，搜索 comfyui-reactor-node（项目网址为 https://github.com/Gourieff/comfyui-reactor-node），安装后重启 ComfyUI 即可使用。

在下载完插件之后，需要下载一些适配模型，具体模型及放置位置如表 12-3 所示。

表 12-3　ReActor 模型及放置位置

分　类	网址目录	模　型
人脸修复模型	ComfyUI/models/facerestore_models	GFPGANv1.3.onnx GFPGANv1.3.pth GFPGANv1.4.onnx GFPGANv1.4.pth GPEN-BFR-1024.onnx GPEN-BFR-2048.onnx GPEN-BFR-512.onnx RestoreFormer_PP.onnx codeformer-v0.1.0.pth
面部检测模型	ComfyUI/models/facedetection	detection_Resnet50_Final.pth parsing_parsenet.pth
inswapper_128 模型	ComfyUI/models/insightface	inswapper_128.onnx inswapper_128_fp16.onnx
buffalo_1 模型	ComfyUI/models/insightface/models/buffalo_1	1k3d68.onnx 2d106det.onnx det_10g.onnx genderage.onnx w600k_r50.onnx
bbox 模型	ComfyUI/models/ultralytics/bbox	face_yolov8m.pt
Segm 模型	ComfyUI/models/ultralytics/segm	face_yolov8m-seg_60.pt hair_yolov8n-seg_60.pt person_yolov8m-seg.pt skin_yolov8m-seg_400.pt
sams 模型	ComfyUI/models/sams	sam_vit_b_01ec64.pth sam_vit_l_0b3195.pth

2. 创建工作流节点

使用 ReActor 工作流换脸，需要创建以下工作流节点。

❏ 创建加载图片节点。在 ComfyUI 界面的任意位置右击，在弹出的快捷菜单中依次选择 Add Node | loaders | Load Image。

❏ 创建加载视频节点。在 ComfyUI 界面的任意位置右击，在弹出的快捷菜单中依次选择 Add Node | Video Helper Suite | Load Video（Upload）。

❏ 创建 ReActor 换脸节点。在 ComfyUI 界面的任意位置右击，在弹出的快捷菜单中依次选择 Add Node | ReActor | ReActor Fast Face Swap。

❏ 创建合并为视频节点。在 ComfyUI 界面的任意位置右击，在弹出的快捷菜单中依次选择 Add Node | Video Helper Suite | Video Combine。

3. 生成视频

单击控制台上的 Queue Prompt 按钮即可生成视频，具体工作流如图 12-27 所示。

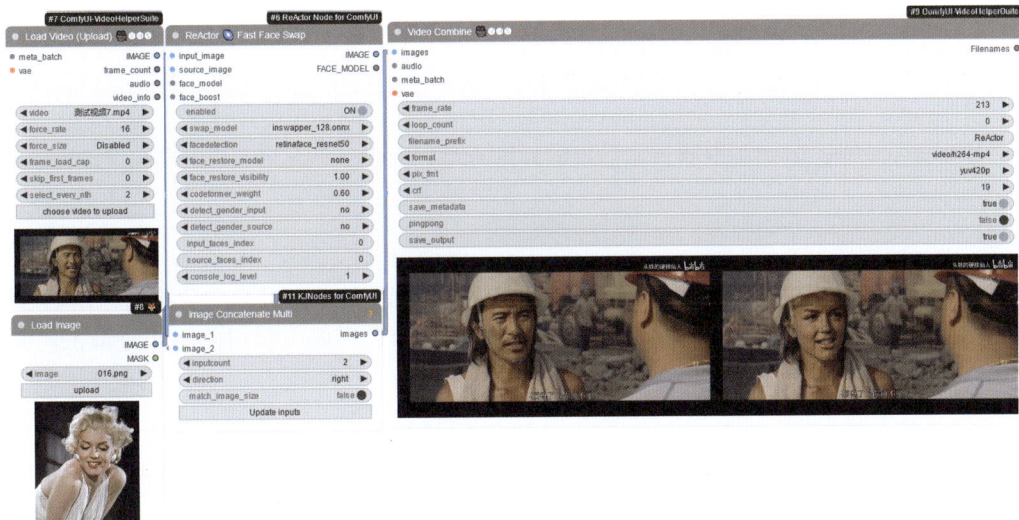

图 12-27　ReActor 视频换脸工作流

4. 重要节点介绍

ReActor Fast Face Swap（ReActor 快速换脸）节点有一些关键的输入端和输出端，以下是对该节点输入端和输出端的详细介绍。

❏ input_image：输入需要进行换脸处理的视频或图像帧。它是换脸技术的主体部分，即用户希望在其中嵌入新面部的原始图像或视频帧。输入类型为图像或视频帧。

❏ source_image：输入一张包含人物脸部的图像，其面部将被提取并替换到 input_image 中的相应位置。输入类型为图像。

❏ face_model：输入脸部模型，用于识别、定位和分析图像中的人脸。它可以帮助系统准确识别 input_image 和 source_image 中的人脸，以便进行后续的换脸操作。

❏ face_boost（可选）：面部提升，在人脸检测和识别过程中应用的增强技术，以提高准确性或处理速度。

❏ image：用于输出换脸处理后的图像，展示将 source_image 中的面部成功嵌入 input_image 中的效果。

❏ face_model（可选）：在换脸过程中，如果系统需要或用户请求，可以输出正在构建的源人脸模型，用于进一步分析、调试或优化。

ReActor Fast Face Swap 节点有几个重要的参数，以下是对这些参数的详细介绍。

❏ enabled：启用 ReActor Fast Face Swap 节点进行换脸。

❏ swap_model：加载 SWAP 模型。

❏ facedetection：加载人脸检测的模型。

❏ face_restore_model：用于恢复或优化换脸后人脸细节的模型。

❏ face_restore_visibility：调整换脸后人脸部分可见性或透明度的参数。

❏ codeformer_weight：如果使用了基于 Transformer 的模型进行面部编码或解码，那么需要在这里指定其权重。

❏ detect_gender_input：是否检测 input_image 中人脸的性别，可用于特定性别的换脸优化。

❏ detect_gender_source：是否检测 source_image 中人脸的性别，同样可用于优化。

❏ input_faces_index：指定 input_image 中特定人脸的索引，用于多人脸处理。

❏ source_faces_index：指定 source_image 中特定人脸的索引，用于多人脸处理。

❏ console_log_level：控制日志输出的详细程度，有助于调试和性能监控。

12.6.2　使用 ProPainter 实现视频修复

ProPainter 是一个专门针对视频修复的项目，提供视频擦除和补全的功能，可以通过关键字擦除视频中的对象，以及对视频元素进行画面补全。下面将介绍使用 ProPainter 进行视频修复的具体使用方法。

1. 下载插件

在 ComfyUI 控制台区域单击 Manager，选择 Install Custom Nodes，搜索 ComfyUI_ProPainter_Nodes（项目网址为 https://github.com/daniabib/ComfyUI_ProPainter_Nodes），安装后重启 ComfyUI 即可使用。

2. 创建工作流节点

运用 ProPainter 视频擦除的工作流包括两个部分：蒙版分割与视频擦除。在工作流中，首先要上传视频，其次为要擦除的部分创建蒙版，然后需要使用 ProPainter inpainting 节点进行视频擦除，最后合成视频。下面对需要创建的节点逐一进行介绍。

❏ 创建加载视频节点。在 ComfyUI 界面的任意位置右击，在弹出的快捷菜单中依次选择 Add Node | Video Helper Suite | Load Video（Upload）。

❏ 创建图像缩放（KJ）节点。在 ComfyUI 界面的任意位置右击，在弹出的快捷菜单中依次选择 Add Node | KJNodes | image | Resize Image。

❏ 创建 SAM 模型加载器节点。在 ComfyUI 界面的任意位置右击，在弹出的快捷菜单中依次选择 Add Node | segment_anything | SAMLoader（segment_anything）。

❏ 创建 G-Dino 模型加载器节点。在 ComfyUI 界面的任意位置右击，在弹出的快捷菜

单中依次选择 Add Node | segment_anything | GroundingDinoModelLoder（segment_anything）。

- 创建 G-DinoSAM 语义分割节点。在 ComfyUI 界面的任意位置右击，在弹出的快捷菜单中依次选择 Add Node | segment_anything | GroundingDinoSAMSegment（segment_anything）。

- 创建图像到遮罩节点。在 ComfyUI 界面的任意位置右击，在弹出的快捷菜单中依次选择 Add Node | image | Convert Image to Mask。

- 创建缩放遮罩节点。在 ComfyUI 界面的任意位置右击，在弹出的快捷菜单中依次选择 Add Node | KJNodes | msking | Resize Mask。

- 创建 ProPainter 修复节点。在 ComfyUI 界面的任意位置右击，在弹出的快捷菜单中依次选择 Add Node | ProPainter | ProPainter Inpainting。

- 创建图像联结节点。在 ComfyUI 界面的任意位置右击，在弹出的快捷菜单中依次选择 Add Node | KJNodes | image | Image Concatenate。

- 创建合并为视频节点。在 ComfyUI 界面的任意位置右击，在弹出的快捷菜单中依次选择 Add Node | Video Helper Suite | Video Combine。

3. 输入提示词

在 GroundingDinoSAMSegment（segment_anything）节点的 prompt 框内输入 rocket，使其分割并创建火箭的蒙版图像。

其他参数设置如图 12-28 所示。

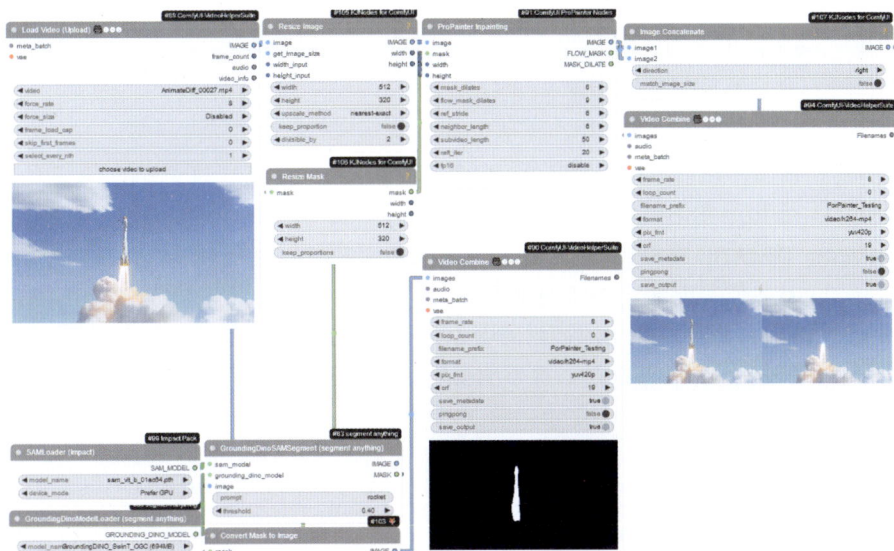

图 12-28　ProPainter 视频擦除工作流

4. 生成视频

单击控制台上的 Queue Prompt 按钮即可生成视频，具体工作流如图 12-28 所示，ProPainter 对比效果如图 12-29 所示。

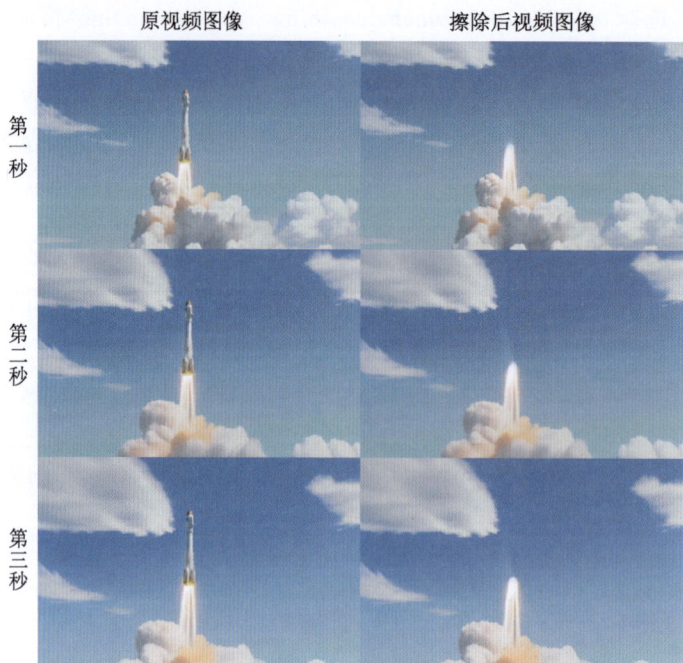

图 12-29　ProPainter 对比效果展示

5. 重要节点介绍

ProPainter Inpainting（ProPainter 修复）节点有一些关键的输入端和输出端，以下是对该节点输入端和输出端的详细介绍。

- ☐ image：要修复的视频帧图像。
- ☐ mask：需要修复区域的蒙版。蒙版大小必须与视频帧图像大小一致。
- ☐ width：输出图像的宽度（默认值为 640）。
- ☐ height：输出图像的高度（默认值为 360）。
- ☐ image：修复后的视频帧图像。
- ☐ flow_mask：修复时使用的流动蒙版。
- ☐ mask_dilate：修复时使用的扩张蒙版。

ProPainter Inpainting 节点有几个重要的参数，以下是对这些参数的详细介绍。

- ☐ mask_dilates：面罩的扩张尺寸（默认：5）。
- ☐ flow_mask_dilates：流动蒙版的扩张大小，数值需大于 mask_dilates 的数值（默认值为 8）。
- ☐ ref_stride：参考系的步幅（默认：10）。如果视频变化幅度较大，可将该将数值调小。如果 GPU 内存不足，可以通过增加该数值，来减少全局引用的数量。
- ☐ neighbor_length：用于修复的邻域长度（默认值为 10）。如果 GPU 内存不足，可以适当降低该数值，减少本地邻居的数量。
- ☐ subvideo_length：用于处理的子视频长度（默认值为 80）。如果 GPU 内存不足，可以适当降低数值，减少子视频的帧数。
- ☐ raft_iter：RAFT 模型的迭代次数（默认值为 20）。

❑ fp16：启用或禁用 FP16 精度（默认："启用"）。

12.6.3　使用 LivePortrait 实现对口型

ComfyUI-LivePortrait 是一个基于 AI 技术的开源项目，旨在通过视频驱动静态照片或视频中的表情和口型，实现逼真的动态人像效果。该项目由快手和复旦大学等合作推出，并已经在 GitHub 上开源，供开发者和爱好者使用。

LivePortrait 主要提供了对眼睛和嘴唇动作的精准控制。用户只需上传一张静态照片和一段具有表情变化的参考视频，系统即可同步视频中人物的表情，使照片动起来，并实现相当真实且细腻的表情变化。此外，经过微调的模型还可以驱动动物的表情，进一步拓展了其应用场景。下面将介绍使用 LivePortrait 进行对口型的具体使用方法。

1. 下载插件

在 ComfyUI 控制台区域单击 Manager，选择 Install Custom Nodes，搜索 ComfyUI-LivePortraitKJ（项目网址为 https://github.com/kijai/ComfyUI-LivePortraitKJ），安装后重启 ComfyUI 即可使用。

2. 创建节点工作流

使用 LivePortrait 工作流需要创建如下节点。

❑ 创建加载图像节点。在 ComfyUI 界面的任意位置右击，在弹出的快捷菜单中依次选择 Add Node | image | Load Image。

❑ 创建加载视频节点。在 ComfyUI 界面的任意位置右击，在弹出的快捷菜单中依次选择 Add Node | Video Helper Suite | Load Video（Upload）。

❑ 创建图像缩放（KJ）节点。在 ComfyUI 界面的任意位置右击，在弹出的快捷菜单中依次选择 Add Node | KJNode | image | Resize Image。

❑ 创建（下载）加载实时人像模型节点。在 ComfyUI 界面的任意位置右击，在弹出的快捷菜单中依次选择 Add Node | LivePortrait |（Down）Load LivePortraitModels。

❑ 创建实时人像处理节点。在 ComfyUI 界面的任意位置右击，在弹出的快捷菜单中依次选择 Add Node | LivePortrait | LivePortraitProcess。

❑ 创建多图像拼接节点。在 ComfyUI 界面的任意位置右击，在弹出的快捷菜单中依次选择 Add Node | KJNode | image | Image Concatenate Multi。

❑ 创建合并为视频节点。在 ComfyUI 界面的任意位置右击，在弹出的快捷菜单中依次选择 Add Node | Video Helper Suite | Video Combine。

3. 生成视频

单击控制台上的 Queue Prompt 按钮即可生成视频，具体工作流如图 12-30 所示，LivePortrait 效果如图 12-31 所示。

4. 重要节点介绍

LivePortraitProcess（实时人像处理）节点有一些关键的输入端和输出端，以下是对该节点输入端和输出端的详细介绍。

❑ pipeline：连接（Down）Load LivePortraitModels 节点，用于加载实时人像模型。

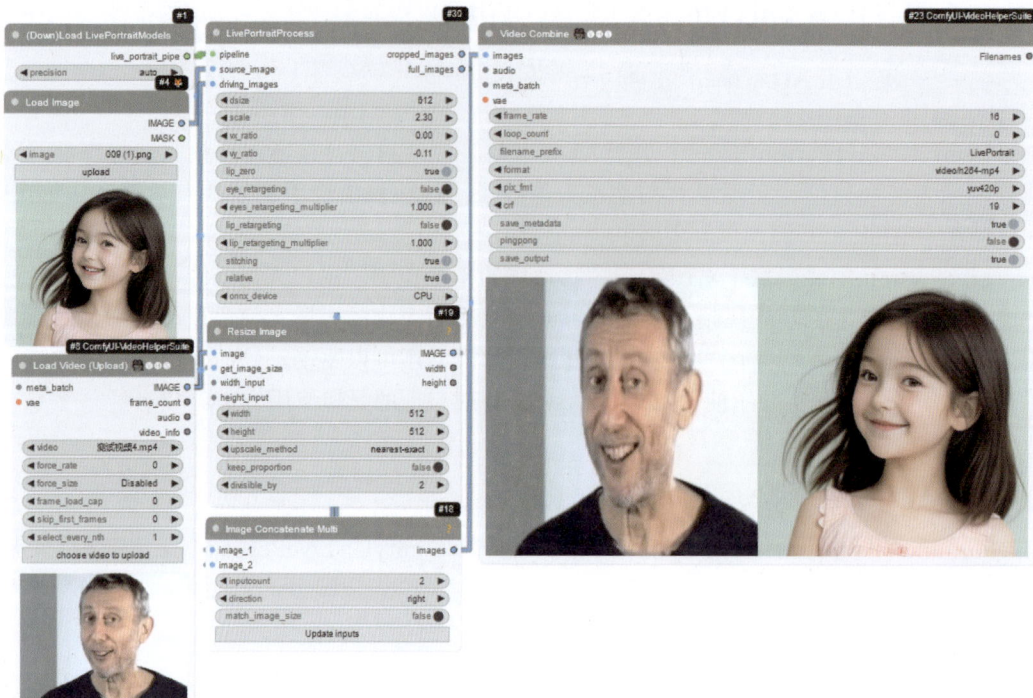

图 12-30　LivePortrait 工作流

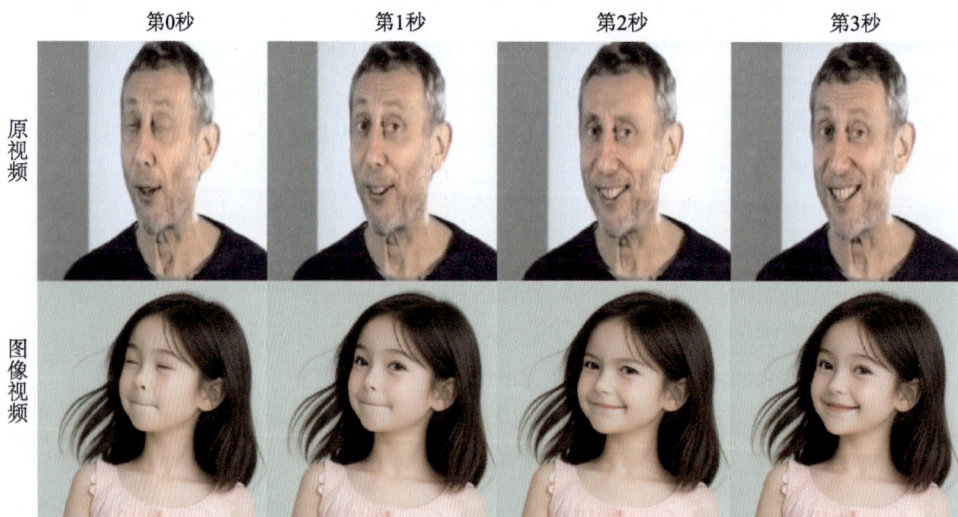

图 12-31　LivePortrait 效果展示

- ❑ source_image：输入一张静态图像，作为生成动态肖像的基础。这张图像通常包含目标人物的脸部特征，而处理过程中这些特征将保持不变，同时让图像"活"起来，即根据驱动视频改变人物动作和表情。
- ❑ driving_images：输入一个视频序列，其中的每一帧都包含要应用到 source_image 上的人物动作和表情信息。这个视频决定了静态图像如何动态化。

❑ cropped_images：经过处理后只包含人脸部分的图像序列。这些图像展示了根据 driving_images 变化后的动态肖像的面部细节。

❑ full_images：包含完整背景和处理后人脸的完整图像序列。这些图像是通过某种方式将 cropped_images 与原始 source_image 的背景或其他背景图像合并得到的。

LivePortraitProcess 节点有几个重要的参数，以下是对这些参数的详细介绍。

❑ dsize：处理后的图像大小，用于调整输出图像的分辨率。

❑ scale：缩放比例，用于调整 Source_image 的尺寸。

❑ vx_ratio 和 vy_ratio：水平和垂直方向的缩放比例，用于精细调整图像在不同方向上的缩放程度。

❑ lip_zero、eye_retargeting、eyes_retargeing_multiplier、lip_retargeting 和 lip_retargeting_multiplier：这些参数与特定的人脸特征（如嘴唇、眼睛）的重定向和变形有关。它们允许用户控制这些特征在动态化过程中的表现，如增强或减弱嘴唇、眼睛的运动频率。

❑ stitching：处理过程中如何将不同部分（如人脸和背景）无缝拼接在一起。

❑ relative：指示某些处理步骤是相对于图像中的哪个部分（如人脸中心）进行的。

❑ onnx_device：指定执行 ONNX 模型的设备，如 CPU、GPU 等。

12.6.4　使用 DragAnything 实现拖曳控制

DragAnything 是由快手联合浙江大学和新加坡国立大学发布的一个项目，它利用实体表示实现对任何物体的运动控制。该技术可以精确控制物体的运动，包括前景、背景和相机等不同元素从而生成高质量的视频。下面介绍使用 DragAnything 进行拖曳控制的具体使用方法。

1. 下载插件

在 ComfyUI 控制台区域单击 Manager，选择 Install Custom Nodes，搜索 ComfyUI-DragAnything（项目网址为 https://github.com/chaojie/ComfyUI-DragAnything），安装后重启 ComfyUI 即可使用。

2. 创建节点工作流

使用 DragAnything 工作流需要创建如下节点。

❑ 创建加载目标图像路径节点。在 ComfyUI 界面的任意位置右击，在弹出的快捷菜单中依次选择 Add Node | Image | Load Image。

❑ 创建加载 DragAnything 路径节点。在 ComfyUI 界面的任意位置右击，在弹出的快捷菜单中依次选择 Add Node | DragAnything | DragAnythingRun。

❑ 创建多图像拼接路径节点。在 ComfyUI 界面的任意位置右击，在弹出的快捷菜单中依次选择 Add Node | Image | Batch Images，同时创建两个加载目标图像路径节点 Load Image，以便上传蒙版图像。

❑ 创建合并为视频节点。在 ComfyUI 界面的任意位置右击，在弹出的快捷菜单中依次选择 Add Node | Video Helper Suite | Video Combine。

3. 生成视频

单击控制台上的 Queue Prompt 按钮即可生成视频，具体工作流如图 12-32 所示。

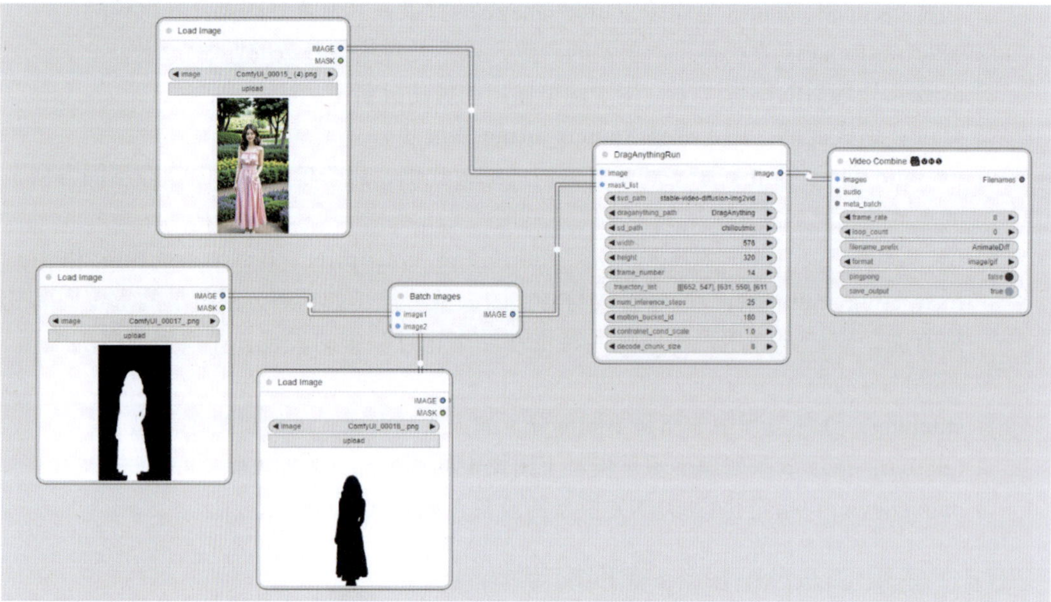

图 12-32　DragAnything 工作流

4. 重要节点介绍

DragAnythingRun（DragAnything 运行）节点有一些关键的输入端和输出端，以下是对该节点输入端和输出端的详细介绍。

❑ image：需要动起来的视频帧图像。

❑ mask_list：需要运动区域的蒙版。蒙版大小必须与视频帧图像大小一致，与 Batch Image 节点相连。

❑ image：输出所有生成后的视频帧，与 Video Combine 节点相连。

DragAnythingRun 节点有几个重要的参数，以下是对这些参数的详细介绍。

❑ svd_path：使用 SVD 项目文件的路径，默认选择 stable-video-diffusion-img2vid 即可。

❑ draganything_path：使用 DragAnything 项目文件的路径，默认选择 DragAnything 即可。

❑ sd_path：使用 chilloutmix 项目文件的路径，默认选择 chilloutmix 即可。

❑ width：输出图像的宽度（默认值为 576）。

❑ height：输出图像的高度（默认值为 320）。

❑ frame_number：一秒内输出视频的帧数，默认为 14，数值越大，占用显存就越多。

❑ trajectory_list：运动轨迹位置设定，一般通过坐标位置来设定，默认即可。

❑ num_inference_steps：输出视频的总帧数，默认值为 25。

❑ motion_bucket_id：物体运动的幅度，数值越大，运动幅度就越大，默认值为 180。

❑ controlnet_cond_scale：Controlnet 控制程度，默认值为 1。

❑ decode_chunk_size：解码区域的范围，默认值为 8。

第 5 篇

AI 视频场景应用实战

在前面的篇章中我们已经系统介绍了 AI 视频相关的理论知识，从 AI 视频的宏观概述到其背后的深层原理，再到详尽的平台与模型介绍以及实用的使用教程，逐步构建起了一套完整的理论知识体系。相信通过这些内容的学习，读者已经对 AI 视频有了深刻的理解。在此基础上，我们将在本篇介绍 AI 视频的应用场景。

☞ 第 13 章　让图片动起来

☞ 第 14 章　AI 视频换脸

☞ 第 15 章　AI 视频转绘

☞ 第 16 章　AI 视频重绘

☞ 第 17 章　AI 视频编辑

第 13 章
让图片动起来

在当今数字时代，AI 技术正以前所未有的方式改变着我们的视觉体验。其中，让图片动起来成为一种广受欢迎的创新应用，它巧妙地将静态图像转化为生动有趣的动态视频或动图，特别值得一提的是图片"说话"与图片"跳舞"两大热门 AI 功能。

图片说话技术凭借其先进的图像识别与合成能力，能够让一张静态图片中人物的嘴巴自然开合，仿佛正在进行一场生动的对话，更有甚者，该技术还能让人物的整张脸灵动、细腻地展现说话时的微妙表情变化，让图像中的情感得以真实传递。

图片跳舞则是一种更加令人叹为观止的视觉奇观，它利用 AI 算法对静态图片中的人物全身进行深度分析，随后为其编排并演绎出流畅的舞蹈动作，无论是优雅的华尔兹还是动感的街舞都能信手拈来，让每个人都能成为舞台上的闪耀明星，享受跳舞的乐趣。

图片说话和图片跳舞技术在网络上十分流行，在许多短视频平台都有所应用。这里推荐几款比较好用的在线平台和开源项目，图片说话如 SadTalker、DID、Hedra Labs 和 Wav2Lip 等，图片跳舞如通义千问（App）、Viggle、MimicMotion 和 DreaMoving 等。

13.1　让图片说话

Talking Head 即利用人工智能工具让图片开口说话的技术，它正悄然革新人们的视听体验。Talking Head 跨越了静与动的界限，让图像与声音无缝融合，为电影、广告、教育等领域带来前所未有的创意空间。随着技术的成熟，图片不再"沉默"，变为可以讲述故事、传达情感。然而，这项技术的广泛应用也带来了新的问题，如怎样保护原创与隐私，防止声音被伪造，这是人们必须面对的挑战。

13.1.1　面部表情同步

目前，网上有许多 AI 绘声平台实现了让图片中的人物唇形同步并能够增添一些面部表情，仿佛真人在说话一样，效果十分显著。

首先生成一个视频，看一下其生成效果，这里以 Hedra Labs 为例，其网址为 https://www.hedra.com/，具体使用过程如下：

（1）登录 Hedra Labs 主页，登录后即可试用。

（2）上传想要的角色并输入文本或者上传音频，根据自己的需求选择配音角色。

（3）单击右下方的 Generate video 按钮进行生成。

下面为要生成的图片，这里选择了平台上提供的一张正脸照，如图 13-1 所示，具体生成的效果如图 13-2 所示。

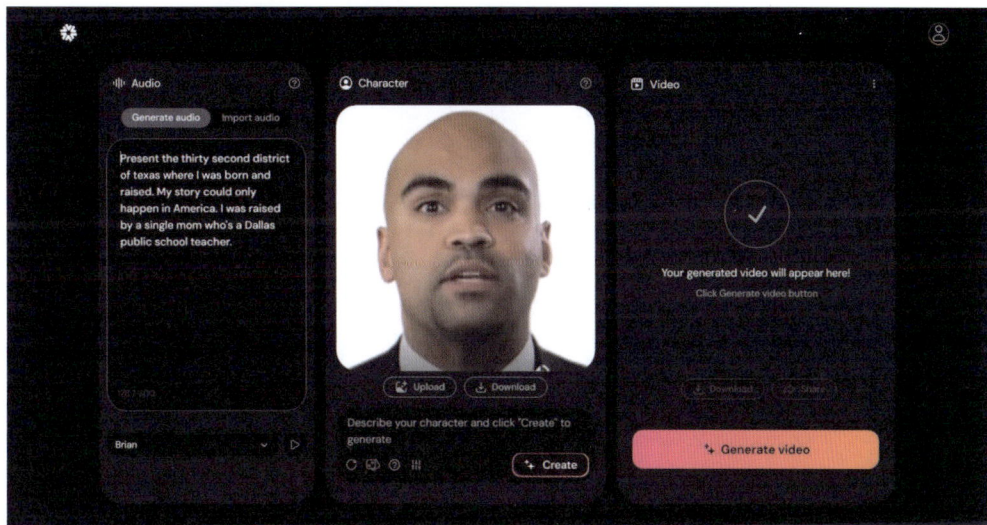

图 13-1　操作设置页面（图中真人来源于官方示例图）

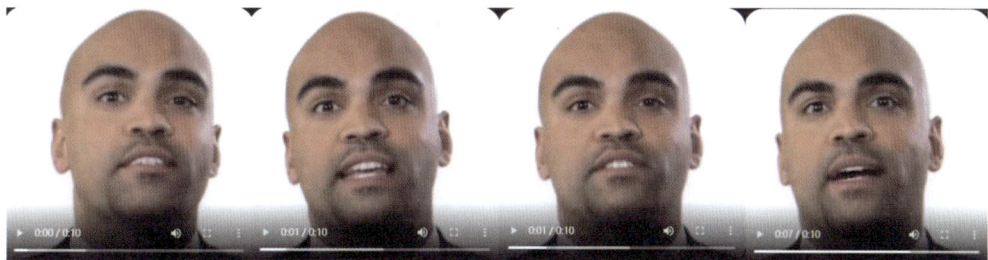

图 13-2　Hedra Labs 生成效果

可以看到，生成的效果非常不错，人物表情自然，语音描述流畅并且没有出现变形等情况。其他平台的效果与其类似，具体效果如图 13-3 所示。

从图 13-3 中可以明显看出，这些平台对于同一人生成的说话效果都十分的好，都实现了唇形同步，并且看上去十分自然，没有出现变形等情况。其中，TalkLip 和 VividTalk 不仅实现了唇形同步，还增加了一些较为明显的头部动作和眼神变化，使人物看上去更加自然，而 SadTalker 和 Wav2Lip 同样也增添了面部表情，但不是很明显。

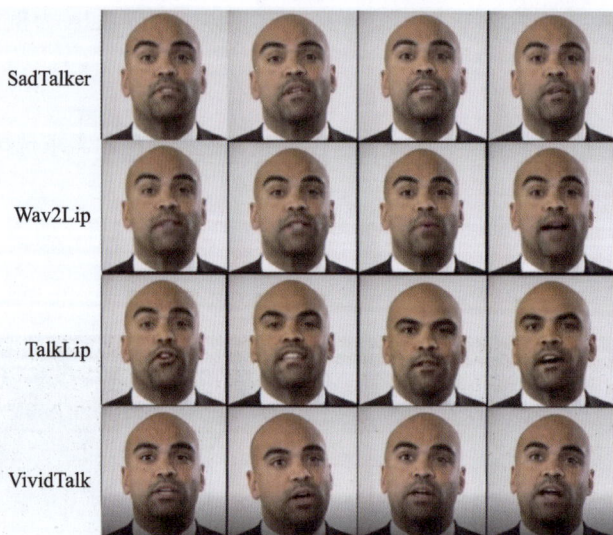

图 13-3　说话效果对比

13.1.2　搭配手部动作

目前，AI 绘声技术得到了显著的发展，不仅成功实现了面部表情的精准同步，使得虚拟形象或角色能够细腻地展现各种情绪变化，还进一步融入了自然流畅的手部匹配动作，极大地增强了人物的真实感和生动性，让交流互动更加栩栩如生，仿佛跨越了虚拟与现实的界限。这里以即梦 AI 为例进行介绍，其网址为 https://jimeng.jianying.com/，具体使用过程如下：

（1）进入即梦 AI 主页，登录后即可使用。

（2）上传想要的角色并输入文本对人物的动作进行描述，可根据需要切换模式。

（3）单击"生成视频"按钮，在生成视频的右下角选择对口型，输入文本后选择需要的配音演员，再次单击"生成视频"按钮。

下面是使用即梦 AI 生成的图片，这里选择了其他生成平台上提供的一张人物正脸的上半身照，如图 13-4 所示，具体生成效果如图 13-5 所示。

图 13-4　操作设置页面（图中真人为其他平台官方示例图）

从图 13-5 中可以明显看出，即梦 AI 生成的效果很不错，手部动作搭配得很自然，没有出现变形等情况，看上去仿佛是真人在进行表达一样。

图 13-5　生成效果

13.2　让图片跳舞

在 Talking Head 技术实现后，又诞生出了图片跳舞技术。图片跳舞技术是一种利用计算机视觉、深度学习和动画技术将静态图片中的元素转化为动态跳舞效果的创新应用。它通过分析图片中的人物特征，自动为其生成舞蹈动作并合成出流畅的视频。这种技术为用户提供了全新的娱乐体验，降低了动态内容创作的门槛，并在娱乐、教育、艺术等领域展现出了广泛的应用前景。

13.2.1　全民跳"科目三"

网络上兴起了一股利用先进 AI 技术的新潮流，人们通过这项技术让虚拟或现实中的人物动起来跳"科目三"舞蹈，这种创意不仅展现了 AI 技术的无限可能，也引发了广大网友的热烈关注和参与。这里以 Viggle 为例，其网址为 https://www.viggle.ai/，具体使用过程如下：

（1）进入 Viggle 主页，登录后即可使用。

（2）上传所需的"科目三"舞蹈视频和人物全身照，这里的人物全身照为平台上提供的一张图片。

（3）单击下方的 Create 按钮进行生成，如图 13-6 所示。

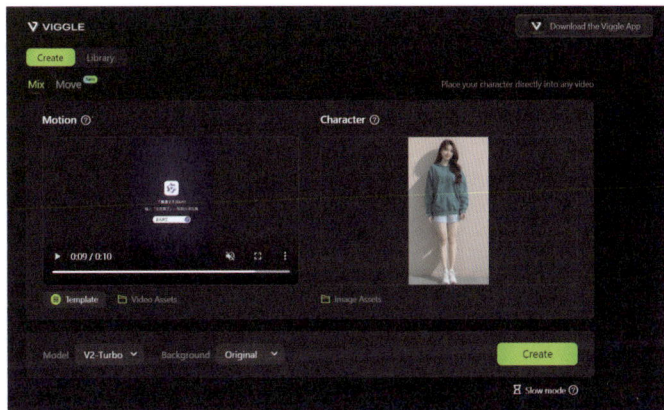

图 13-6　操作设置页面（图中人物为 AI 生成）

　　Viggle 的生成效果不错，人物跳舞的动作十分逼真，但人物边缘存在模糊的问题，其他平台的效果与其类似，如图 13-7 所示。

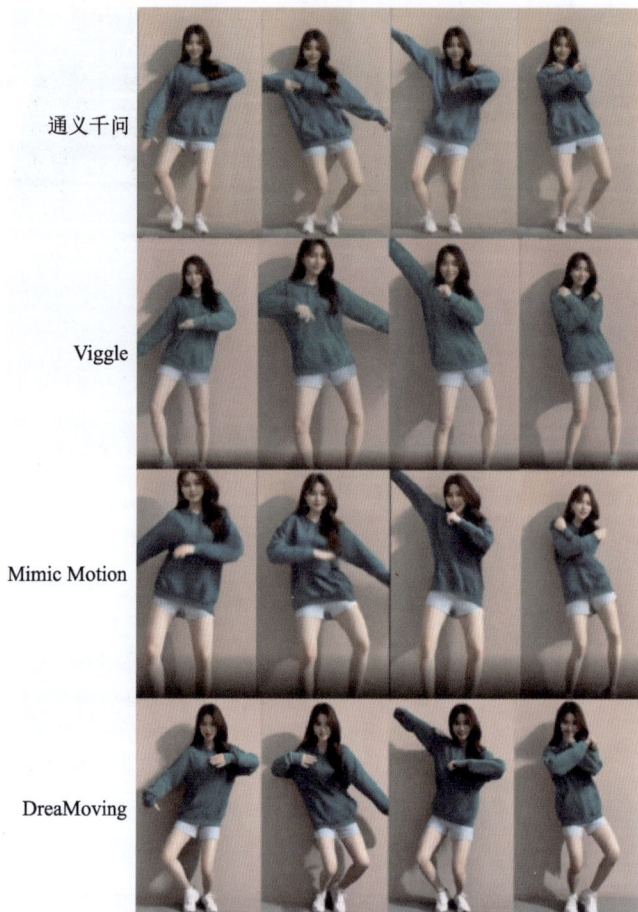

通义千问

Viggle

Mimic Motion

DreaMoving

图 13-7　跳舞效果对比

　　从图 13-7 中可以明显看出，这些 AI 平台生成的跳舞动作效果还原度很高，并且跳舞动作十分流畅自然，没有出现变形等情况，但是都有边缘模糊的问题出现。相比其他平台而言，通义千问的效果较好，边缘模糊问题较少。

13.2.2　全民跳踢踏舞

　　除了能够使图片跳"科目三"舞蹈之外，还能使其跳许多舞蹈，如跳踢踏舞。这里以通义千问（App）为例，具体使用过程如下：

　　（1）下载通义千问 App，之后切换到"频道"页面，选择"全民舞台 - 极速版"。

　　（2）选择"全民舞王"，然后在下方挑选心仪的舞蹈，单击"舞同款"按钮。

　　（3）上传心仪的舞蹈形象，单击"立即生成"按钮即可，如图 13-8 所示。

　　通义千问（App）生成的跳舞效果十分不错，动作十分自然流畅，但是仍然存在边缘模糊问题，其他平台的效果类似，如图 13-9 所示。

图 13-8　操作设置页面（图中真人来源于官方模板图）

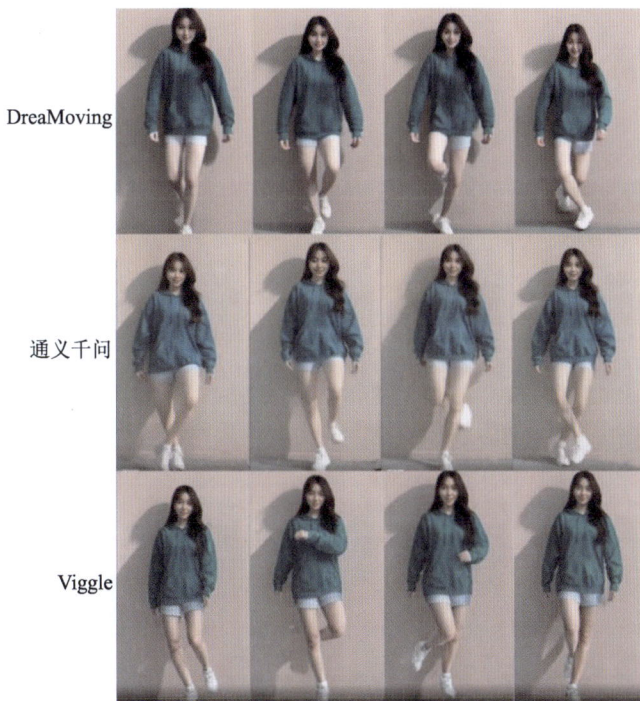

图 13-9　跳舞效果对比

从图 13-9 中可以明显看出，上述平台的跳舞效果都很好，但都难免会出现腿部穿模和前后衣服缺失的问题。其中，通义千问的视频画质相对清晰，并且人物的跳舞动作相对流畅，而 Viggle 的跳舞动作略显生硬且边缘模糊问题较大。DreaMoving 的视频画质较清晰，但是腿部穿模和前后衣服缺失问题相对严重，并且没有明显的前后腿部交换动作。

第 14 章

AI 视频换脸

AI 换脸技术即人工智能驱动的面部替换技术，是一种通过算法将一个人的面部特征置换到另一个人身上的技术。它的应用领域十分广泛，如电影娱乐产业、广告营销、虚拟现实和游戏、安全监控、教育培训和医疗健康等。

以前 AI 换脸技术仅局限于图片，但随着 AI 视频技术的发展，AI 换脸技术同样应用到了视频上，进一步推动了 AI 视频行业的发展。虽然 AI 换脸技术在诸多领域展现出了广阔的应用前景，但是，这项技术同样伴随着一系列复杂的伦理与法律挑战。如果不恰当使用 AI 换脸技术，那么个人隐私可能会遭到侵犯，甚至可能被恶意用来制造虚假信息或进行"深度伪造"，这将对社会的信任体系造成极大的冲击，引发混乱与不安。

目前 AI 视频换脸技术在网络上十分流行，在各大视频平台都有所应用。这里推荐几款比较好用的 AI 视频换脸平台，如 Akool、SeaArt、Vidnoz、GoEnhance、Remaker、HeyEditor 和 FaceSwap 等。

14.1 简单换脸

首先让我们选取一个视频进行简单的面部替换，看一下当前这些 AI 换脸平台的技术效果。以 Akool 为例，其网址为 https://akool.com/，具体使用过程如下：

（1）进入 Face Swap 主页，单击 Choose files 按钮，上传需要进行换脸的视频。

（2）选择想要替换的脸型，适当调整一下 Re-age 的数值，这里调整为 –5。

（3）单击下方的 High Quality Face Swap 按钮生成视频。

下面是要生成的视频，替换的脸型这里选择了网络上一个动漫女生头像的基础脸型，如图 14-1 所示，具体生成的效果如图 14-2 所示。

可以看到，生成的效果十分不错，脸型也很少出现闪烁现象，其中，真人脸（第一排）换成动漫脸（第二排）的效果比较突出，真人脸互换效果较差，而且两种脸型的差异不能太大，否则效果也不好。其他平台的效果与其类似，具体效果如图 14-3 所示。

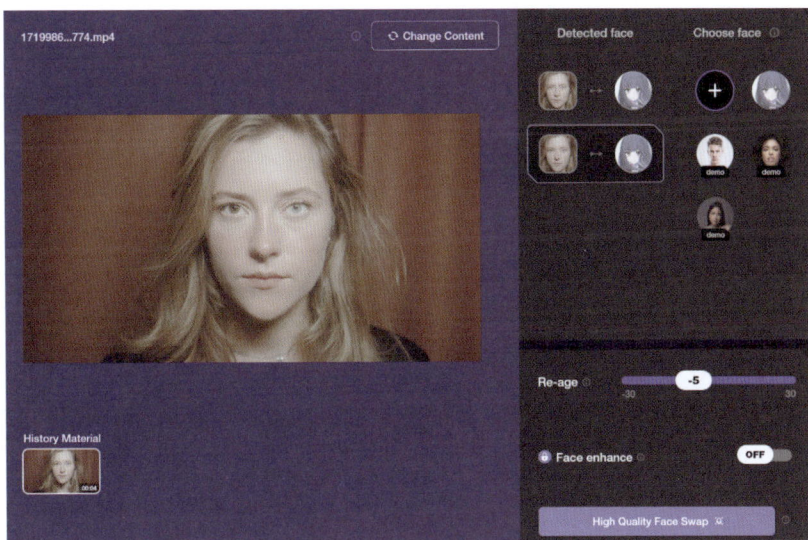

图 14-1　操作设置页面（图中真人来源于官方示例图）

图 14-2　Akool 生成效果（上排为原视频，下排为 Akool 生成的）

图 14-3　换脸效果对比

从图 14-3 中可以明显看出，Akool 的 Face Swap 功能对于人脸的转换效果较好，转换后的视频看上去十分自然，脸型匹配度较高，无闪烁。SeaArt 的脸型没有完全匹配好，还是有些瑕疵，而且还有少许闪烁。Remaker 生成的视频闪烁很严重，并且视频也有些模糊，它目前只能对单人脸的视频进行转换，无法转换多人脸的视频。

14.2　单人视频换脸

单人视频换脸在短视频制作、数字人直播时应用较多，可以隐藏主角或主播的身份，保护其隐私，也可以将普通的脸型替换成特色鲜明的脸型，增加吸引力。下面继续使用 AI 换脸平台进行演示。这次以 SeaArt 为例，网址为 https://www.seaart.ai/，具体步骤如下：

（1）上传需要换脸的视频如图 14-4 所示，最好是 MP4 格式的视频，否则可能会报错，并且上传的视频内容最大支持 500MB（10 分钟），否则将不能使用该平台进行换脸。

（2）上传一张人脸正面照，最好是正脸照，否则换脸的效果会下降。

（3）单击下方的"创作"按钮，等待几分钟后便能生成好，如图 14-4 所示。

图 14-4　在 SeaArt 主页中上传的原视频

可以看到，生成的效果十分不错，脸型也很少出现闪烁现象，但是脸型还是有一些瑕疵，其他平台的效果与其类似，具体效果如图 14-5 所示。

从图 14-5 中可以明显看出，SeaArt 对于人脸的转换效果较好，转换后的视频看上去也十分自然，并且视频的清晰度十分高，闪烁也较少，环境也很少出现扭曲。而在 Remaker 生成的视频中，人物脸型与 SeaArt 相差不大，但是闪烁较多，并且周围环境出现了扭曲（如人物脸旁边的门出现了些许扭曲），视频也比较模糊。

图 14-5　换脸效果对比

14.3　通过换脸改变年龄

　　一般情况下，AI 换脸是将两个人的脸进行互换，从而达到不同的效果，其实也可以将一个人不同年龄段的脸进行互换，从而实现年轻化和老年化。本节我们以网络上的一个人物视频为例，将视频中的人物年轻化，这次以 Remaker 为例，其网址为 https://remaker.ai/，具体步骤如下：

　　（1）上传提前准备好的一个 MP4 格式的视频片段。

　　（2）上传一张视频中的人物年轻时的正脸照。

　　（3）单击下方的 Face Swap 按钮，等待几分钟后便能生成，如图 14-6 所示。

　　可以看到，生成的效果十分不错，因为这次是同一个人的脸型进行替换，所以没有出现闪烁现象，但还是有一些瑕疵，如下巴处的胡须仍然存在，可能是由于脸部位置的原因，其他平台的效果与其类似，具体效果如图 14-7 所示。

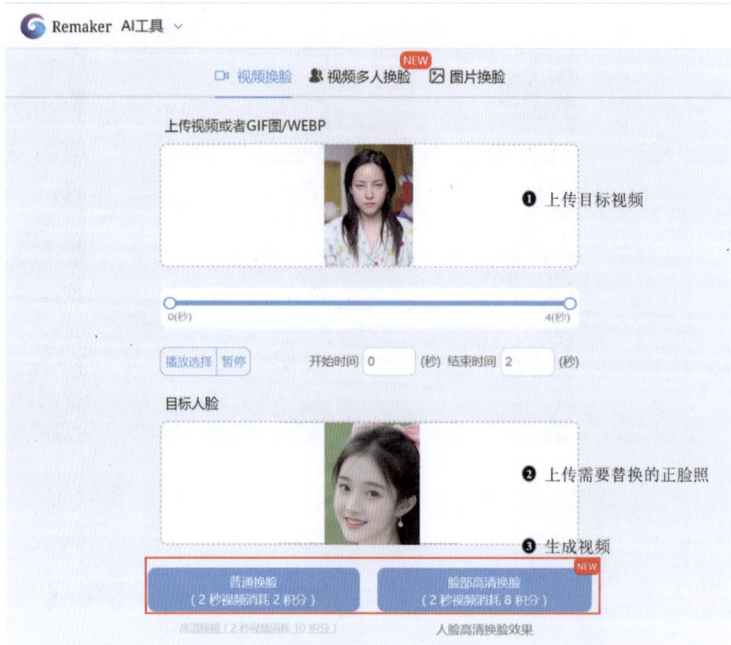

图 14-6　Remaker 主页换脸示例

图 14-7　年轻化换脸效果对比

从图 14-7 中可以明显看出，这些换脸平台对于同一人的换脸效果都十分好，看上去十分自然，没有闪烁出现，脸型匹配度非常高。但是 Remaker 生成的视频有些模糊，相比之下 SeaArt 的视频质量较高，但生成的人物脸型与目标脸型匹配度并不高。在这几个换脸平台中，Akool 的生成效果是最好的，脸型匹配度问题仍然存在，但匹配度较高。

看过了将人物年轻化的换脸效果，下面来看看将人物老年化的效果。这次通过 SD 将上方人物原视频的第一张原图老年化，如图 14-8 所示，各平台的换脸效果如图 14-9 所示。

图 14-8　老年化图

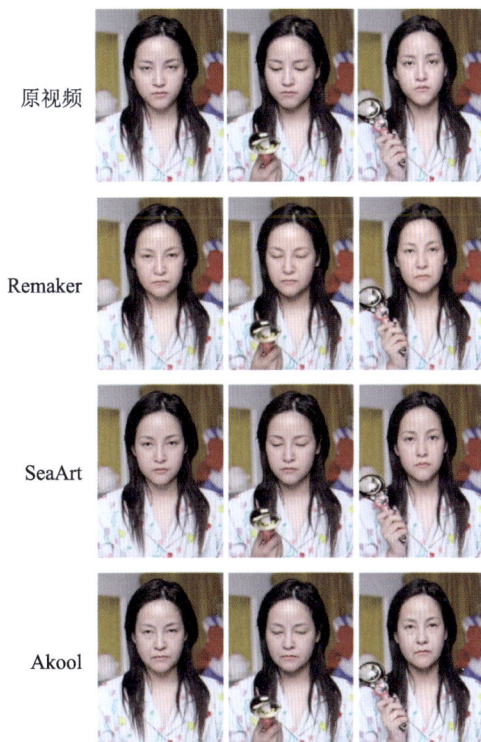

图 14-9　老年化效果对比

从图 14-9 中可以明显看出，SeaArt 对于老年化换脸的效果十分差，生成的脸型与原视频的脸型十分相似，相比之下 Remaker 的换脸效果很好，但是其视频清晰度较低。在这几个换脸平台中，Akool 的生成效果是最好的。

14.4　多人视频换脸

目前，大部分 AI 换脸平台只能替换单人脸，即替换单人视频的人脸，难以实现多人换脸的效果。B 站博主"万能君的软件库"发布了一款离线版的 AI 换脸软件，网址为 https://pan.quark.cn/s/3b063b0ace18，最新版本为 v6。该博主将 Roob 换脸模型整合起来的整合包可以实现多人换脸，但是只能将多人替换成同一张脸，还不能实现直接将多人换成不同的脸。本节使用一个片段作为换脸视频，具体步骤如下：

（1）上传视频片段和拟替换的正脸照，然后勾选下方的"人脸替换"和"人脸高清修复"复选框，"背景高清修复"看具体的要求而定是否勾选。

（2）在"模型设置"页面选择合适的换脸模型和人脸高清修复模型，这里选择换脸模型 simswap_256 和人脸高清修复模型 gpen_bfr_256，如果勾选了"背景高清修复"复选框，则需要选择合适的模型。

（3）在"设备性能设置"页面调节相应的参数，如果计算机显存足够（8GB 以上），可以选择"显卡"，反之，可以选择 CPU。线程数越高，生成速度越快，但占用的内存越大。"最大占用内存"根据计算机显存而定，最好选择比计算机小一点的内存，减少显卡的负担。

（4）其他参数就保持默认即可，如果想进一步研究，可以观看网上的相关教程。所有参数调节完后，单击左下角的"开始生成"按钮，具体操作如图 14-10 所示，生成效果如图 14-11 所示。

注意，上传图片和视频时，路径和文件名不能出现中文及在中文输入法状态下输入的符号，否则会无法生成。

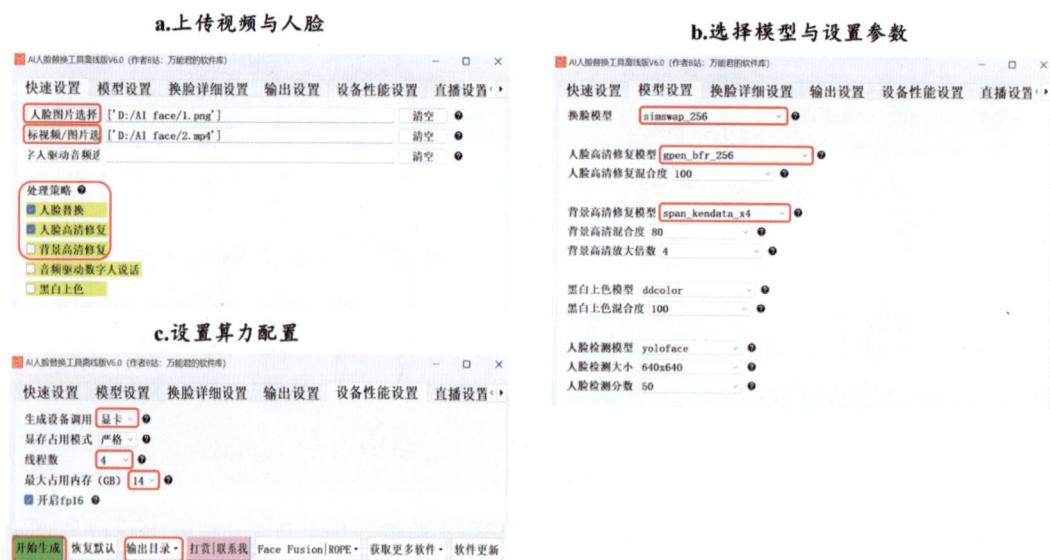

图 14-10　操作步骤

从图 14-11 中可以明显看出，多人换脸的效果很好，脸型匹配度十分高，看上去十分自然，也解决了男女脸型的差异问题，几乎没有闪烁。

但是生成的视频对于侧脸的替换效果不是很理想，会出现一些闪烁，如图 14-12 所示。目前网上普遍实现的都是将多人脸型替换为一种脸型。如果想要将多人脸型替换为不同的脸型，则需要进一步微调换脸模型，该过程对于大部分用户来说难度较大。

原视频

换脸后

图 14-11　换脸效果对比

图 14-12　侧脸闪烁

第15章

AI 视频转绘

AI 视频转绘技术是指利用人工智能（AI）的算法和深度学习模型，对原始视频素材进行分析和处理，捕捉原始视频中的关键元素、动态特征和色彩信息，利用复杂的图像处理算法和风格迁移技术，将原有的视觉风格转换为另一种全新的艺术风格或视觉效果的技术。这种技术可以应用于多种场景，如将真实世界的视频转换成动漫风格、油画风格、水彩风格等，从而创造出独特而富有创意的视觉内容。

目前 AI 视频转绘技术在网络上十分流行，在各大视频平台都有应用。这里推荐几款比较好用的 AI 视频转绘平台和开源项目，如 Pika、Runway-Gen-1、SD-Animate Diff 和 GoEnhance 等。

15.1 真实风格转绘成动漫风格

当前，网络上流行一种将现实世界的视频转化为富有个性的动漫风格，这种创意转换不仅让视频内容焕然一新，还激发了观众对二次元文化的浓厚兴趣，这里以 Domo AI 为例进行演示，其网址为 https://domoai.app/，具体操作步骤如下：

（1）将视频文件上传至 Domo AI 平台。

（2）平台提供了多种动漫风格模板，如日漫、美漫和卡通风格，可以根据个人喜好选择。

（3）输入提示词并调整参数。选定风格后，用户可输入提示词，调整视频参数，如时长和长宽比，这里选择日漫风格。

（4）设置完毕后，单击下方的"生成"，系统将自动完成转绘过程，如图 15-1 所示，具体效果如图 15-2 所示。

Domo AI 转绘的效果十分不错，人物特点和线条神态处理得相当不错，但在处理非标准字体、特殊排版或动态字幕时效果较差，可见其转绘的精准度还有待提高，其他平台的效果与其类似，具体效果如图 15-3 所示。

图 15-1　操作设置页面

图 15-2　DomoAI 视频转绘效果

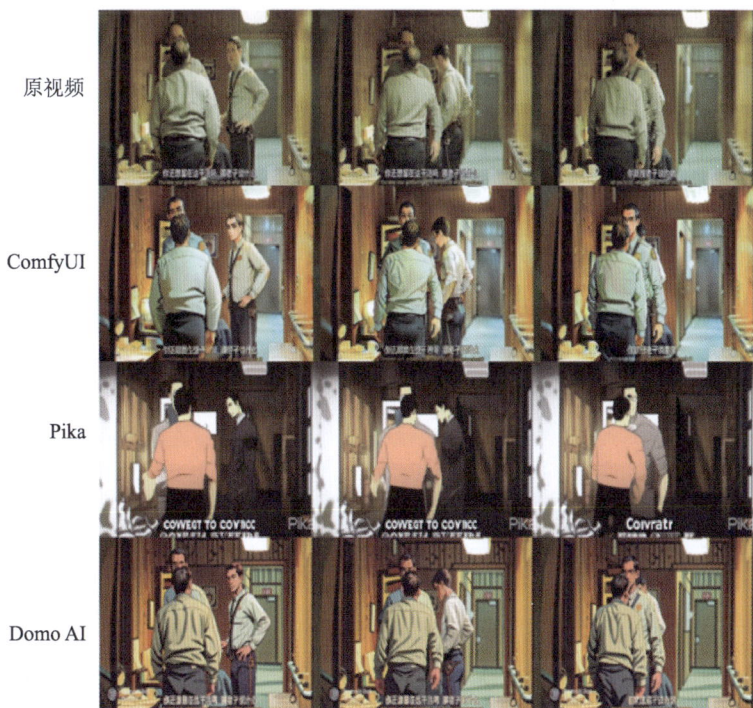

图 15-3　视频转绘效果对比

从图 15-3 中可以明显看出，DomoAI 和 ComfyUI 在进行动漫转绘时展现出了较高的效果，它们在人物细节的控制和背景处理方面与原视频保持了较高的相似度，其中，DomoAI 和 ComfyUI 甚至能够复现背景中门上的标志。Pika 在动漫转绘方面的控制能力相对较弱，人物和背景的细节重绘与原视频的相似度较低。

15.2　真实风格转绘成水墨画风格

在视频艺术的广阔领域中，将真实风格视频转化为充满韵味的水墨画风格，不仅是对传统艺术形式的诠释，也是数字创意与传统美学深度融合的典范。这个过程，就需要通过视频转绘技术来实现了。

对于希望将视频转换为水墨画风格的用户，ComfyUI 是值得推荐的选择。作为一个开源的 AI 视频制作工具，它以灵活性和自定义功能著称。ComfyUI 提供了多种模型和 LoRA 选项，使用户能够根据自己的创意和需求轻松实现视频到水墨画风格的变化。

在视频转绘过程中，色彩的运用至关重要。水墨画通常以其墨色变化来表现艺术效果，而现代转绘技术在此基础上引入了色彩的多样性。这种技术不仅保留了水墨画的传统韵味，还通过色彩的丰富性提升了视觉表现力，转绘结果展示了如何将传统艺术与现代技术相结合，具体效果如图 15-4 所示。

转绘前　　　　　　　　转绘后

图 15-4　视频转绘效果对比

用户可以根据自己的艺术理念，调整模型和 LoRA 的权重，增加正面提示词和负面提示词，修改帧数等操作来实现不同的效果，直到达到满意的艺术效果。

从图 15-4 看，转绘效果从整体上勉强可以接受。视频中的主要元素已经成功地以水墨画风格呈现，但在细节处理方面仍有提升空间，主体有些扭曲，这需要通过细致的调整来逐步优化。

15.3　真实风格转绘成 3D 风格

　　首先选取一个视频并将其转绘为 3D 风格，以评估这些 AI 视频转绘工具的效果。以 GoEnhance 为例，其网址为 https://app.goenhance.ai/，以下是操作步骤。

　　（1）将希望转换为 3D 风格的视频文件上传至 GoEnhance 平台。

　　（2）GoEnhance 提供了 3D 风格模板供用户选择，用户可以根据自己的喜好和需求挑选合适的 3D 风格模板进行转换。

　　（3）选定 3D 风格模板后，可以设置影片时长。

　　（4）单击"开始生成"按钮，耐心等待视频生成。如图 15-5 所示。

图 15-5　操作设置页面

　　以下是生成的 3D 风格视频示例，视频风格选择了 3D CG 风格，如图 15-6 所示。通过 GoEnhance 的先进算法，视频的每个细节都得到了精心的 3D 渲染，从而实现了从原始素材到逼真的 3D 视觉效果的转变。

　　观察图 15-6 所示的 3D 风格视频，可以发现其生成质量与效果均符合高标准。视频中的人物动作如行走和提裙，都被流畅且自然地呈现，显示出对细节的精细处理。背景的转绘同样精细，无论是场景的深度感还是纹理细节，都得到了准确的呈现。此外，视频在播放时画面稳定，未出现闪烁或不连贯的问题，确保了观看过程的连贯性和舒适度。

图 15-6　视频转绘效果对比（GoEnhance 官方示例图）

15.4　真实风格转绘成折纸风格

除了热门的真实风转动漫风格和水墨画风格的视频外，网络上还有一些独特而冷门的风格转换，如折纸风格，它巧妙地将视频场景折叠成精致的艺术品，为观众带来前所未有的视觉享受与想象空间的拓展。这里继续以 GoEnhance 为例，具体操作步骤参考 15.3 节的内容，风格选择其中的折纸风格，具体效果如图 15-7 所示。

图 15-7　视频转绘效果（GoEnhance 官方示例图）

从图 15-7 中可以看出来转绘效果不错，视频中的建筑物转化为精致的折纸模型，棕榈树变成了折纸叶片，人物与自行车也转化为具有动感的折纸形态，这个过程不仅保留了原始图像的情感深度和场景氛围，还为作品赋予了一种新颖的艺术外观，增强了其视觉冲击力和艺术感染力，整体转换效果是相当出色的，但是视频清晰度不高，看上去比较模糊。

第16章
AI 视频重绘

　　AI 视频重绘技术是指利用人工智能技术特别是深度学习技术对现有的视频内容进行重新绘制或修改的过程。这种技术通常涉及对视频帧中的图像元素进行分析、识别、重构和生成，以达到改变视频外观、风格、内容或提升视觉效果的目的。AI 视频重绘技术主要包括局部重绘和整体重绘两部分，都在多个领域有广泛的应用，如影视制作、广告营销、游戏开发和艺术创作等领域，本章主要讲解一些局部重绘的应用。

　　目前 AI 视频重绘技术在网络上十分流行，在各大视频平台都有所应用。本章推荐几款比较好用的 AI 视频重绘平台和开源项目，如 Haiper AI、FRESCO、Pika 和 Domo AI 等。

16.1 改变物体的颜色

　　这里以汽车行驶的一段视频为例，通过 AI 视频重绘技术改变汽车的颜色，以 Pika 为例，具体步骤如下：

　　（1）上传需要重绘的汽车视频，上传视频需要在 10MB 以下，否则生成不了，3 秒以内的视频生成效果较好。

　　（2）单击 Modify region，选择重绘功能，调整重绘范围框，使其完全覆盖汽车。

　　（3）输入想要重绘的目标提示词，如这里输入 A red car is coming。

　　（4）单击右边的生成按键，等待几分钟后就会生成视频，如图 16-1 所示，生成的效果如图 16-2 所示。

图 16-1　操作设置页面

图 16-2　视频重绘前后效果对比

　　从图 16-2 中可以明显看出，Pika 对于颜色重绘的效果十分好，只改变了汽车的颜色，并没有改变周围的环境，也没有出现闪烁等问题，但是汽车的外观和朝向发生了改变。

16.2　更换模特的衣服

　　AI 视频重绘技术在时尚与广告领域展现出了非凡的潜力，尤其是在更换模特衣服这一应用上大放异彩。通过高精度的人像识别与图像生成技术，该技术能够实时且无缝地将模特所穿衣物替换为设计师提供的任何款式，无须重新拍摄或复杂的后期制作。这里以一段人走路的视频为例，继续通过 Pika 来进行重绘。

操作设置见 16.1 节，先通过提示词 White Short Sleeve（白色短袖）更换模特的上衣，再通过提示词 Blue knee shorts（蓝色过膝短裤）更换模特的裤子，具体效果如图 16-3 所示。

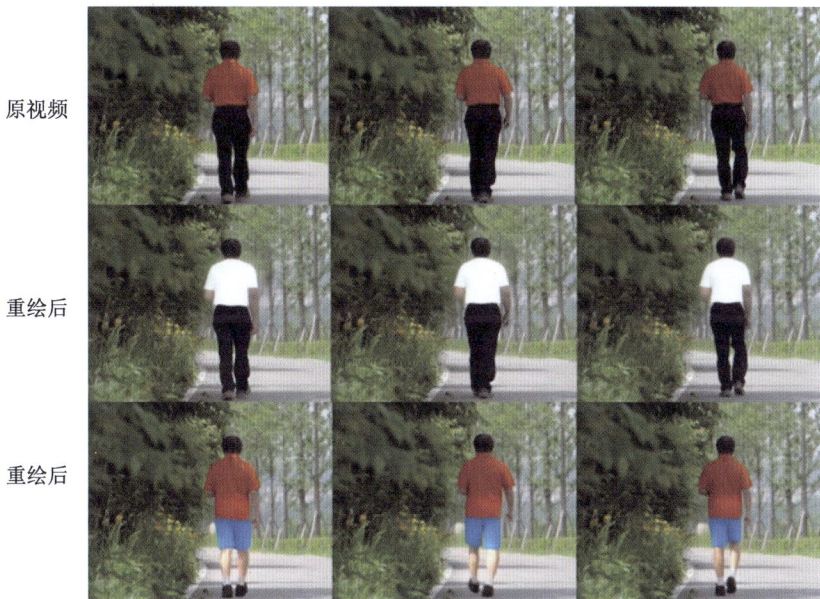

图 16-3　换衣前后效果对比

从图 16-3 中可以明显看出，Pika 对于换衣重绘的效果十分好，只改变了模特的衣服，并没有改变周围的环境，也没有出现闪烁等问题，看上去十分自然，但是在更换裤子的时候，由于原视频的长裤覆盖到了鞋子，所以导致鞋子也发生了改变，因此想要使换衣效果更好，需要原视频的衣服之间存有较大的间隔，并且重绘后的衣服看上去没有真实衣服的层次感和褶皱，有些塑料感。

16.3　无中生有——增添物品

AI 视频重绘技术也可以实现"无中生有"的奇迹，即在保留原视频自然流畅的基础上，巧妙地添加或替换场景中原本不存在的元素，这类技术更多地应用在动物身上，通过精准算法分析与创意合成，可以轻松实现让猴子等动物"穿戴"上人类的物品，如为猴子虚拟佩戴一顶时尚的帽子，使其看上去仿佛正在悠闲地浏览手机，或是手持果汁杯正享受清凉一刻。下面以一段小狗的视频为例，继续通过 Pika 进行重绘。

这里将提示词改为 A pair of cool sunglasses，其他设置不变，具体效果如图 16-4 所示。

图 16-4　添加太阳镜前后对比

从图 16-4 中可以明显地看出，Pika 对于增添物品重绘的效果十分好，只增加了物品，并没有改变周围的环境，也没有出现闪烁等问题，看上去十分自然，但是其添加的太阳镜仍然有些缺陷，从图 16-4 中可以明显看出少了眼镜腿，可以看出其对于某些物品的添加并不是很好。

第 **17** 章
AI 视频编辑

AI 视频编辑技术是指利用 AI 技术对视频进行编辑和处理的一种创新技术。这种技术通过机器学习和深度学习等先进技术，能够自动识别、分析和处理视频素材，从而实现快速高效的编辑。其生成原理是通过文本提示词输入或动作轨迹输入将原来的视频编辑成新的视频，如精彩片段剪辑、视频重绘和风格转绘等。其中，视频重绘与风格转绘在前几章已经讲解过，此处不再赘述，接下来将会讲解如何制作 Vlog。

Vlog（Video Blog，视频博客或视频网络日志）是一种通过视频形式记录个人生活、旅行、美食、学习、工作、思考等内容的日记式分享方式。Vlog 作者通常会以第一人称视角，结合解说、配乐、字幕等元素，将日常生活片段或特定主题的内容制作成视频并在网络上发布，与观众分享自己的经历、感受、观点或技能。

Vlog 以其真实、亲切、个性化的特点，逐渐在社交媒体平台上流行起来，成为一种受欢迎的内容创作形式。它不仅能够满足观众对于多元化、高质量视频内容的需求，也为创作者提供了一个展示自我、表达观点、建立社群的平台。通过 Vlog，人们可以跨越地理界限，感受到不同地域、不同文化背景下人们的生活状态和思维方式，促进了信息的交流和文化的传播。

17.1 选出精彩片段

目前，AI 自动剪辑技术的实现主要是根据视频中的音频部分来实现的，首先自行设定一个音量标准作为筛选基准，随后运用 AI 识别技术来细致分析每个音频片段的音量水平，将其中低于标准的视频和音频片段进行删除，从而实现自动剪辑。这里主要使用由 B 站博主"渣渣就是玩儿"开发的一款 AI 自动剪辑网站，其网址为 https://autocut.video/。目前该网站处于测试阶段，因此可以免费试用。这里以电影《长江七号》的一个视频片段为例，具体步骤如下：

（1）上传事先准备好的视频片段，它几乎支持网上所有常见的视频格式和音频格式，并且对视频的内存没有限制要求。

（2）自行选择一个音量标准，稳健的音量标准为 -40dB，片段间隔为 0.34s；精练的音

量标准为 –40dB，片段间隔为 0.2s；紧凑的音量标准为 –40dB，片段间隔为 0.1s。这些标准都是可以手动调整的，每个人的标准都不同。

（3）重新调整好标准，单击"重新过滤"。

（4）单击右下角的"导出"按钮，选择"过滤后视频"，等待几分钟后就会生成好视频，如图 17-1 所示。

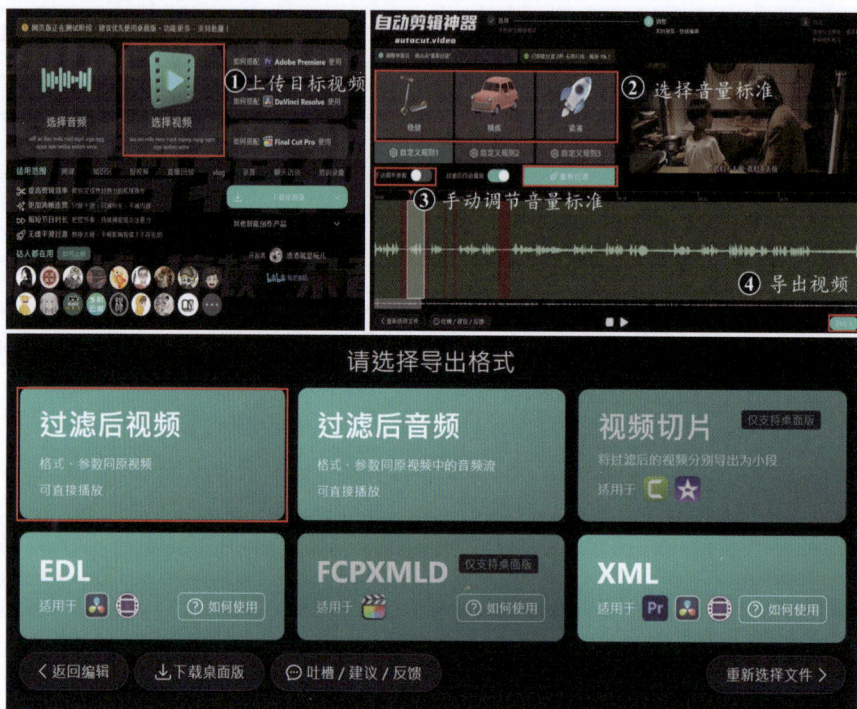

图 17-1　操作设置页面

需要注意的是，在选择"过滤后视频"时，由于浏览器性能限制，建议用网页版导出 18MB 以内的媒体文件，如果使用桌面版则不会有影响，网页版选择格式不受文件大小影响。

可以看到，网站依据音频的音量进行自动剪辑的效果是十分精准、高效的，视频画面整体看上去也十分流畅，但是仍然有些画面前后不太连贯，这就需要人工手动调整了，其对于视频画面和音频契合度十分高的视频来说，剪辑效果非常好，但是对于契合度较低的视频，其剪辑效果就不尽如人意了，需要人工进行修正。

17.2　视频重绘和转绘

在处理视频内容创作时，为了避免潜在的版权侵权风险或者自身隐私泄露，一种有效的策略就是采用视频转绘技术。这项技术通过将视频内容转化为手绘或动画形式，不仅保留了原视频的精髓，还赋予了作品独特的艺术风格，从而巧妙地规避了直接使用他人素材可能带来的法律问题以及自身隐私泄露问题。

如果需要对视频中的特定部分进行修改或强调，则视频局部重绘技术尤为关键。通过精细地重绘视频中的某个区域，如人物穿着、场景细节或关键道具，可以在不改变整体视频氛围的前提下实现个性化的创意表达，既满足了内容创新的需求，又确保了创作的合法性与独特性。

如果不考虑上述因素，可以跳过本节内容，直接阅读下一节内容。接下来所讲的视频重绘和转绘内容是独立分开的，读者可以将两者结合起来使用。

首先进行视频重绘，将自动剪辑好的视频片段使用 Pika 进行重绘，具体操作步骤参考 17.1 节的内容，这里打算将视频片段中的帽子换成红色的棒球帽，提示词为 Red baseball cap，具体效果如图 17-2 所示。

图 17-2　效果对比

从图 17-2 中可以明显看出替换帽子的效果十分成功。除了可以替换视频片段中的事物，还可以增添一些事物，比如给视频片段中的人添加一副墨镜，给他嘴上添加一根棒棒糖等，同时也可以改变事物的颜色，具体参考视频重绘的内容。

接下来进行视频转绘，继续基于自动剪辑好的视频片段使用 Domo AI 进行转绘，具体操作步骤参考前面视频转绘的内容，这里选择转绘的目标风格为 Anime V6（细节丰富的动漫风格 2.0），具体效果如图 17-3 所示。

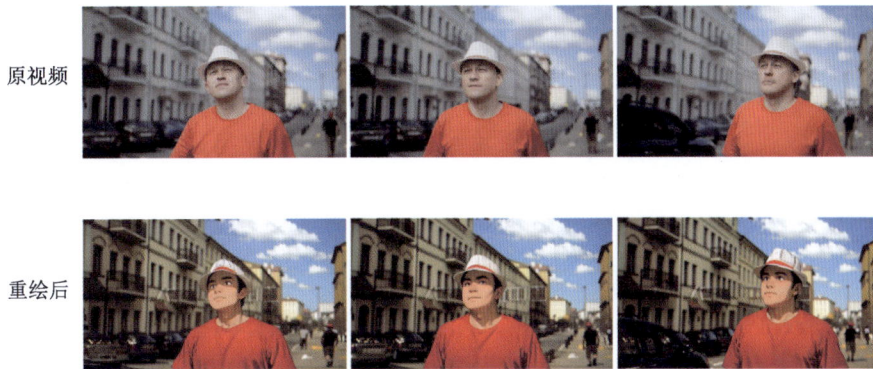

图 17-3　视频转绘前后效果对比

从图 17-3 中可以明显看出，Domo AI 的视频转绘效果十分好，没有出现人物变形等问题，看上去十分自然，周围环境变化很小，几乎完全仿照原视频的环境。Domo AI 提供了许多的转绘风格供用户挑选，如插图、动漫、铅笔和像素等风格，视频转绘的效果也很好。

17.3　视频配乐

在进行视频创作时，音乐的融入占据着举足轻重的地位，它不仅深刻映射了视频内容的情感基调，还极大地丰富了视觉叙事的表现力，促使观众情感的共鸣与深化。寻找并匹配一首恰当的音乐作品，历来是耗时、费力且需要频繁试错的过程，旨在确保音乐与视频内容的无缝对接，达到最佳的艺术效果。

借助 AI 音乐生成技术，视频制作者能够高效且精准地为视频作品配乐，不仅大大缩短了创作周期，还使得音乐与视频内容更加匹配，进一步提高了视频的表现力。此外，利用 AI 音乐生成技术生成的音乐不用担心版权问题。这里推荐两个十分流行的音乐生成平台，分别为 Suno 和 Eleven labs，其中，Suno 的网址为 https://suno.com/about，Eleven labs 的网址为 https://elevenlabs.io/，有需要的读者可以自行体验其生成效果，此处不再赘述。

第 6 篇

AI 视频项目案例实战

经过前面几篇的介绍，AI 视频的理论知识讲解完毕。本篇将讲解如何从头到尾利用 AI 视频技术制作一部动画和一部宣传片。经过前面几篇内容的学习，我们已经完成了 AI 视频理论知识的讲解，为读者打下了坚实的基础。下面我们将进行实践应用。

在本篇中，笔者将手把手教大家如何运用 AI 视频技术从创意构思到最终呈现，一步步制作出一部充满创意与活力的动画，以及一部引人入胜的旅游宣传片。

☞ 第 18 章　AI 动画制作——复现《门后的世界》

☞ 第 19 章　AI 文旅视频制作——武汉宣传片

第 **18** 章

AI 动画制作
——复现《门后的世界》

　　随着 AI 视频技术的快速发展，一系列创意十足的 AI 动画片借助 AI 视频技术以独特视角展现出动画片所映射出的主题内容，在各大平台上获得了大量关注与转发。本章将引导读者通过 AI 工具，在传统动画制作的核心流程中融入 AI 技术，实现从脚本到最终动画作品的完整创作过程。

　　《门后的世界》是一部完全用 AI 生成的广受好评的动画短片，短片制作者分享了其生成过程，可以作为优秀的教学案例。下面通过复现《门后的世界》这部动画短片，详细展示 AI 动画制作的流程与关键技术。

18.1　编写脚本

　　在 AI 视频创作中，编写脚本通常包括两部分，即编辑故事内容和可行性评估，下面分别进行讲述。在本节内容中，我们将从编辑故事内容和 AI 生成的可行性评估两个方面进行讲解。

18.1.1　编辑故事内容

　　在制作动画的过程中，首先需要编辑整个动画的故事内容，具体包括整体构思和详细剧本生成两部分。

1. 构思

　　在制作动画的过程中，首先要构思并确定动画的主题、故事情节、角色设定及核心信息，下面具体介绍。

　　1）确定主题

　　首先，主题可以来自个人经历、社会问题、历史事件、科幻想象、情感探索等，其次，考虑观众群体及其兴趣点，虽然不能完全迎合所有人的口味，但是应确保所列出的主题能引起目标观众的共鸣。

为了完整复现《门后的世界》，此处直接使用原片的主题：探索未知与逃离现实的交织，通过一扇神秘的门进入奇幻世界，遇见了象征复杂人性的狼先生，最终回归现实面对家庭变迁。故事探讨了逃避与面对、想象与现实的界限，以及成长中对自我认知的探索与接受。

2）确定故事情节

确定主题后，可以利用 AI 工具（如 ChatGPT）生成故事内容。首先输入提示词生成故事内容：请根据上述主题内容增添细节内容，生成一个完整的故事。然后对其内容进行细节调整，故事情节如下：

镇子上一面墙上有一扇很小的门，没有楼梯凭空出现在一米高的地方，大家都说不要进那扇门。小时候听到父母吵架，我希望自己消失，于是我在吵架声中逃出家，搬着梯子钻进了那扇暗门。

顺着黑暗的山洞向前爬，随后我来到了一座美丽的花园走廊，走到尽头，我撞见一只魔王打扮的狼躺在沙发上。我因为对狼毛过敏，打了个喷嚏，把它惊醒了。

狼先生带我去小人国酒吧喝酒。后来我又去找了它几次，每次都打喷嚏，它说我奇怪，对狼毛过敏还老是来找它。

沙发对面是一栋五颜六色的楼，狼先生说那里面每一个房间都是一个人的大脑。有的人窗子很宽，可以看见外面的世界，也有的人窗子只有窄窄的缝，要通过窗台的望远镜眺望宇宙。我问哪一个房间是我自己的，狼先生说不建议你看，但如果你想看的话，我可以带你去。我推开门，陷入一片漆黑。

漆黑中，听到母亲喊我起床，无法忍受父亲家暴的母亲连夜把我带走搬离了那里。坐上车我才想起来，我还没来得及和狼先生说声再见。

多年后，我回到了故乡小镇，却再也找不到那扇门。原来那面墙的位置，变成了一家艺术琴馆。老板问我需要什么，我说我在找一只狼。

我走出店，看着和多年前已经完全不同的街道。片尾 BGM 响起。

3）角色设定

首先，明确角色在故事中的位置与作用，是主角、反派还是辅助角色。接着，赋予角色独特的性格特征，如勇敢、机智、内向或复杂多变，这些性格应贯穿其行为始终。设计外貌时，应考虑与性格相符的细节，如发型、服饰和体态语言。同时，构建角色的背景故事，包括成长经历、家庭环境等，以解释其行为动机。明确角色的目标与追求，将成为其行动的动力。最后，考虑角色间的关系网，确保角色间的互动自然且富有张力。通过细致入微的设定，让角色鲜活起来，成为观众心中的独特存在，《门后的世界》的角色设定如表 18-1 所示。

表 18-1 角色设定

角色名称	角色定位	性格特征	外貌描述	作　用
主人公	主角	好奇、勇敢、纯真、略带忧郁	童年时期：短发，大眼睛，穿着朴素的家常衣服，脸上带着一丝与其年龄不相符的沉思。 成年后：眼神更加坚定，着装简洁大方，透露出岁月的痕迹	故事的驱动者，通过探险揭示内心的渴望与逃避，最终成长并面对现实
狼先生	神秘导师/朋友	威严而不失温柔，幽默风趣，略带神秘感	魔王打扮，身着华丽的黑色长袍，头戴尖顶帽，脸上戴着狼的面具，但眼神透露出智慧和善意	引领小主人公进入内心世界，象征智慧与庇护，帮助小主人公理解自己的情感和现实困境

续表

角色名称	角色定位	性格特征	外貌描述	作　用
母亲	保护者	温柔、坚强、勇敢	面容憔悴但眼神坚定，长发或短发皆可，穿着朴素但整洁，总是带着一丝对孩子的担忧与爱护	支撑小主人公度过艰难时刻，最终带其逃离不幸的家庭环境，成为其成长道路上的重要依靠
父亲	负面形象	暴力、冷漠、控制欲强	穿着朴素，面露冷酷、严肃之色，感受到其阴暗、压抑的形象	作为小主人公逃避的根源，推动故事发展，展现家庭暴力对孩子的影响
琴馆老板	告知者	温和、专业、好奇	穿着得体，举止文雅，脸上挂着微笑，透露出对艺术的热爱和对他人的尊重	在故事结尾为小主人公提供线索，暗示过去的变迁，也象征着时间的流逝和新生活的开始

4）核心信息

确定通过动画想要传达的核心信息或价值观，可以是关于勇气、友谊、成长、爱、正义、环保等经典主题，也可以是更具体的社会议题。

《门后的世界》是一个关于成长的主题动画，主角童年逃避家庭争吵，通过神秘门进入奇幻世界遇到狼先生。狼先生引领主角探索内心世界，后被迫逃离家暴。多年后重返故乡，门已不在，象征成长与失去纯真。

2. 编写详细的剧本

剧本包括角色对话、场景描述和情节转折等，可以借助 ChatGPT、Kimi 和文心一言等工具。此时，我们需要构思提示词，也可以利用 GPT 生成提示词，在这里分享以下常用的两种使用 GPT 生成提示词的方法。

- □ 第一种：首先，引导 GPT 自主构思并建立一套核心原则体系，随后，依据这些精心确立的原则，指导其生成精确且符合逻辑的提示词。这个过程始于对原则的明确定义与构建，然后依据这些原则细致地设计出具体的提示词指令，示例如图 18-1 所示。

图 18-1　第一种生成提示词的方法

❑ 第二种：首先明确阐述自己的具体需求，并让 GPT 基于这些需求自行形成相应的提示词，然后根据其生成的提示词来生成结果，示例如图 18-2 所示。

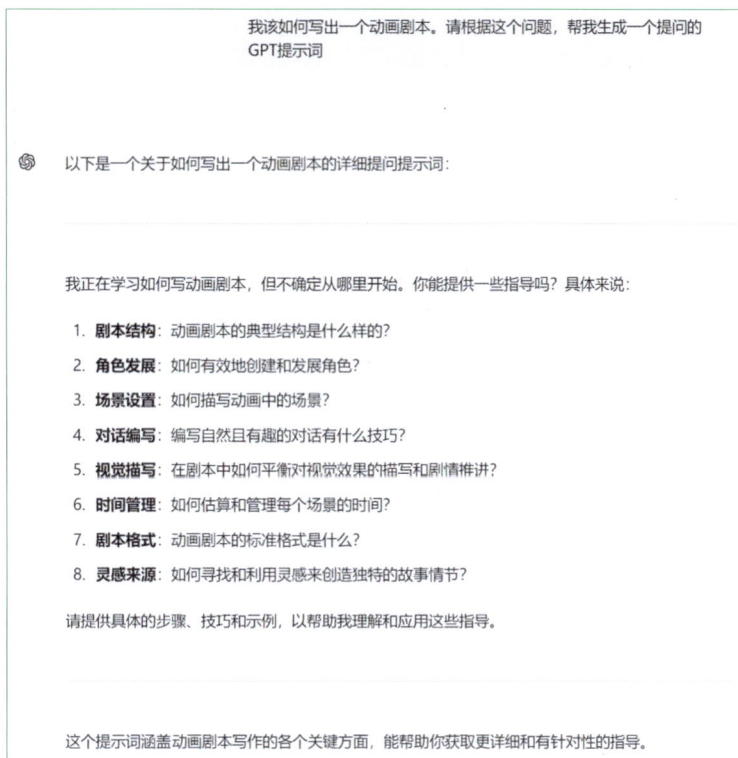

图 18-2　第二种生成提示词的方法

根据上述两种方法可以生成一个详细的剧本，具体内容如下。

1）角色对话

需要紧扣剧情，塑造角色性格，对话内容应自然流畅，符合角色身份和情境。通过对话展现角色关系，推动情节发展。同时，注意语言风格与整体动画氛围相协调。

2）场景描述

需明确时间、地点，营造合适的场景氛围。描述应具体生动，涵盖环境细节、光影效果及色彩搭配，以展现场景特色。同时，结合角色动作与剧情发展，使场景描述服务于整体故事叙述。

3）情节转折

需巧妙设计冲突与悬念。通过角色命运的突变、意外事件的发生或关键信息的揭露，引发观众的好奇心。转折需自然融入剧情，逻辑合理，既能出乎意料又能令人信服。同时，注重情感铺垫，使转折更具冲击力，推动故事向高潮发展。

在复现《门后的世界》的过程中，可以让 ChatGPT 根据简单的故事情节生成详细的故事情节。

首先将上面确定的故事情节复制到 ChatGPT 中，然后输入提示词补充细节：请将上述故事情节增添细节内容，包括角色对话、场景和故事转折情节，如图 18-3 所示。

图 18-3　故事情节生成

以下是生成的完整版故事情节：

那是一个阴沉的下午，父母的争吵声在屋子里回荡。我蜷缩在自己的房间里，双手紧紧捂着耳朵，但那刺耳的声音还是不断钻入脑海。我希望自己能消失，希望这一切噩梦般的场景都能结束。

突然，我记起了镇子上一面墙上的那扇小门——那扇没有楼梯、凭空悬在一米高处的小门。所有人都说不要进那扇门，但那一刻，我只想逃离。于是，我偷偷搬着梯子跑出了家，来到了那面墙前。

"希望这次真的能逃走。"我喃喃自语，颤抖着爬上梯子，小心翼翼地推开了那扇小门。门内是一片漆黑，我犹豫了一下，最终还是钻了进去。

顺着黑暗的山洞，我摸索着前进。山洞里凉飕飕的，空气中弥漫着一股湿润的泥土味。不知走了多久，前方终于出现了一丝微光。我加快了脚步，迎面而来的是一座美丽的花园走廊。

走廊两旁种满了五彩斑斓的花朵，花香扑鼻而来，令人心旷神怡。我走到尽头，发现那里有一间温馨的小屋，屋内布置得古色古香。让我吃惊的是，一只魔王打扮的狼正悠闲地躺在沙发上。

"啊——嚏！"我突然打了个喷嚏，狼先生被惊醒了。

"谁在那里？"狼先生警觉地坐起身，目光迅速锁定在我身上。"你是谁？怎么会到这里来？"

"对不起，狼先生，我只是……只是想逃离家里的争吵。"我有些不好意思地说。

狼先生打量了我一番，见我并无恶意，便起身走过来。"对狼毛过敏还敢来这里，真是奇怪的孩子。既然来了，就跟我去小人国酒吧喝一杯吧。"

小人国酒吧位于花园深处，酒吧里熙熙攘攘，充满了欢声笑语。酒吧里的客人都是各种奇特的小人，他们热情地向我打招呼。我和狼先生坐在角落的一张桌子旁，点了一些果酒和小吃。

"你叫什么名字？"狼先生问。

"我叫小晓。"我回答。

"小晓，你知道吗？这花园其实是通向另一个世界的入口。你能来到这里，说明你有着非凡的勇气。"狼先生意味深长地说。

我们聊了很久，直到我不得不回家。每次再来找狼先生时，我总是会因为对狼毛过敏打喷嚏。狼先生笑着说："你这个奇怪的孩子，明知道对狼毛过敏，还老是来找我。"

有一次，我们在沙发对面的一栋五颜六色的楼前停下。狼先生指着楼说："这里面每一个房间都是一个人的大脑。有的人窗子很宽，可以看见外面的世界；也有的人窗子只有窄窄的缝，只能通过窗台的望远镜眺望宇宙。"

我好奇地问："那哪一个房间是我的呢？"

狼先生沉默了一会儿，说："不建议你看，但如果你想看的话，我可以带你去。"

我犹豫了一下，还是决定看看自己的房间。推开门的那一刻，我陷入一片漆黑。

在漆黑中，我听到母亲的呼唤声："小晓，起床了！"我猛地睁开眼睛，发现自己躺在家里的床上。母亲站在床边，眼中满是忧虑和决心。

"我们走吧，离开这里。"母亲坚定地说。无法忍受父亲家暴的她连夜把我带走，搬离了那个伤心的地方。

坐在车上，我的心情复杂极了。我突然想起，还没来得及和狼先生说声再见。

多年后，我回到了故乡小镇。那面墙和小门已经不复存在，取而代之的是一家艺术琴馆。我走进店里，老板热情地问我需要什么。

"我在找一只狼。"我回答。

老板愣了一下，微笑着说："这里没有狼，不过你可以随便看看。"

我走出店，看着和多年前已经完全不同的街道，心中满是惆怅。曾经的冒险仿佛只是一个遥远的梦，唯一真实的，是那份深藏心底的怀念（片尾 BGM 响起，悠扬的旋律在空气中回荡，仿佛在诉说着那些年少时光的美好与忧伤）。

18.1.2　AI 生成的可行性评估

完成故事内容的编辑后，在后续运用 AI 技术制作动画的过程中，一个重要的考量因素便是 AI 技术的可行性与实现能力，即需要细致地评估每个情节片段，以确定其是否能够通过当前的 AI 技术得到有效实现与呈现。通常需要评估以下内容：

❑ 角色行为的自然模拟。通过细腻的动作设计、符合物理规律的运动轨迹及表情细节，角色的动作可以变得流畅、真实，仿佛拥有生命力，具体包括模拟行走、奔跑、跳跃等日常行为，以及表情变化、肢体语言等情感表达，从而确保观众感受到角色的个性与情感，增强沉浸感。具体操作可以考虑利用 AI 进行动作引导和表情控制，也可以使用传统动作捕捉技术进行补充，即哪些是 AI 能做的，哪些是 AI 虽然不能做但是能使用传统方式补充的。

□ 环境氛围的智能营造。我们可以利用生成式 AI 及其他辅助工具与技巧，精准调控光影、色彩、材质等要素，模拟出真实或超现实环境，增强情感表达与沉浸感，使观众能够深刻感受故事背景与情感氛围。

□ 一致性的控制。一致性控制是 AI 视频中最重要的问题之一。在控制一致性时，需要综合使用多个工具和多种技巧。有些复杂的人物、风格与场景，难以用 AI 进行一致性控制。例如，某些角色、风格和场景，AI 绘画大模型或者视频大模型并不支持，可能需要训练自己的微调模型。

对于那些暂时超出 AI 能力范畴的情节，往往需要进行巧妙的删减或调整，更适合当前技术水平的表达方式，以确保故事的整体质量和观众的接受度。

18.2　美术设计

在正式进行 AI 动画制作前，细致的美术设计准备工作是不可或缺的，如确定动画的风格、设计角色形象及设定关键场景等。

本节将从确定动画风格、角色形象设计和场景设计三个方面进行讲解。由于美术设计与 AI 绘画出图高度相关，所以建议读者先熟悉 18.4 节中 AI 绘画技巧的相关内容。

18.2.1　确定动画风格

在 AI 动画制作的初始阶段，明确整体色彩方案与风格是至关重要的一步。这不仅关乎作品的视觉吸引力，更直接影响观众的情感共鸣。利用先进的 AI 工具，能够自由探索多样化的色彩组合与风格表现，从细腻、温婉到粗犷豪放，每种尝试都旨在确保画面内部元素的和谐统一，为最终作品奠定一个既鲜明又协调的基调。

在复现《门后的世界》的过程中，主要使用 Midjourney 生成图片，其官方网址为 https://www.midjourney.com/，其中需要注意以下两点。

1. 确定风格提示词并保持一致

在涉及跟风格相关的图片生成提示词时，统一采用吉卜力风格（Ghibli style）作为风格提示词，并使用"--Sref"参数来保持风格一致性。

2. 生成角色、场景及道具的提示词

关于如何设计提示词，可以参考 18.4 节中的相关内容。此处统一按照提示词公式角色/场景/道具特点＋环境色彩＋风格＋后缀参数进行生成，如图 18-4 所示。《门后的世界》采用 Ghibli style（吉卜力风格），利用后缀参数 --ar 4:3 确定图片尺寸比例为 4 ：3，

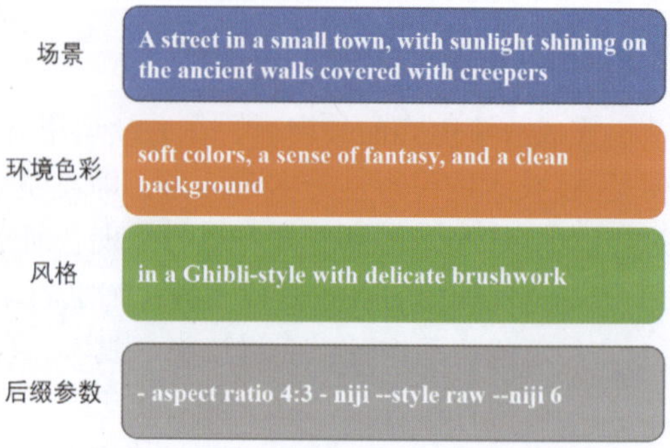

场景	A street in a small town, with sunlight shining on the ancient walls covered with creepers
环境色彩	soft colors, a sense of fantasy, and a clean background
风格	in a Ghibli-style with delicate brushwork
后缀参数	- aspect ratio 4:3 - niji --style raw --niji 6

图 18-4　提示词构成

利用 –niji 确定出图模型为动漫类的 niji 模型，具体示例如图 18-5 所示。

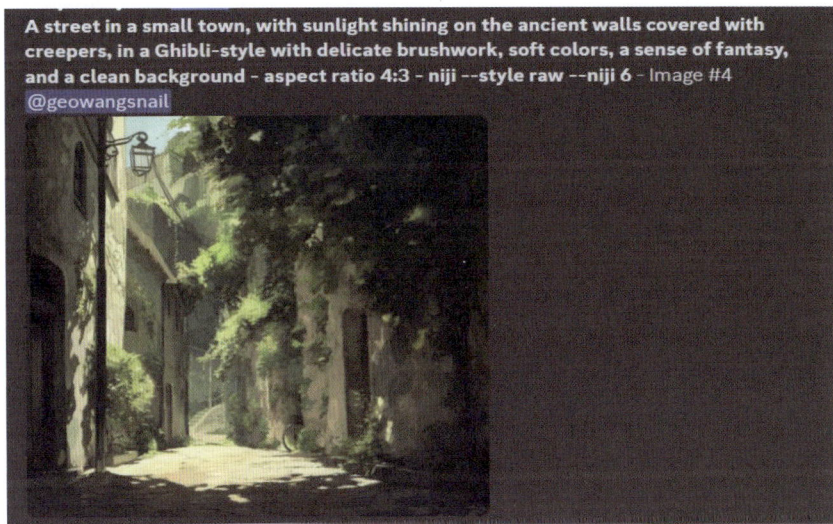

图 18-5　生成示例

18.2.2　角色形象设计

在动画制作过程中，一旦确定了整体的动画风格，紧接着便是关键人物形象的设计。角色设计是动画创作中的核心环节，它不仅影响观众对角色的第一印象，更是推动故事情节发展的重要元素。根据剧本内容，设计团队需要深入挖掘每个角色的性格特点、背景故事以及他们在故事中的角色定位，从而设计出这些角色的外貌特征、服装风格、表情变化等，具体内容如下：

- ❑ 外貌特征：需要明确其性格、身份与故事背景。通过线条、色彩与形状构建独特形象，如夸张的发型、鲜明的色彩对比或特定服饰元素，以视觉语言传达角色特质，使观众一眼难忘，促进角色情感与故事的传达。
- ❑ 服装风格：需要紧扣角色性格、背景与时代感。运用鲜明色彩对比或柔和色调搭配，体现角色特质；注重剪裁与细节，展现角色身份与动态美感。最终，服装风格应与整体动画风格和谐统一，助力角色鲜活地呈现。
- ❑ 表情变化：需要精准捕捉角色情感变化瞬间，运用夸张或细腻的手法，通过角色的眉眼、嘴角及面部肌肉细微调整，传达角色的喜怒哀乐。角色的表情变化应流畅自然，与角色性格和剧情发展紧密相连。

为了将这些设计理念具象化，可以使用 AI 绘画工具生成角色草图。AI 工具能够根据输入的描述自动绘制出角色的基本形象，随后可以在此基础上进行细致的调整和优化。

在复现《门后的世界》的过程中，根据上面提到的考虑因素和故事内容，分别从角色的外貌特征、服装风格和表情变化三个方面设计出主要角色，如表 18-2 所示。

表 18-2　主要角色形象设计

角　　色	外 貌 特 征	服 装 风 格	表 情 变 化
主角（幼年）	短发，大眼睛，眼睛闪烁着好奇与纯真，脸庞稚嫩，带着一丝倔强	穿着朴素的家常衣服和短裤，脚踏一双旧的帆布鞋	从初离家时的迷茫与不安，到发现秘密花园时的惊讶与喜悦，再到遇见狼先生时的紧张与好奇
主角（成年）	短发，眼神深邃，面容略显沧桑，但依旧保持着儿时的那份倔强与好奇	穿着简洁的衬衫和文艺风格的长裙，脚踏一双朴素的帆布鞋	回到故乡时的复杂情感，既有怀念也有陌生感，寻找狼先生未果后的失落与怀念
狼先生	身材高大，毛发漆黑油亮，双眼闪烁着智慧与神秘的光芒，耳朵尖尖，嘴角时常挂着一丝玩味的笑	身着华丽的黑色长袍，头戴一顶镶嵌着宝石的王冠	初见主角时的好奇与警觉，随后转变为友善与接纳，在酒吧中则显得轻松惬意，面对主角的喷嚏时，表情从惊讶转为无奈，最后习以为常，表情变得淡然

　　根据表 18-2 中的角色形象设计内容，翻译成英文提示词。以 Midjourney 为例，其中，主人公幼年时期的生成提示词可设计为：A little girl with short brown hair, wearing red and green , standing on the ground with simple facial features in a flat illustration style against a pure white background in a full body portrait shown from the back with a 2D effect in an anime art style with minimalist backgrounds and flat colors, in the style of Hayao Miyazaki's hand-drawn style, the characters have no shadows --ar 4:3。

　　随后依次生成主人公成年时期和狼先生的角色形象，如图 18-6 所示。

主角幼年时期　　　　主角成年时期　　　　狼先生

图 18-6　主要人物形象

18.2.3　场景设计

　　在动画制作的过程中，场景与人物角色发挥着至关重要的作用，它们共同构建了一个生动、完整且富有吸引力的故事世界。场景有营造氛围、推动情节快速发展、展示世界观和增强视觉冲击力等作用。

　　动画中的场景有很多，包括背景、布局和细节元素等，具体介绍如下：

　　❑ 背景：指动画场景中除了主要角色和动态元素以外的所有静态元素所构成的画面部分，用于衬托主要角色，营造故事氛围，展现动画世界的全貌。需要明确动画的整体风格、主题和氛围，深入了解故事和角色，注重美观与真实感。

- 布局：指对动画场景中各个构成元素（如角色、景物、道具等）的相对位置进行安排和组合，以达到特定的视觉效果和叙事目的。需要明确故事需求，合理规划空间，巧妙运用色彩与光影，注重镜头切换与细节处理，确保布局一致、连贯，营造引人入胜的视觉体验。
- 细节元素：指那些能够丰富画面内容、增强故事表现力、提升观众沉浸感的微小但关键的视觉或听觉元素。需要注重角色服饰的细腻描绘，角色表情的微妙变化，动作的流畅自然，以及背景中的纹理、光影和色彩搭配。

每个场景都需要根据剧本的内容而定，在设计场景时，需要确保它们与角色和剧情相协调，并能推动故事情节发展。

在复现《门后的世界》的过程中，根据上述剧本的内容和上述考虑因素，这里从背景、布局和细节元素三个方面出发，设计出了相关场景，如小镇街道、林间小路、花园、酒吧和艺术琴馆等，其中一些场景如图 18-7 所示，从左至右依次为小镇街道、林间小路、酒吧。

| 小镇街道 | 林间小路 | 酒吧 |

图 18-7 主要场景

以酒吧为例，其生成提示词为：A very old bar，captured in the style of Studio Ghibli anime with intricate brushwork, soft colors, a sense of fantasy, and a clean background - aspect ratio 4:3 - niji. --style raw --niji 6。

在 Midjourney 中，为了保持场景的一致性，可采用垫图法、Seed 值和提示词等方法，具体操作请参考前面关于保持一致性技巧的内容。

18.3 分镜设计

在完成了动画风格的确立、关键人物形象的设计与场景设计后，接下来的创作流程便聚焦于根据剧本内容设计分镜脚本。这个过程不仅是将文字故事转化为视觉叙事的桥梁，更是对情节节奏、画面构图、镜头运动及情感表达的全面规划。

本节将从制定分镜脚本和细化分镜细节两个方面进行讲解。

18.3.1　制定分镜脚本

分镜脚本是指导动画制作的蓝图,它以故事图格的方式呈现影像构成,包含幕号、场景以及描述等,具体内容如下:

- ❑ 幕号:用于标识动画中不同场景或情节的段落,帮助制作团队明确各段落间的逻辑关系和时间顺序。需要根据剧本内容,将故事划分为若干相对独立又相互联系的段落,并为每个段落分配唯一的幕号。
- ❑ 场景:需要细致描绘每个镜头的画面内容,明确镜头的运动方式(如推、拉、摇、移等)和镜头间的切换方式。
- ❑ 描述:需要清晰具体地展现每个镜头的画面内容。

如果要将剧本内容转化为分镜脚本,则需要深读剧本,理解其主题、情节、人物关系及每一个场景的情感和氛围要求,然后明确规划每个镜头的画面内容、构图方式、镜头运动和时长,最后还需要添加一些细节内容,如转场方式、对话和音乐等。

在复现《门后的世界》的过程中,可以让 ChatGPT 根据剧本生成更加详细的分镜脚本并按照表格形式呈现,视频创作者可以按照分镜脚本内容,在 AI 绘画平台上生成对应的镜头画面。

根据上述考虑因素,这里通过幕号、场景和描述三个方面进行生成分镜脚本。首先将生成好的故事情节复制到 ChatGPT 中,然后输入提示词补充细节:请根据故事情节生成详细的分镜脚本,包含幕号,场景以及描述,以表格的形式。等待几分钟后便能生成分镜脚本,结果如表 18-3 所示。

表 18-3　分镜脚本

幕　号	场　景	描　述
1	小镇街道,夜	昏黄的路灯下,小镇的街道显得格外宁静。镜头缓缓推进至一面斑驳的老墙,墙上有一扇异常小的门,约一米高,周围无楼梯,显得突兀而神秘。旁白响起,讲述镇上的传说
2	主角家中,夜(内)	昏暗的灯光下,父母激烈的争吵声穿透墙壁,主角(孩童形象)满脸恐惧,眼神中充满无助。主角偷偷搬起梯子,决定逃离这一切
3	墙下,夜(外)	主角小心翼翼地将梯子靠在墙上,颤抖着手脚爬向那扇小门。门后透出微弱的光,引诱着她前进
4	山洞入口,夜(内)	主角推开小门,进入一条狭长的黑暗山洞。手电筒的光束在前方摇曳,引导她前行
5	美丽花园走廊,夜(外)	穿过山洞,主角眼前豁然开朗,一片五彩斑斓的花园走廊映入眼帘,花香扑鼻,仿佛置身仙境
6	花园走廊尽头,夜(内)	走廊尽头,一只穿着魔王服饰的狼(拟人化,非恐怖)悠闲地躺在沙发上。主角因对狼毛过敏,不慎打了个喷嚏,狼先生被惊醒,好奇地打量着她
7	小人国酒吧,夜(内)	狼先生带着主角进入一家名为"小人国"的酒吧,两人坐在吧台前,享受着异世界的宁静与友谊
8	花园走廊,多次(内/外)	多次回访,主角每次见到狼先生都会因过敏打喷嚏,狼先生时常会调侃她的"奇怪习惯"

续表

幕　号	场　景	描　述
9	五颜六色的大楼前，夜（外）	狼先生指向对面的大楼，解释每个房间代表一个人的大脑。主角好奇地询问自己的房间，狼先生犹豫后并未回答她，而是带她去看她的房间
10	大楼内部，主角的房间，夜（内）	门缓缓打开，主角踏入一片漆黑。突然，画面转为模糊的记忆片段，快速闪过以前家暴的场景和母亲的温柔
11	逃离的清晨，家外（外）	母亲轻声呼唤主角起床，两人趁着夜色逃离，坐上远离小镇的车。主角回望，心中充满不舍
12	多年后，小镇街道，日	主角长大成人，回到故乡。街道已焕然一新，她四处寻找记忆中的那面墙
13	艺术琴馆前，日（外）	主角站在一家艺术琴馆前，发现那面墙已不复存在，取而代之的是这家雅致的店铺。她推门而入，询问店主
14	艺术琴馆内，日（内）	店主礼貌地询问主角的需求，主角说自己在找一只狼，店主露出不解的表情
15	琴馆外街道，日（外）	主角走出琴馆，环顾四周，小镇的变迁让她感慨万千。背景音乐渐起，带着淡淡的忧伤与释怀
16	片尾，街道远景，日（外）	镜头缓缓拉远，主角的身影渐渐融入熙熙攘攘的街道中，背景音乐达到高潮后渐弱，画面定格在主角望向远方的背影，故事结束

　　需要注意的是，并非所有分镜描述都能通过 AI 技术得到满足要求的图，所以需要根据 AI 技术的生成效果反过来对分镜脚本进行适当调整。

18.3.2　细化分镜细节

　　初步的分镜脚本完成后，还需要对其进行微调。不仅需要对每个镜头进行细化设计，还需要考虑镜头之间的过渡和衔接，确保故事流畅、连贯，最常见的方式就是添加转场效果。

　　在复现《门后的世界》的过程中，有许多镜头之间需要添加转场效果。比如第 8 幕和第 9 幕之间，主人公进入门后通过一段漆黑的山洞进入花园，如图 18-8 所示。通过山洞需要一定时间来提高真实感，这时就需要添加转场过渡来表现时间的流逝，确保镜头之间的流畅衔接，以增强观众对场景转换的认知。

　　如果不想增添通过山洞的片段，也可直接使用黑场过渡或者白场过渡的转场效果，但是看上去可能会有些突兀。

图 18-8　通过山洞画面

18.4　AI 绘画出图

利用 AI 绘画进行美术、分镜设计和生成关键帧，是 AI 视频中图生视频的重要基础工作。下面简要介绍 AI 绘画常用工具、文生图技巧、图生图技巧及控图技巧，方便读者对 AI 绘画快速进行全系统性的了解。由于我们是专注于学习 AI 视频，如果希望深入学习 AI 绘画，可以参考笔者出版的《AI 绘画大师之道：轻松入门》与《AI 绘画全场景案例应用与实践》两本图书。

简要介绍 AI 绘画概要后，针对 AI 视频中的三个一致性，即角色一致性、场景一致性和风格一致性，本节将介绍如何在 AI 出图时保持一致性，我们将从 AI 绘画概述、一致性保持技巧和动画制作过程出图三个方面进行讲解。

18.4.1　AI 绘画概述

短短两年内，生成式 AI 绘画快速成长为可以威胁设计师的颠覆性生产力工具。基于不同 AI 绘画模型开发的绘画平台、在线 AI 绘画网站、AI 插件等等层出不穷，如何选择合适的绘画大模型、在线网站或 AI 插件作为设计工具是 AI 绘画的首要问题。

1. AI 绘画模型

一般，我们基于 Stable Diffusion（SD）、Midjourney 与 DALL-E 三大 AI 绘画模型及其使用平台进行 AI 绘画。

Stable Diffusion 是初创公司 Stability AI 旗下的产品。Stable Diffusion 相关版本免费、开源，任何人都可以下载并使用，该项目的网址为 https: //Github.com/AUTOMATIC1111/stable-diffusion-webUI。

Stable Diffusion WebUI 简称 SD-WebUI，是基于 Gradio 库的 Stable Diffusion 浏览器界面。通过 SD-WebUI，用户可以在浏览器中访问基于 Stable Diffusion 大模型的 AI 绘画系统，可以通过菜单操作进行模型选择、参数设定、图像编辑和保存。Stability AI 相继推出了 SD1.5、SDXL、SD3 Medium 等绘画大模型。

Midjourney 与 DALL-E、Stable Diffusion 一样，通过自然语言描述（prompt）生成图像，成图质量非常精美，也是一个著名的生成式人工智能绘画程序和服务。Midjourney Inc 由大卫·霍尔茨（David Holz）在加利福尼亚州的旧金山成立。该公司一直致力于改进其算法，每隔几个月便会发布新模型版本，截至 2024 年 7 月，已经发布了 12 个版本。最新版 v6 模型提供了 2048×2048 高清大图、更强的提示词理解能力、更多可控性、改善手部生成、3D 模型生成、视频生成等全新特性。

DALL-E 是 OpenAI 研发的生成式预训练绘画大模型，支持使用自然语言（提示词）生成图像。OpenAI 于 2021 年 1 月 5 日发布了第一代 DALL-E 大模型，引起轰动，于 2022 年 4 月发布了 DALL-E2，AI 绘画性能获得大幅提升，于 2023 年 9 月发布最新版 DALL-E3，出图质量追平了 Midjourney 与 SDXL1.0，并实现了与 ChatGPT 联动的多模态能力，提示词书写更加方便、指令遵循更加准确。官方平台提供了 DALL-E3 的体验机会，其网址为 https://openai.com/dall-e-3，但对国内邮箱有限制。截至 2023 年 10 月，微软已经使用 DALL-E3 模型创建了 AI 绘画应用。

快手推出了可图绘画大模型,文生图出图效果堪比 Midjourney,但暂未推出图生图、控图及模型微调功能。

在 AI 绘画实践中,普遍认为 Midjourney 使用最简单、出图稳定且效果最好,但存在国内网络无法使用且费用较高的问题;SD-WebUI 拥有上万个微调模型生态,也可以训练自己的个性化微调模型,其基于微调模型的出图效果不逊于 Midjourney,同时 SD-WebUI 拥有强大的 ControlNET 控图功能且开源,可本地部署免费使用。通常,我们采用 Midjourney 生成底图,采用 SD-WebUI 进行控图,将二者结合进行 AI 视频关键帧创作。

2. AI 绘画工具

1)SD-WebUI

拥有一定代码基础的读者可基于源码进行安装。但国内有多位开发者提供了不同版本的封装包,无须具备代码基础,下载后一键安装。其中,B 站 UP 主秋叶的封装包使用最为广泛。

SD-WebUI 有本地安装和云部署两种使用方式。本地部署需要将 SD-WebUI 的相关代码或集成包下载到个人或企业计算机上进行安装使用,要求计算机具有 4GB 以上显存,NIVIDIA GPU(N 卡)。云部署可选择的平台较多,阿里云、AUTODL、Google CoLab 等均可方便部署 SD-WebUI,但均需要付费使用。

安装完成后的 SD-WebUI 界面如图 18-9 所示。

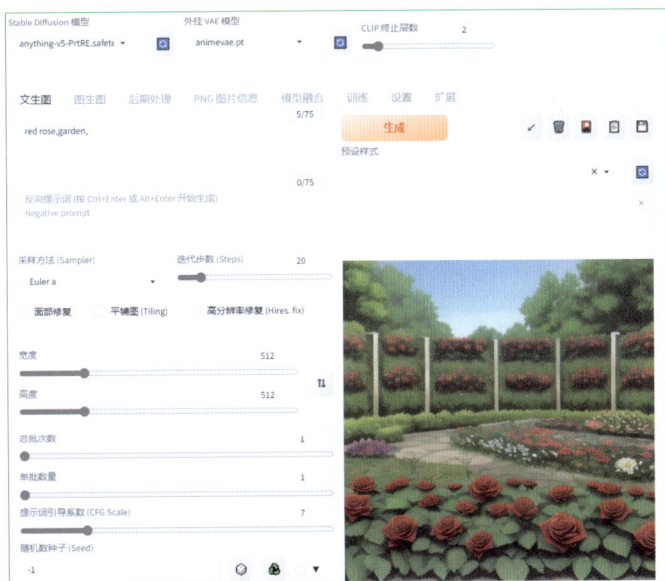

图 18-9 SD-WebUI 界面展示

由于其开源属性和可按需更换模型的特点,在著名的 HuggingFace、Civitai、Liblib 等网站上拥有大量来自网友开发并分享的模型。用户通过 SD-WebUI 可以方便地下载并使用这些模型,从而实现各种绘画风格、创意和题材。

2)Midjourney

对于 Midjourney,一般通过著名的游戏社交网站 Discord 使用绘画服务,如图 18-10 所示。Midjourney 需要付费订阅才能使用,目前有不同价位和服务的月套餐与年套餐可供选择，推荐购买月会员。

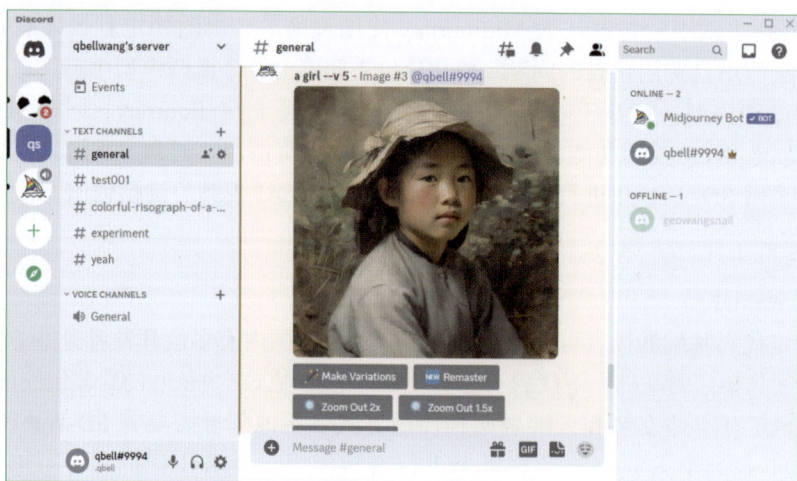

图 18-10　Midjourney Discord 页面

在 Discord 服务器中，输入相关绘图命令和提示词，可实现文生图或图生图，默认一次性生成 4 张图像。相对于 SD-WebUI 复杂的参数选择带来的自由度和操作难度，Midjourney 使用非常简单，对图像控制要求不高的用户非常友好。

3. AI 绘画技巧

接触过 AI 绘画的读者，大概见过文生图、图生图和微调模型这 3 个 AI 绘画名词。这 3 个名词恰好是使用 Stable Diffusion 模型绘画的 3 种方式，下面分别进行介绍。

- ❑ 文生图：利用文本（提示词）引导模型生成具有指定特征的图像。当 AI 听懂了我们的命令时，会在扩散过程中进行创作，生成命令要求的图像。即便是同样的提示词（命令），AI 每次创作的图像也不一样，有时候甚至大相径庭。
- ❑ 图生图：提供一幅底图给 AI 作为参考，然后使用提示词告诉 AI 我们想基于底图进行什么样的创作。AI 会在底图上增加几层噪声，然后再进行常规降噪，就能生成与底图类似并符合提示词要求的图像。增加的噪声越多，AI 自由发挥的空间越大，生成的图片与底图的差别就越大。
- ❑ 模型微调：通常是训练一个附属权重网络（LoRA），让 AI 学习新的概念，可以画出 AI 原本不知道的新对象、新风格，如六耳猕猴这一创新物种。
- ❑ ControlNet：通常是训练一个附属权重网络（LoRA），让 AI 学习新的概念，可以画出 AI 原本不知道的新对象、新风格。

其中，ControlNet 是 Stable Diffusion 中主要的控图功能，可以实现对图片的风格、元素与线条的控制，在图生图时保持一致性，控制类型如图 18-11 所示。

4. 提示词

由于 prompt 可以令 AI 绘画无中生有，且时常会出现令人惊艳的结果，网友们形象地称之为"咒语"，写提示词也称之为"咒语"。一条完整、规范的"咒语"一般包含以下 5 个方面。

控制类型

全部　　Canny (硬边缘)　　Depth (深度)　　NormalMap (法线贴图)　　OpenPose (姿态)

MLSD (直线)　　Lineart (线稿)　　SoftEdge (软边缘)　　Scribble/Sketch (涂鸦/草图)

Segmentation (语义分割)　　Shuffle (随机洗牌)　　Tile (分块)　　局部重绘　　InstructP2P

Reference (参考)　　Recolor (重上色)　　Revision　　T2I-Adapter　　IP-Adapter

图 18-11　控制类型

- 图像主体：拟生成图像中的对象，通常是人物或物品，如图 18-12 所示，提示词为：
  一个年轻人在咖啡馆里喝咖啡、一只白色的猫在花园里玩耍、草原上一朵盛开的菊花。

A young man drinks coffee in a café　A white cat playing in the garden　A blooming chrysanthemum on the stepps

图 18-12　明确要画什么——主体

- 图像场景：拟生成图像中的对象所处的场所/场景，如上例中年轻人所在的咖啡馆、猫所在的花园、菊花所在的草原等都是对象所在的场所。而生日 party、婚礼现场、毕业典礼等如图 18-13 所示，都是暗含了具体情境的场景。

a beautiful girl in a birthday party　a girl in a wedding scenes　a girl in a graduation ceremonies

图 18-13　场景

- 环境色彩：拟生成图像中的光照、天气、氛围、色彩、纹理等其他细节信息。如图 18-14 所示，提示词为：一个阳光明媚的早晨、粉红花海被薄雾笼罩，宁静惬意、女孩穿着英格兰风针织格子罩衫。

A sunny morning The sea of pink flowers is shrouded in mist, quiet and comfortable Girl wearing an English-style knit plaid blouse

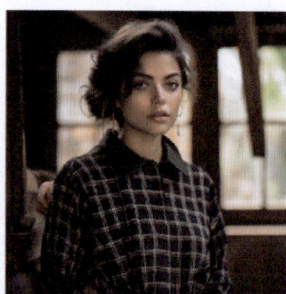

图 18-14　环境氛围

- 图像风格：拟生成图像所采用的绘画风格。如图 18-15 所示，新海诚漫画风、中国山水画、梵高风格等。例如，一幅新海诚风格的情侣牵手在大街上奔跑的漫画、一幅长江边黄鹤楼耸立的中国古典山水画、梵高的自画像等。

A cartoon of a Shinkai Makoto style couple holding hands running on the street a classical Chinese landscape painting of the Yellow Crane Tower towering by the Yangtze River Self-portrait of Van Gogh

图 18-15　风格设定

- 图像设定：指定拟生成图像的尺寸、比例、像素、视角和拍摄方式等。如图 18-16 所示，提示词为：一个中等尺寸的城市景观，高清，广角、俯拍视角，东湖风景区、仰拍视角，一株高大的香樟树。

A medium-sized cityscape, HD, wide angle Top view, East Lake Scenic Area Tile view, a tall camphor tree

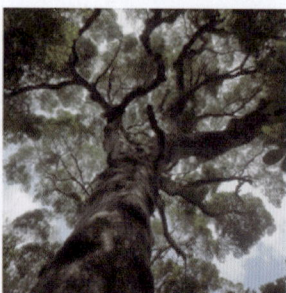

图 18-16　图像设定

prompt 的编写需要考虑具体场景和需求，同时要确保清晰、准确、具体。

18.4.2　一致性的保持技巧

为了确保生成的图片在风格、场景及人物形象上保持高度一致，需要掌握 AI 绘画概述中各模型的特性及各工具的使用技巧。各种 AI 绘画在线平台较多，考虑到通用性，这里主要介绍 Midjourney 和 SD-WebUI 两个平台的相关控图技巧。

1. Midjourney 中一致性的保持技巧

对于风格一致性，一般推荐以下 3 种保持技巧：

❑ 在所有提示词中输入一致的风格提示词；

❑ 使用 /settings 功能，设置相同的生成模型和相关设置，设置完之后就能在后续出图时保持风格一致性；

❑ 使用 Midjourney V6 Alpha 模型中新推出的 -Sref 参数。

对于角色一致性，可以使用垫图法、利用 Seed 值、设置 --Cref 参数和调整提示词等方法，具体操作如下：

❑ 垫图法：首先在 Midjourney 中输入关键词生成一个基础角色或者上传基础角色图，然后选择自己满意的角色图片单击放大，然后右击获取并复制图片的 URL 链接，最后在 Midjourney 的命令框中输入 /imagine，在描述词前面加上所选图片的 URL 链接，链接与描述之间要添加一个及以上的空格。

❑ 利用 Seed 值：首先在 Midjourney 中生成一个满意的角色，右击生成的图片，在弹出的快捷菜单中依次选择"添加反应" | envelope 命令，随后就会收到 Midjourney Bot 的消息，打开消息你就会获得 seed 值，最后将 Seed 值与描述词结合起来。

❑ --Sref：主要用于风格参考和风格迁移。通过指定一个或多个图片链接，并设置 --sw 参数（值越小越柔和，值越大细节越多），可以将指定图片的风格应用到新生成的图像上。

❑ --Cref：主要用于角色参考和角色迁移。通过指定一个或多个图片链接，并设置"--cw 参数"（0：只有面部迁移，100：衣服、面容、发型、服装穿搭全部迁移），可以将指定图片中的角色特征应用到新生成的图像上。

❑ 提示词：通过提供精细的描述词，如角色描述、视角、距离、情绪、服装、风格和光源等，可以帮助系统更准确地理解和执行用户的意图。同时，系统还会采用迭代优化技术来细化人物的一致性，确保输出的图像在视觉上与原始人物模型高度一致。

2. SD-WebUI 中一致性的保持技巧

在 SD-WebUI 中，一般使用自训练的微调模型 LoRA 和 ControlNet 控图插件两种方式来保持一致性，下面分别进行介绍。

在 SD-WebUI 中，对于一致性保持的最佳方案是使用微调模型 LoRA。利用已有的、符合视频需求的 LoRA 或者训练自己的 LoRA，可以保持角色、风格、场景的高度一致。一般情况下，针对风格保持需要使用风格 LoRA，如水墨风、动漫风、敦煌风、剪纸风、齐白石风等；针对角色保持，直接训练自己的角色 LoRA，使用该 LoRA，可以让 AI 绘画与图中的人物高度一致。同理，场景 LoRA 可以保持图片中的元素和构图相对稳定。

在 SD-WebUI 中，ControlNet 可以控制图生图中的线条、风格、元素，下面分别从这三个方面进行展示。

1）线条

在线条控制中，可以保持原图的线条基本不变，进行重新渲染，改变原图的风格和局部内容，如图 18-17 所示。

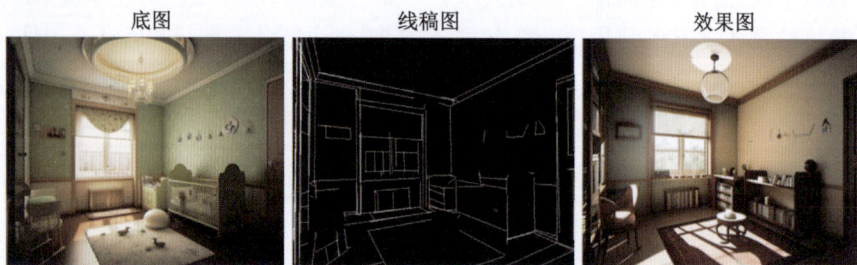

图 18-17 线条效果展示

2）风格

在风格控制中，可以保持原图的风格元素，重新生成高度相似的新图，如图 18-18 所示。

图 18-18 Reference 获得相似图片（第一张为底图）

3）元素

在元素控制中，可以保持原图的主题元素不变，使用局部重绘获得满意的新图，如图 18-19 所示。

图 18-19 局部重绘面部蒙版

当然，上述 3 种控制技巧可以合并进行，如风格控制叠加线条控制，如图 18-20 所示。另外，在 SD-WebUI 生态中还提供了指定人物姿势的姿势控制（如图 18-21 所示）、可控制指定区域画什么的区域控制（如图 18-22 所示）、可控制图片深度信息的深度控制（如图 18-23 所示）等控制功能。灵活运用这些控图技巧，可以进行高度控图，从而实现 AI 视频要求的一致性。

图 18-20　IP-Adapter 风格控制叠加线条控制

图 18-21　Openpose 姿势控制

图 18-22　Latent couple（指定左侧画猫，右侧画少女）

245

底图　　　　　　　　　　线稿图　　　　　　　　　　效果图

图 18-23　深度图控制

18.4.3　动画关键帧图像制作过程

由于《门后的世界》主要使用视频关键帧进行图生视频引导，因此，在完成前期准备工作后，需要使用 AI 绘画来生成关键帧图像。此时，一般关注两方面的内容：第一，确定视频关键帧及其提示词；第二，在视频关键帧之间保持风格、角色、场景的一致性。

1．视频关键帧生成

生成的关键帧图像的主体内容大多依据生成的分镜脚本构思而成，以确保动画制作的连贯性，实现创意。其中，部分关键帧图像的相关内容如表 18-4 所示，关键帧部分图像如图 18-24 所示。

表 18-4　关键帧部分生成

关　键　帧	提　示　词	生　成　方　法	AI 生成工具
以前的小镇街道	场景：Small town streets, sunshine shining on ancient walls, 环境色彩：fine brushstrokes, pastel colours, fantasy 风格：Ghibli style, 后缀参数：--ar 4:3 --sref https://s.mj.run/GgYABcvLVvA --s 50 --style raw	通过 -Sref 参数保持风格一致性。首先输入相关场景的提示词，最后输入 -Sref，再加上之前生成的场景图的链接，以保持风格一致性	Midjourney
狼先生朝前走来	图片链接： https://s.mj.run/yMM43o8IgeU https://s.mj.run/0HdawfVKMyc 后缀参数：--style raw --niji 6	通过垫图法将狼先生与场景图合成，首先上传狼先生形象图和林间小道场景图，随后输入两张图片的图片链接，最后再输入提示词	Midjourney
后来的小镇街道	场景：Busy streets，many people walking，many cars, 环境色彩：wide-angle，featured on pixiv (foranime/manga)，vivid colors，soft lighting，massive scale 风格：Ghibli style, 后缀参数：--ar4：3 --style raw --niji 6	根据脚本相关内容，提炼关键词，然后输入相关提示词	Midjourney

第1秒：以前小镇的街道　　第9秒：父母吵架　　第12秒：女孩在门后偷听

第15秒：离家逃走　　第22秒：门后梦幻通道　　第29秒：狼先生向前走来

第35秒：酒吧音乐　　第70秒：以后的小镇　　第79秒：与艺术琴馆老板交谈

图 18-24　关键帧图像

2. 一致性保持

在使用 Midjourney 的 /imagine 指令进行生图时，要注意以下 3 点：

□ 为了确保所有生成图片的风格一致，需要在输入关键词时输入相同风格的关键词，
这里统一输入风格提示词：Ghibli style，同时也可以使用 --Sref 参数来保持风格一
致性。

□ 为了确保场景和人物一致，可以使用 describe 指令获取图片提示，然后根据获取的
提示内容生成类似的图片。

□ 同时也可以进行垫图，即先上传场景和人物形象的图，然后在输入提示词时先输入
上传图片的图片链接，最后输入相关提示词。需要注意的是，图片链接和相关提示
词之间需要添加一个及以上的空格，否则会报错。

同样，如果使用 SD-WebUI，请参考 18.4.2 节介绍的一致性保持技巧，这里不再赘述。

在复现《门后的世界》的过程中，根据上述考虑因素，这里分别使用上述方法生成了
一些图，具体示例如下：

□ 输入风格参数：在生成林间小道的场景图时，首先输入相关提示词，随后加入风格
提示词：Ghibli style。

□ describe 指令：在生成小女孩睡觉的图时，首先使用 describe 指令获取小女孩形象
图的相关提示词，随后在输入睡觉相关提示词时，输入小女孩形象相关提示词。

□ 垫图法。在生成狼先生向前走来的图时，首先上传狼先生形象图和林间小道场景图，

随后输入两张图片的链接，最后输入相关提示词。

根据上述 3 种方法绘制的图，呈现的效果十分不错，如图 18-25 所示。

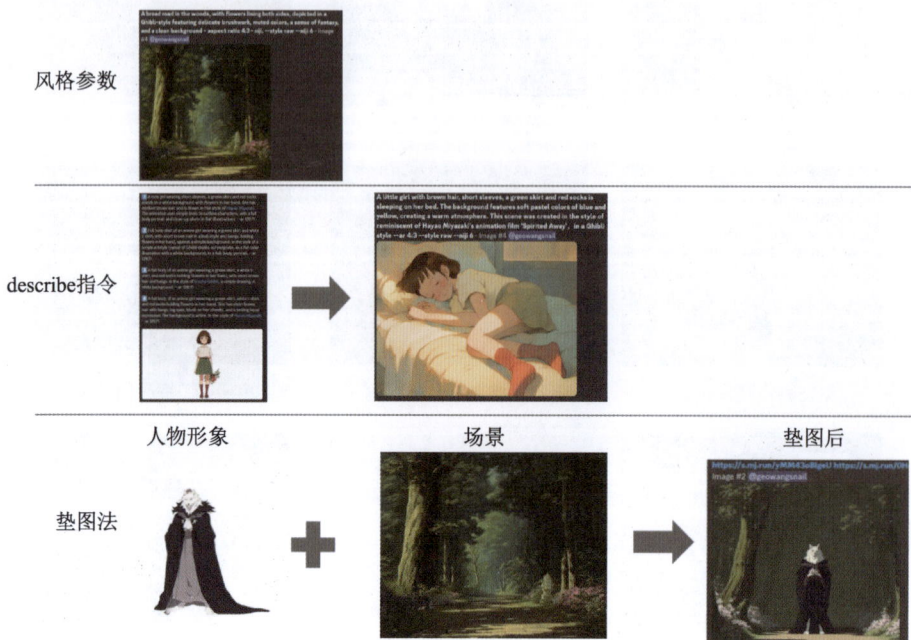

图 18-25　生成效果

18.5　视频制作

在图片成功生成后，我们将运用 AI 技术将这些静态的图像序列巧妙地转化为生动、流畅的视频内容，这里主要利用 Runway 将静态图像转化为动态视频，网址为 https://app.runwayml.com/。

在生成过程中，Runway 的效率十分显著，多数镜头直接呈现出了高质量的效果，部分视频片段更是首次尝试便可使用。但是鉴于视频画面需求的多样性，这里结合了专注于细节处理的 Pika，以实现更好的效果，其网址为：https://pika.art/。

本节将从解决穿模问题和肢体闪烁与扭曲问题两个方面进行讲解。

18.5.1　解决穿模问题

在复现《门后的世界》的过程中，以打造现代城市远景为例，其中云层的穿模问题是亟待解决的技术难题。对于这个问题，Runway 难以解决，尝试使用 Pika 后发现效果较好，于是使用 Pika 来生成城市远景片段，具体方法如下：

- ❑ 负面提示词：利用负面提示词（如 Flashing, poor quality, low image quality, poor details,blurry,jpeg artifact 等）有效抑制不必要的生成干扰，进一步提升了生成内容的准确性，如图 18-26 所示。

❑ 局部重绘：但是很多时候，生成视频中的一些片
段很难让人满意，可以使用 Pika 的视频重绘功能，
仅修改视频中部分区域的内容，从而提高生成视
频的效果。

这里在 Pika 中通过负面提示词来控制其避免生成云

图 18-26　Pika 负面提示词页面

层错位情况，然后通过重绘功能使其下方多余的云层消除。经过多次调整和测试，不仅成
功解决了云层的穿模问题，还让云层呈现出自然、流畅的动态效果，为现代城市远景增添
了更加真实和生动的视觉体验，如图 18-27 所示。

修改前　　　　　　　　　　　　　　　　修改后

图 18-27　云层穿模问题前后对比

18.5.2　解决肢体闪烁与扭曲问题

在制作《门后的世界》动画过程中，以父母争吵的场景为例，当他们争论激烈时，往
往会伴随一些肢体动作，比如手指的运动和手臂的摆动等。在人物出现大幅度动作时，AI
生成的视频有时会出现一些肢体闪烁、扭曲等不自然的现象。经过反复测试，我们可以用
以下方法来减轻或者消除这些现象。

❑ 更换 AI 视频生成的平台。由于不同的平台拥有不同的 AI 算法和技术，生成的视
频效果就不同，因此要试用不同的平台，从中选取最优的视频。如果 Runway 和
Pika 无法解决这个问题，那么可以使用可灵 AI 进行生成，其网址为 https://klingai.
kuaishou.com/。

❑ 适度调节 AI 的创作自由度。有时，AI 的想象力过于丰富，反而会导致动画中的人
物肢体动作显得过于夸张或不自然。所以适当地限制 AI 的自由发挥，可以引导它
创作出更加贴近我们预期的动画效果。

❑ 添加负面提示词。可以使用一些负面提示
词来引导 AI，让其避免生成那些不自然的
动作。比如，可以明确告诉 AI 避免生成
如手指畸形、手臂粘连、手部动作僵硬不
协调、动作过于夸张以及肢体闪烁等现象，
如图 18-28 所示。通过这些指引，AI 可以
更准确地理解用户的需求，从而创作出更

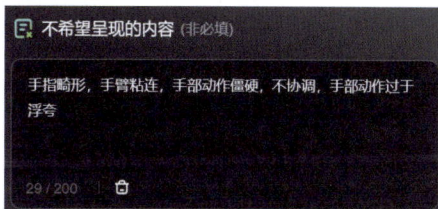

图 18-28　输入负面提示词

自然、更符合剧情的动画效果。

我们在可灵 AI 中通过降低其创意想象力来限制其自由度，然后添加负面提示词，基本避免了生成的人物肢体闪烁与扭曲的现象，效果如图 18-29 所示。经过反复调整和测试，最终不仅成功解决了肢体闪烁与扭曲问题，还让人物的肢体呈现出自然、流畅的动态效果。

修改前　　　　　　　　　　　　　　　修改后

图 18-29　前后效果对比

18.6　添加声音

动画作品制作完毕后，为了增强其感染力和沉浸感，必不可少的一环是为其添加声音元素，具体包括根据角色性格定制的人物配音、营造氛围的音效以及烘托情感的背景音乐。通过加入声音元素，可以让观众身临其境，增强沉浸感，并通过声音向观众传递情感。

本节我们将从人物配音和氛围音效与背景音乐两个方面进行讲解。

18.6.1　人物配音

视频中的人物配音不仅是人物角色性格与情感的直接表达，还深刻影响着观众对剧情的理解和共鸣。通过声音的变化与演绎，能够塑造鲜明的角色形象，传递细腻的情感波动，推动故事情节的发展，并增强观众的代入感，使视频作品更加引人入胜。

匹配角色的音色时，首先需要深入了解角色的性格、身份、背景故事以及与其他角色的关系。然后根据角色的性别、年龄、性格等因素，分析并确定所需的声音特征。

- ❏ 性别：例如，男性角色可能需要低沉、浑厚的音色，而女性角色则可能需要清脆、甜美的音色。
- ❏ 年龄：不同年龄段的角色或者角色的不同年龄段，其音色差别明显。所选音色应该能明显地体现角色婴儿、儿童、少年、中年、老年等不同年龄段的音色。

❏ 性格：角色的性格也会影响音色的选择，如活泼的角色可能需要明亮、轻快的音色，而沉稳的角色则可能需要低沉、稳重的音色。

同时，动画的整体风格也会对角色音色的选择产生影响。例如，搞笑类的动画片可能需要夸张、幽默的音色来增强喜剧效果，而热血型的动画片则可能需要激昂、有力的音色来激发观众的热血情绪。

在复现《门后的世界》的过程中，这里使用腾讯智影中的文本配音功能，为动画中的人物进行配音，其网址为 https://zenvideo.qq.com/。以主人公成年时期为例，考虑上述因素，思考如下：

❏ 性别：女性，在腾讯智影中选择女性配音。

❏ 年龄：青年时期选择青年女性配音。

❏ 性格：主人公性格温柔，排除可爱型、活泼型等音色，选择温和型的配音。

结合动画整体梦幻的风格，在腾讯智影选择青年女性、音色温和的"谈巧语"角色来为其配音。进入"文本配音"页面，如图 18-30 所示，首先选择"谈巧语"角色，位置为图 18-30 ①区域所示，然后在②区域中输入配音文案。如果需要添加背景音乐，则可以单击③区域的"添加音乐"按钮，最后单击④区域的"生成音频"按钮即可。

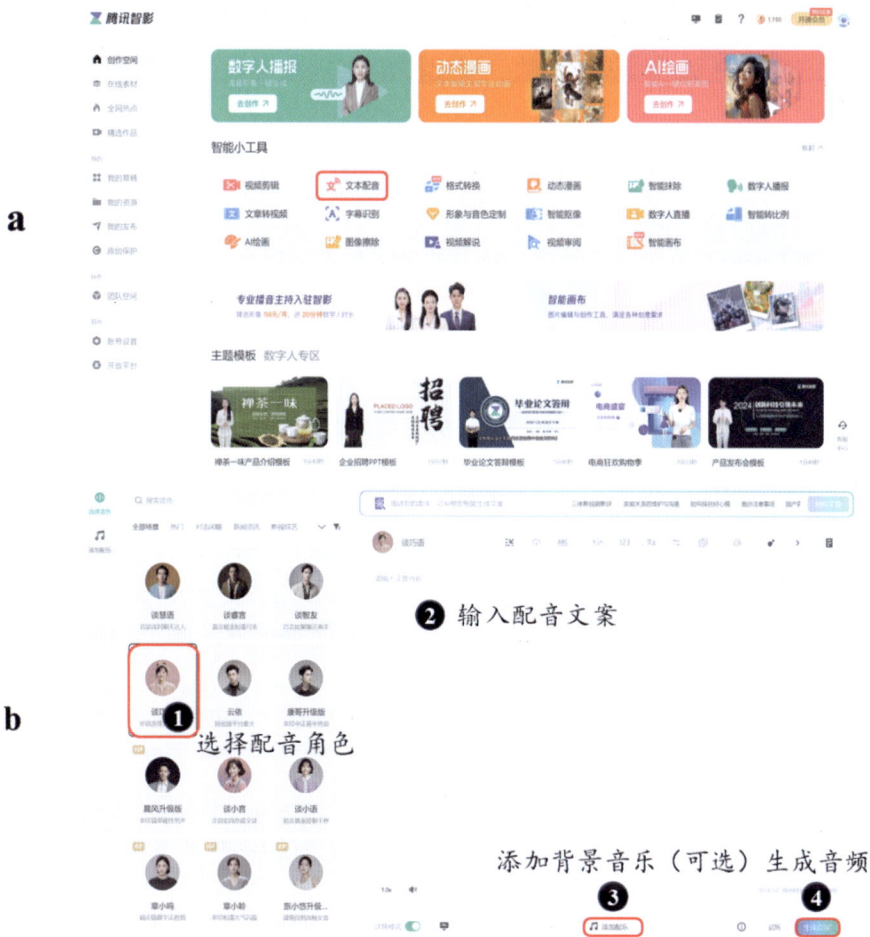

图 18-30　文本配音页面

18.6.2　氛围音效与背景音乐

音效和音乐在视频中具有多重作用，它们共同提升了视频的观赏体验和情感表达。此外，音乐和音效还能相互配合，共同把控视频的节奏，使视频内容更加紧凑、流畅。

在复现《门后的世界》的过程中，音效和配乐均使用剪映中自带的音效和音乐，许多画面都采用了多重音轨的叠加，其网址为 https://www.capcut.cn/，页面如图 18-31 所示。

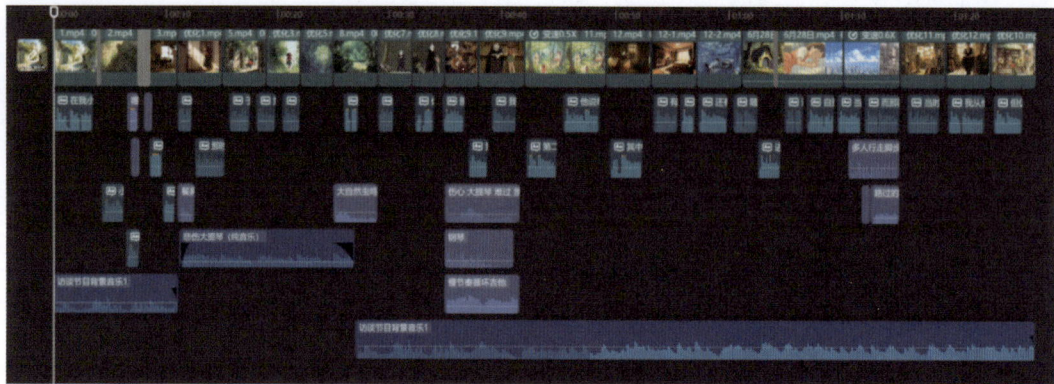

图 18-31　音轨页面

1. 氛围音效

在动画制作中，音效能够增强现场感、渲染气氛，使观众更加身临其境；同时，音效还能传达特定的信息，如环境声、动作声等，为视频增添真实感和细节感，而音效的选择需要考虑以下因素：

□ 动画类型与风格。不同类型的动画（如卡通、科幻、恐怖、冒险等）和不同的风格（如写实、夸张、幽默等）需要不同类型的音效来匹配。例如，卡通动画可能需要夸张、有趣的音效来增强幽默感，而科幻动画则需要未来感、电子感强的音效来营造科幻氛围。

□ 场景与情节。音效需要与动画中的场景和情节紧密结合。在紧张的追逐场景中，可能需要快速、紧凑的音效来营造紧张感；而在宁静的乡村场景中则需要柔和、自然的音效来营造宁静的氛围。音效的选择应能够准确反映场景的特点和情节的发展。

□ 角色与情感。音效在塑造角色形象、表达角色情感方面也发挥着重要作用。通过不同的音效，可以突出角色的性格、年龄、身份等特征，使观众更加深入地了解角色。同时，音效还可以用于表达角色的情感变化，如喜悦、悲伤和愤怒等。

□ 真实感与想象力。音效需要具有一定的真实感，以增强观众对动画的代入感和沉浸感。例如，在动画中模拟风声、雨声、脚步声等自然音效时，应尽量使其接近真实声音。同时，音效也需要具有一定的想象力，以创造出独特的效果，增强动画的吸引力和表现力。

❏ 与配乐的协调。音效需要与配乐相互协调，共同营造动画的视听效果。在选择音效时，需要考虑其与配乐在风格、节奏等方面的协调性，以确保音效与配乐能够相互衬托、相互补充。

❏ 版权与预算。在选择音效时，还需要考虑版权和预算问题，尽量选择已经获得版权许可的音效素材，以避免侵权纠纷。同时，根据动画制作的预算情况，合理选择音效的质量和数量，确保音效的性价比。

在复现《门后的世界》的过程中，例如，当主人公十年后回到了小镇，走在繁华的街道上时，我们在这里添加了人走路和汽车鸣笛的音效，突出了街道的繁华，具体添加的音效如表 18-5 所示。

表 18-5　添加的音效

时　间	音效名称	作　用
第 3 秒	钢琴	与视频相呼应，增加酒吧的氛围感
第 6 秒	嗖嗖	突出关键词，吸引观众
第 6 秒	综艺咚	吸引关注，增加悬疑感
第 8 秒	碗碎 1	增强吵架的激烈程度
第 11 秒	餐具掉落声	进一步提高吵架的强度
第 25 秒	大自然虫鸣 鸟叫声	渲染视频的氛围
第 35 秒	伤心大提琴 难过 氛围音	与视频相呼应，增加酒吧的氛围感
第 35 秒	慢节奏循环吉他	与视频相呼应，增加酒吧的氛围感
第 70 秒	多人行走脚步声	与视频相呼应，增加街道的繁华
第 71 秒	汽车喇叭	与视频相呼应，增加街道的繁华
第 72 秒	路过的汽车	与视频相呼应，增加街道的繁华

2. 背景音乐

在动画制作中，音乐通过旋律、节奏和音色等元素，为视频营造出特定的情感氛围，引导观众的情感投入，使视频内容更加深入人心。

❏ 旋律：在进入神秘世界的场景中，配乐采用了较为神秘和略带忧郁的旋律，以营造出一种未知和不安的氛围，引导观众进入故事情境；在一些紧张或危险的场景中，配乐旋律则变得激昂和紧张，以加强观众的代入感和紧张感。

❏ 节奏：快节奏适用于紧张、激烈或欢快的场景；慢节奏则适用于抒情、宁静或沉思的部分。

❏ 音色：女声可选明亮、柔软、甜美；男声则倾向磁性、沉稳、低沉。

在选择配乐时，需要考虑以下因素：

❏ 剧情与氛围：配乐应与动画的剧情发展和情感氛围相契合。欢快的音乐适用于表现愉快的场景，悲伤的音乐则能增强悲伤的情感表达，而紧张悬疑的音乐则能营造出紧张的气氛。

❏ 人物设定与角色情感：根据人物的性格特点和情感变化选择合适的音乐。例如，慢节奏柔和的音乐可以反映角色的内心感受，而快节奏的音乐则能展现角色的冲动或热血。

- 场景特点：不同的场景需要不同的音乐来烘托。例如：在科技发展的场景中使用现代快节奏音乐，可以赋予动画一种前卫紧凑的氛围；而在人文分析或文化展示的场景中，则选择柔和的节奏来体现文化的温柔与深度。
- 故事风格：配乐应与整部动画的故事风格相协调。无论是恐怖片中的紧张不安，还是浪漫电影中的甜蜜温馨，都需要选择与之相匹配的音乐风格。
- 观众体验：配乐的选择应考虑观众的接受度和情感体验。准确的配乐，可以提高观众的情感共鸣，增加动画的观赏体验。
- 预算与版权：在选择配乐时，还需要考虑预算问题。如果预算有限，可以选择使用已有的音乐素材或网络上的免费音乐。同时，要确保所选音乐的版权问题，避免侵权纠纷。

在复现《门后的世界》的过程中，综合上述因素，思考如下：

- 旋律：本片讲述主人公进入一个神秘的世界，应采用较为神秘和略带忧郁的旋律。
- 节奏：本片大部分是在抒情，应采用慢节奏。
- 音色：本片角色较多，整体音乐应选择纯音乐。

综合上述因素，因此整体应选择较为柔和、平静的音乐，这里选择了剪映中"访谈节目背景音乐 1"作为视频的整体背景音乐。

18.7　后期制作

当所有前期准备工作顺利完成时，接下来至关重要的步骤便是进行后期制作。这一过程不仅要求对每一帧画面进行优化，调整节奏与过渡效果，还涉及音效的融入与色彩的精细调校，旨在全方位提升动画的流畅度与观赏性，确保最终成品能够完美呈现创作者的意图。本节将从剪辑和后期处理两个方面进行讲解。

18.7.1　剪辑

在动画制作过程中，剪辑不仅负责将分散的动画片段按照剧情逻辑和视觉美感有序地组合起来，还需要通过精确的时间把控和节奏调整，增强动画作品的生命力和连贯性。通过剪辑手法，能够突出关键情节，增强情感表达，同时剔除冗余部分，使动画故事更加连贯，视觉体验更加流畅自然，从而极大地提升观众的观影感受。

在复现《门后的世界》的过程中，有许多地方需要用到剪辑技术。例如，由于 AI 技术难以生成主角和狼先生同框的画面，但是剧情上需要强调俩人一起度过了难忘时光，所以可以用两人的单独镜头交替出现的方式来体现他们在一起的画面。

另外，在正常情况下，当两个场景切换时难免会有些突兀，所以需要在两个场景之间添加转场效果。例如，当一开始画面从宁静的小镇街道瞬间跳转到那扇充满神秘气息的门时，观众或许会感受到一丝不自然的跳跃感。为了缓解这种突兀，我们在两者之间巧妙地融入了"叠化"的转场效果，使得过渡变得柔和而流畅，随后，当剧情需要从那扇神秘的门骤然转至家庭内部父母激烈争吵的场景时，如果直接切换，无疑会加剧情感的冲击与视觉的断裂。因此，我们融入了"雾化"的转场效果，让画面在朦胧中渐渐过渡，看上去更加自然，具体过程如图图 18-32 所示。

转场效果所在位置　　　　　　　　　时间轴添加效果

图 18-32　添加转场效果

18.7.2　后期处理

在动画制作过程中，后期处理包含多个关键环节，主要包括剪辑、调色、音效设计与配音、特效处理、字幕等。前面已经讲过了剪辑、音效设计和配音，这里就不再提及了，其他内容如下：

- ❑ 调色：通过调整曝光、色相、饱和度、明度等参数，精细控制画面色彩，以符合动画主题与情感表达。同时，运用色轮工具，合理搭配主色与辅色以及相似色、互补色等色彩组合，创造出和谐且具有视觉冲击力的画面效果，具体调色教程可以参考网上教程。
- ❑ 特效处理：利用专业软件和技术，对动画进行光影、粒子、爆炸等效果的添加与调整。
- ❑ 字幕：根据剧本和音频输入字幕内容，并调整字体样式、大小、颜色等属性。

鉴于调色与特效处理方面对 AI 技术的依赖有限，在此不作深入展开，下面主要讲解生成字幕。

在复现《门后的世界》的过程中，在剪映中运用了"文稿匹配"功能，具体操作是在字幕操作页面中切换至图 18-33 中①区域的"文本"功能区，展开②区域中的"智能字幕"选项，在面板中粘贴口播文案，最后单击③区域中的"开始匹配"按钮即可生成对应字幕，如图 18-33 所示。在粘贴文案时需要注意以下几点：

- ❑ 单次上限为 5 000 字。
- ❑ 建议写完一句就换行，无标点符号。
- ❑ 句号、叹号、问号等会自动分句，逗号

图 18-33　字幕操作页面

不会自动分句。

❑ 避免输入无标点和无换行的文本。

生成后的字幕文本样式都为默认样式，需要自行在右边修改相关文本样式，生成效果如图 18-34 所示。

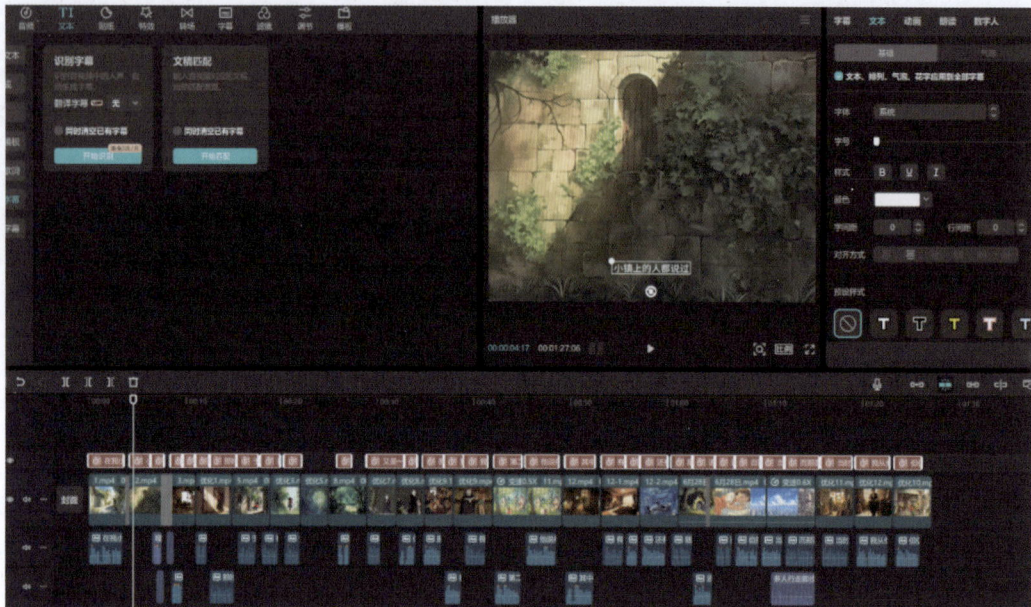

图 18-34　字幕生成效果

第 **19** 章

AI 文旅视频制作
——武汉宣传片

随着 AI 视频技术的快速发展，一系列创意十足的文旅宣传片借助 AI 视频技术，以独特视角展现出家乡的文化魅力与旅游资源，在各大平台上获得了大量关注与转发。其中，《AI 我中华》以宏大的叙事描绘了中华大地的壮丽风光与文化底蕴；《我言里的 "海丝起点清新福建"》则巧妙融合了海丝文化的历史韵味与现代福建的清新风貌；《AI 你·南京》通过 AI 技术深情讲述南京的古今故事，让古城新貌跃然屏上；而《大美中国·我 AI 我的家乡》系列更是遍布全国，每部作品都以 AI 为笔，绘制出一幅幅令人心驰神往的家乡美景画卷。

利用 AI 技术制作文旅视频有许多好处：AI 技术能够高效处理大量数据，快速生成高质量的视频内容；降低制作成本和缩短时间周期；能精准分析受众偏好，定制化创作内容，提升宣传效果与观众吸引力。

但是这类文旅视频也存在一些问题：视频生成具有不稳定性，有时会生成变形、扭曲的视频，有时会生成令人满意的视频；对人物运动的控制效果不好，人物在运动过程中容易发生变形；每个视频片段的时间很短。

下面将以《AI·武汉》的宣传片为例，重点介绍如何通过动作引导模型来优化和控制人物运动，完整展现 AI 文旅视频宣传片的全过程。

19.1 编写脚本

在编写脚本之前，我们首先要确定主题。本文旅视频主题的构思是：通过一首宣传武汉的歌曲为基础，巧妙串联起武汉的各个著名景点与文化特色。

根据上述主题，通过精心挑选的片段，从 4 个方面宣传武汉：视频缓缓铺陈开武汉深厚的文化底蕴，从古迹名胜中探寻历史的痕迹；然后聚焦街头巷尾的美食诱惑，让人垂涎欲滴；再深入市井生活，展现武汉人民热情好客的人文情怀；最后以壮丽的自然风光作为收尾，全方位呈现武汉这座城市的独特韵味与无限魅力。

根据上述设定的片段分别进行脚本编写。在编写脚本时，主要关注以下 4 个要点：

□ 片段的代表性。在制作文旅视频时，要确保每个视频片段都能代表当地的独特韵味，如武汉的黄鹤楼、武汉大学的樱花、武汉热干面和长江大桥等。

□ 片段与歌词相对应。在播放视频片段的同时，歌词内容应与之对应，如展现黄鹤楼时，歌词应为描述黄鹤楼的内容。

□ 片段之间如何转场。在视频片段切换时，应添加合适的转场，如由黄鹤楼近景切换到远景时，可以让镜头拉远。

□ 各片段之间的隐含一致性。在每个视频片段中，都应有一个共同事物，以其为线索，贯穿全文，如在本宣传片中，我们以少女为主人公，带领观众领略武汉的风土人情。

本节我们将介绍如何编写和优化脚本。

19.1.1　编写脚本内容

在编写宣传片中的各片段的脚本内容时，可以充分利用 GPT 的创作能力。在本案例中，我们让 GPT 总结关于武汉文化、美食、人文、风景等具有代表性的 8 个场景。

我们以文心一言为例，使用提示词：假设你是一位旅行家，请帮我总结关于武汉文化、美食、人文、风景等具有代表性的 8 个场景。获得 8 个片段脚本结果如下：

1. 片段 1

黄鹤楼：作为武汉的标志性建筑，黄鹤楼不仅是江南三大名楼之一，更是文人墨客流连忘返之地。登临楼顶，可俯瞰整个武汉城，感受古今交融的独特韵味，是武汉文化的重要象征。

2. 片段 2

武汉大学樱花：每年春季，武汉大学的樱花盛开，成为一道亮丽的风景线。粉白相间的樱花与古朴的校园建筑相映成趣，吸引了无数游客前来观赏，展现了武汉的浪漫与学术氛围。

3. 片段 3

户部巷与吉庆街：这两个地方是武汉传统小吃和民俗文化的聚集地。户部巷虽经整修，但仍保留了几家地道的汉味小吃店；吉庆街则以夜市文化著称，各类美食和表演让游客充分体验到武汉的市井风情。

4. 片段 4

长江大桥：作为长江上修建的第一座桥梁，长江大桥不仅连接武汉三镇，其夜景更是美不胜收。日落时分，橘黄色的夕阳与璀璨的灯光交相辉映，为武汉的夜晚增添了几分浪漫与繁华。

5. 片段 5

湖北省博物馆：馆内藏品丰富，尤其是曾侯乙编钟、越王勾践剑等珍贵文物，让游客仿佛穿越时空，感受荆楚文化的博大精深。这里不仅是知识的殿堂，更是文化的盛宴。

6. 片段 6

东湖风景区：东湖是武汉的天然氧吧，听涛景区、磨山景区等各具特色。漫步在东湖畔，绿树成荫，湖光山色交相辉映，让人心旷神怡，远离城市的喧嚣。

7. 片段 7

汉口江滩：作为武汉的标志性景点之一，汉口江滩沿江而建，分布着风格迥异的百年建筑。夜晚的江滩更是灯火辉煌，与长江大桥的璀璨灯光相互映衬，形成了一幅壮丽的城市画卷。在这里散步或骑行，都能感受到武汉独有的江风与夜景之美。

8. 片段 8

木兰文化生态旅游区：木兰文化旅游景区丰富多元，有木兰的巍峨山峦与古朴庙宇，尽显庄重；木兰天池的碧水清潭、飞瀑流泉，灵动秀丽；田园村落炊烟袅袅。自然与人文交融，构成一幅如诗画卷让人沉醉其中。

19.1.2　优化脚本内容

在《AI·武汉》宣传片中，我们想在在各个片段中添加少女唱歌、漫步、跳舞等人物的动作元素，让宣传片人景合一，动静结合，更有吸引力。因而，需要继续使用 GPT 对上述片段内容进行调整。同时，我们需要关注前面提到的 4 个脚本编写要点。

这里以片段 1 黄鹤楼相关内容为例，具体操作如下：

（1）编写核心文案。在上节片段 1 相关内容的基础上，我们需加入一些描述少女的内容，以此让少女与黄鹤楼的景色相融合，同时还要加入镜头运动的描述词，从而实现片段之间的转场，具体内容为：一位穿着汉服的少女站在黄鹤楼门前，朝镜头打招呼，嘴里唱着悠扬的歌曲，歌曲的内容为描述黄鹤楼的诗句，随后镜头逐渐拉远，逐步展现黄鹤楼的全景。

（2）利用 GPT 进行改写。编写好核心文案后，可以使用 GPT 进行改写，从而丰富一些细节。这里使用文心一言进行改写，提示词为：一位穿着汉服的少女站在黄鹤楼门前，朝镜头打招呼，嘴里唱着悠扬的歌曲，歌曲的内容为描述黄鹤楼的诗句，随后镜头逐渐拉远，逐步展现黄鹤楼的全景。将这段话改写一下，200 字。

（3）获得最终片段 1 的内容。输入上述提示词后，还要从改写的结果中挑选合适的内容，最终片段 1 的内容为：一位身着华美汉服的少女，亭亭玉立于黄鹤楼巍峨的门户之前，她以温婉的笑容向镜头轻轻挥手致意，随即朱唇轻启，吟唱起流传千古的佳句，歌声悠扬，如同穿越千年时光的低语，细细描绘着黄鹤楼的辉煌与传奇。随着旋律的流淌，镜头缓缓后撤，黄鹤楼的全貌渐渐映入眼帘，飞檐翘角，气势恢宏，与少女的身影交相辉映，构成了一幅动人心魄的古典画卷，让人恍若置身于那段辉煌的历史长河之中。具体过程如图19-1 所示。

按照片段 1 的优化方法，改写其他片段后，获得最终宣传片的内容如下：

1. 片段 1

一位身着华美汉服的少女，亭亭玉立于黄鹤楼巍峨的门户之前，她以温婉的笑容向镜头轻轻挥手致意，随即朱唇轻启，吟唱起流传千古的佳句，歌声悠扬，如同穿越千年时光的低语，细细描绘着黄鹤楼的辉煌与传奇。随着旋律的流淌，镜头缓缓后撤，黄鹤楼的全貌渐渐映入眼帘，飞檐翘角，气势恢宏，与少女的身影交相辉映，构成了一幅动人心魄的古典画卷，让人恍若置身于那段辉煌的历史长河之中。

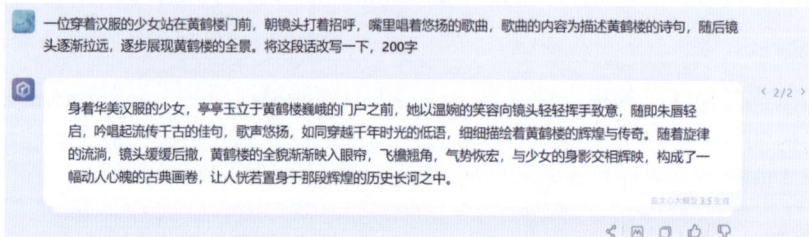

> 一位穿着汉服的少女站在黄鹤楼门前，朝镜头打着招呼，嘴里唱着悠扬的歌曲，歌曲的内容为描述黄鹤楼的诗句，随后镜头逐渐拉远，逐步展现黄鹤楼的全景。将这段话改写一下，200字

> 身着华美汉服的少女，亭亭玉立于黄鹤楼巍峨的门户之前，她以温婉的笑容向镜头轻轻挥手致意，随即朱唇轻启，吟唱起流传千古的佳句，歌声悠扬，如同穿越千年时光的低语，细细描绘着黄鹤楼的辉煌与传奇。随着旋律的流淌，镜头缓缓后撤，黄鹤楼的全貌渐渐映入眼帘，飞檐翘角，气势恢宏，与少女的身影交相辉映，构成了一幅动人心魄的古典画卷，让人恍若置身于那段辉煌的历史长河之中。

图 19-1 内容改写页面

2. 片段 2

一位身着校服青春洋溢的少女，踏着轻快的步伐自远方款款而来，她的歌声清脆悦耳，如同春风拂面，吟唱着对武汉大学樱花的无限赞美。沿途，樱花树轻轻摇曳，粉白花瓣随风轻舞，宛如一场粉色的雨，为这春日画卷添上几分温柔与浪漫。镜头缓缓抬升，少女的身影渐渐融入那片绚烂的樱花海中，最终定格于武汉大学樱花大道的全景，满目繁华，美不胜收，令人心驰神往。

3. 片段 3

一位活力四射的少女，身着休闲装扮，悠然自得地漫步于户部巷街头，手中端着一碗热气腾腾、香气四溢的热干面，她边走边品尝，满脸享受。镜头悄然靠近，细腻地捕捉到了那金黄面条与芝麻酱的完美融合，诱人食欲。紧接着，画面一转，琳琅满目的武汉特色小吃映入眼帘，豆皮金黄酥脆、鸭脖香辣诱人、汤包晶莹剔透。每一道都是武汉独有的风味，让人不禁垂涎三尺，心生向往。在背景音乐中，小吃的美味和诱人的香气扑面而来。

4. 片段 4

一位身着休闲装的少女，步伐轻盈地迈向桥头，每一步都似乎与夜色中的微风共鸣。她缓缓转身，面向浩瀚夜空，双手悠然举起，仿佛要拥抱整个城市的灯火阑珊。此时，镜头缓缓升起，穿越少女的指尖，最终定格在长江大桥的壮丽夜景上。桥灯璀璨，如银河倾泻，与远处波光粼粼的江面相映成趣，构成了一幅动人心魄的都市画卷，让人瞬间沉醉于这座城市的无尽魅力之中。背景音乐中，长江大桥的独特魅力展现得淋漓尽致。

5. 片段 5

一位身着典雅唐装的少女，漫步于湖北省博物馆的展厅中，目光温柔地掠过每一件历史的见证。她轻声哼唱着旋律，歌词间流淌着对展品的无限遐想与赞美，仿佛每一件文物都在她的歌声中活了过来。镜头随之流转，逐一展现那些凝聚着岁月精华的宝物，最终缓缓拉远，湖北省博物馆的宏伟全貌映入眼帘，在灯火辉煌中，历史与现代交织成一幅壮丽的图景。

6. 片段 6

一位身着运动装的少女，在东湖绿道上轻盈奔跑，每一步都洋溢着青春的活力与激情，汗水在阳光下闪耀，是她不懈努力的见证。随着她的身影渐行渐远，镜头悠然升起，东湖风景区的壮丽画卷缓缓展开，碧波荡漾，绿树成荫，美不胜收。在背景音乐中，东湖的秀美与运动的韵律完美融合，共同演绎着一段关于青春、自然与健康的动人乐章。

7. 片段 7

一位身着休闲装扮的少女，悠然迈向江滩，步伐中带着对自然的无限向往。她轻轻展开双臂，仿佛要拥抱这片壮阔的水岸。随着她的前行，镜头缓缓推进，江滩的辽阔景象逐渐铺展眼前：江水浩渺，波光粼粼，远处天际与水面相接，分不清天和江。在背景音乐中，江滩的波澜壮阔被深情吟唱，与眼前景象交相辉映，共同编织出一幅动人心魄的画卷。

8. 片段 8

一位身着土家族服饰的少女，轻盈跃动，演绎着土家族的摆手舞，歌声悠扬，赞颂着木兰胜景。她口中的歌词表现出对木兰草原的辽阔、木兰山的灵秀、木兰天池的清幽的无尽赞美。随着舞蹈结束，镜头缓缓拉开，木兰景区的壮丽画卷徐徐展开，草原、山峦、天池交相辉映，美不胜收，让人仿佛置身于这片神奇的土地，感受着土家族文化的魅力与自然风光的和谐共生。

19.2　美术设计

脚本内容确定好后，接下来就要进行美术设计。在《AI·武汉》宣传片中，我们提炼出如下美术设计内容：

- ❑ 转场效果：主要运用相册翻页的效果流畅衔接各个片段，营造时光穿梭之感。
- ❑ 人物形象：设计出一个纯真、活泼可爱的少女形象，相当于武汉文旅导游。
- ❑ 片段场景：主要运用起始帧的方法生成少女与武汉代表性场景融合的画面，展现武汉的文化韵味。

本节将从转场相册设计、人物形象设计和场景设计三个方面讲解视频的美术设计。

19.2.1　转场相册设计

在构思《AI·武汉》宣传片的脚本时，我们巧妙地融入了相册翻页效果作为片段间的转场，旨在实现视觉上的流畅过渡。相册翻页效果的具体制作方法主要有 3 种，分别为 AI 视频制作、网上寻找制作成品和 AE 制作。

1. AI 视频制作

本宣传片主要使用可灵 AI 平台进行生成，其网址为 https://klingai.kuaishou.com/，具体过程如下：

（1）准备起始帧：生成视频前需要两张相同书本的图，一张为刚开始翻页状态的图，另一张为翻页过程中的图。这两张图可以在网上寻找，也可以使用 AI 绘画生成。

（2）输入提示词：两张图准备完毕后，可以使用首尾帧功能（该功能需要支付一定费用才能使用）进行生成，随后输入相关提示词：书本开始一页一页进行翻阅。

（3）生成视频。单击下方的"立即生成"按钮，等待几分钟后便能生成视频，具体操作如图 19-2 所示。

图 19-2　相册翻页生成页面

如果想要免费使用首尾帧功能，可以使用即梦 AI 平台作为替代，具体教程可参考第 8 章的内容。

2. 网上寻找制作成品

网络上有许多高级转场素材，搜索"相册翻页转场"即可找到许多免费素材，然后寻找符合自己需求的素材即可。需要注意的是，网上的素材有一些是有版权的，在挑选素材时需谨慎，以防侵权。

3. AE 制作

如果网上没有自己想要的相册转场效果素材，也可以自行进行制作。最常用的制作工具就是 AE，但该方法适用于对 AE 软件有一定基础的读者，具体制作过程可以参考网上教程，此处不再赘述。

在使用 AI 生成相册翻页效果视频的过程中，有许多生成的视频不能满足要求，因此使用此方法时需要不断地进行"抽卡"，随机性十分高。如果想要更加高效地制作出相册翻页效果的视频，这里推荐使用 AE 制作方法，只需要按照网上教程的步骤进行操作便能制作出来。

19.2.2　人物形象设计

在《AI·武汉》宣传片中，我们打算在每个片段中加入一位少女，以她作为"导游"带领观众领略武汉的独特文化。但是在具体制作中，保持人物形象的一致性成为 AI 视频制作的一大难题。这里我们利用笔者在《AI 绘画全场景案例应用与实践》书中自行训练好的"少女可可"的 LoRA 模型来解决此类问题。通过"少女可可"的 LoRA 模型生成一系列少女形象，最后选出合适的作为宣传片的主要人物形象。

这里主要使用 SD-WebUI 进行生成，输入相关提示词：A young girl ,dressed in Hanfu, with a full face and body photo。具体人物形象如图 19-3 所示。

图 19-3　少女形象

　　主要人物形象选择好后，根据不同片段的脚本内容，需要更换少女的衣服，如休闲装、运动装等，然后统一运用"少女可可"的 LoRA 模型生成对应服装的形象，以此来保持人物形象的一致性，其他部分的人物形象如图 19-4 所示。

汉服　　　　　　　　唐装　　　　　　　　休闲装

图 19-4　其他服饰的少女形象

19.2.3　场景设计

　　在《AI·武汉》宣传片中，场景设计需要体现不同场景的武汉地域特色，如标志性建筑、独特的地貌、典型的人文景观等，同时，还要将对应的少女形象融合进场景中，以此达到人景合一的画面。下面将从黄鹤楼开始，对场景设计过程逐一进行介绍。

1. 黄鹤楼

根据脚本中片段 1 的内容，在黄鹤楼场景中，需要以黄鹤楼古建筑为主体，首先以黄鹤楼门前的一个视角来展现少女的形象和动作表情，随后需要以一个中景的视角进行过渡，最后通过一个航拍视角展现黄鹤楼的全貌。最终，我们选择小红书中的图作为底图，再修改一下，比如将图中的人物去除掉，以免侵权。最终获得的底图如图 19-5 所示。

对于少女形象，根据脚本中片段 1 的内容可知，这里运用的是身穿汉服的少女形象，如图 19-6 所示。

图 19-5　黄鹤楼底图

图 19-6　汉服少女形象

随后将图 19-5 和图 19-6 这两张图融合在一起，融合的方法有两种，一种是通过 AI 绘画中垫图的方法，另一种是通过 Photoshop 将两张图拼在一起。

1）AI 绘画垫图法

通过 AI 绘画的垫图法可以实现将两张图片合二为一，但是在融合过程中图中的某些地方可能会发生改变，因此具有不稳定性。如果想要尽可能避免这类问题，最好其中一张图片选择为透明背景图，如人物形象图等。这里主要在 Midjourney 平台使用垫图法，最终融合的结果如图 19-7 所示。

2）PS 拼图

如果通过 AI 绘画的垫图法难以获得好的结果图，也可以自行进行拼图。最常用的拼图工具就是 PS，因此该方法主要适用对 PS 软件有一定学习基础的读者，具体制作过程可以参考网上教程，此处不再赘述。

图 19-7　黄鹤楼最终融合图

3）FLUX.1 Redux 换装插件

如果通过 AI 绘画的垫图法和 PS 拼图两种方法都难以获得好的结果图，也可以在 ComfyUI 上使用 FLUX.1 Redux 换装插件来融合。该方法主要适用对 ComfyUI 有一定学习基础的读者，具体使用可以参考网上的教程，此处不再赘述。

2. 武汉大学樱花

根据脚本中片段 2 的内容，在黄鹤楼场景中需要以武汉大学的樱花为主体。首先以少女在校园樱花道路上从远处走来的一个中景视角，展现少女的形象和动作、表情，随后需要以一个近景的视角展现沿途的樱花景色，最后通过一个航拍视角展现武汉大学樱花的全貌。最终，我们选择小红书中的图作为底图，然后还需要修改一下，比如将图中的人物去除，以免侵权。最终获得的底图如图 19-8 所示。

图 19-8　武汉大学的樱花底图

对于少女形象，根据脚本中片段 2 的内容可知，这里运用的是身穿校服的少女形象，如图 19-9 所示。

随后将图 19-8 和图 19-9 这两张图融合在一起，最终的融合图如图 19-10 所示。

图 19-9　校服少女形象

图 19-10　武大樱花最终融合图

3. 户部巷美食

根据脚本中片段 3 的内容，在户部巷场景中需要以户部巷街道为主体。首先以少女漫步在户部巷街道为视角，展现少女的形象和动作、表情，随后需要以一个近景视角展现少女手中热干面的美味，最后通过一系列视角展现武汉特色小吃。最终，我们选择小红书中的图作为底图，然后还需要修改一下，比如将图中的人物去除，以免侵权。最终获得的底图如图 19-11 所示。

对于少女形象，根据脚本中片段 3 的内容可知，这里运用的是身穿休闲装的少女形象，如图 19-12 所示。

随后将图 19-11 和图 19-12 这两张图融合在一起，最终融合图如图 19-13 所示。

图 19-11　户部巷底图

图 19-12　休闲装少女形象

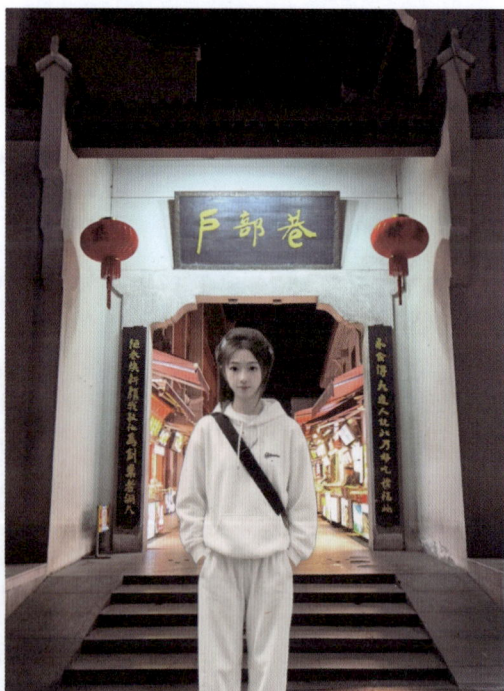

图 19-13　户部巷最终融合图

4. 长江大桥

　　根据脚本中片段 4 的内容，在长江大桥场景中需要以长江大桥建筑为主体，首先以少女漫步在长江大桥桥下的路上为视角，展现少女的形象和动作、表情，随后以少女双手举向天空的视角进行过渡，最后通过一个航拍视角展现长江大桥的全貌。最终，我们选择小红书中的图作为底图，然后还需要修改一下，比如将图中的人物去除，以免侵权。最终获得的底图如图 19-14 所示。

　　对于少女形象，根据脚本中片段 4 的内容可知，这里运用的是身穿休闲装的少女形象，如图 19-15 所示。

　　随后将图 19-14 和图 19-15 这两张图融合在一起，最终的融合图如图 19-16 所示。

图 19-14　长江大桥底图

图 19-15　休闲装少女形象

图 19-16　长江大桥最终的融合图

5. 湖北省博物馆

根据脚本中片段 5 的内容，在湖北省博物馆场景中需要以湖北省博物馆为主体，首先以湖北省博物馆文物展览区的一个视角，展现少女的形象和动作、表情，最后需要以一个近景的视角展现展览的各个文物，从而展现武汉的文化。最终，我们选择小红书中的图作为底图，该图内容为湖北省博物馆中关于曾侯乙编钟的介绍。然后该图还需要修改一下，比如将图中的人物去除，以免侵权。最终获得的底图如图 19-17 所示。

对于少女形象，根据脚本中片段 5 的内容可知，这里运用的是身穿唐装的少女形象，如图 19-18 所示。

随后将图 19-17 和图 19-18 这两张图融合在一起，最终融合图如图 19-19 所示。

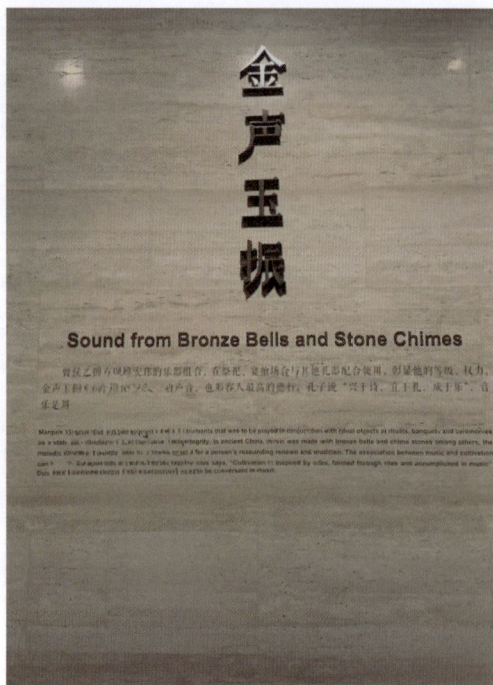

图 19-17　湖北省博物馆底图

图 19-18　唐装少女形象

图 19-19　湖北省博物馆最终融合图

6. 东湖风景区

根据脚本中片段 6 的内容，在东湖场景中，需要以东湖这一风景为主体，首先以少女在东湖绿道上奔跑为视角，展现少女的形象和动作、表情，随后需要以一个中景的视角进行过渡，最后通过一个航拍视角展现东湖风景区的全貌。最终，我们选择小红书中的图作为底图，然后还需要修改一下，比如将图中的人物去除，以免侵权。最终获得的底图如图 19-20 所示。

对于少女形象，根据脚本中片段 6 的内容可知，这里运用的是身穿运动装的少女形象，如图 19-21 所示。

随后将图 19-20 和图 19-21 这两张图融合在一起，最终融合图如图 19-22 所示。

图 19-20　东湖风景区底图

图 19-21　运动装少女形象

图 19-22　东湖风景区最终融合图

7. 汉口江滩

根据脚本中片段 7 的内容，在汉口江滩场景中，需要以江滩风景为主体，首先以少女漫步在江滩边为视角，展现少女的形象和动作、表情，随后需要以一个近景视角进行过渡，最后通过一个航拍视角展现汉口江滩的全貌。最终，我们选择小红书中的图作为底图，然后还需要修改一下，比如将图中的人物去除，以免侵权。最终获得的底图如图 19-23 所示。

对于少女形象，根据脚本中片段 7 的内容可知，这里运用的是身穿休闲装的少女形象，如图 19-24 所示。

随后将图 19-23 和图 19-24 这两张图融合在一起，最终融合图如图 19-25 所示。

图 19-23　汉口江滩底图

图 19-24　休闲装少女形象

图 19-25　汉口江滩最终融合图

8. 木兰文化生态旅游区

根据脚本中片段 8 的内容，在木兰文化生态旅游区场景中，需要以景区中的风景为主体，首先以少女在木兰山上跳舞的一个视角，展现少女的形象和动作表情，随后需要以一个中景的视角进行过渡，最后通过一个航拍视角展现木兰文化风景区中各处景色的全貌，如木兰山、木兰天池和木兰草原等。最终，我们选择小红书中的图作为底图，然后还需要修改一下，比如将图中的人物去除，以免侵权。最终获得的底图如图 19-26 所示。

对于少女形象，根据脚本中片段 8 的内容可知，这里运用的是身穿土家族服装的少女形象，如图 19-27 所示。

随后将图 19-26 和图 19-27 这两张图融合在一起，最终融合图如图 19-28 所示。

图 19-26　木兰文化生态旅游区底图

图 19-27　少女土家族服装形象

图 19-28　木兰文化生态旅游区最终融合图

19.3 分镜设计

脚本内容和美术设计制作好后，接下来就是进行分镜设计，分镜是制作文旅视频的重要内容。在《AI·武汉》文旅视频中，我们从以下 3 点来构思设计分镜镜头。

- 场景描述：概述场景的地点信息，从而让观众明确场景的具体地点，如黄鹤楼门前等。
- 画面内容：描述一个场景的具体内容，从而让观众联想到具体的画面内容。
- 动作 / 声音：描述少女在场景中的活动内容，从而让观众联想到少女的具体形象。

本节将从制定分镜脚本和优化分镜细节两个方面讲解分镜设计。

19.3.1　制定分镜脚本

在制作《AI·武汉》文旅视频的分镜脚本时，我们可以利用 GPT 进行生成，生成的结果需要包含上述 3 点内容。这里使用文心一言进行生成，首先需要将脚本内容输入文心一言中，随后输入提示词：请根据上述内容设计出分镜脚本，包含场景描述、画面内容和动作 / 声音，以表格形式呈现。最终生成结果如表 19-1 所示。

表 19-1　分镜总脚本

场 景 描 述	画 面 内 容	动作 / 声音
黄鹤楼前	汉服少女亭亭玉立，温婉挥手致意，吟唱佳句	少女微笑挥手，歌声悠扬
武汉大学樱花大道	校服少女轻快走来，樱花飘落，歌声清脆	少女歌唱，樱花飞舞，春日浪漫
户部巷小吃街	休闲装扮少女品尝热干面，小吃琳琅满目	少女享受美食，小吃诱人
长江大桥	休闲装少女转身拥抱夜色，大桥夜景璀璨	少女举手，镜头升空，夜景壮丽
湖北省博物馆展厅	唐装少女漫步展厅，轻声哼唱，展品展示	少女目光温柔，展品逐一呈现
东湖绿道	运动装少女奔跑，东湖美景展现	少女奔跑，镜头上升，东湖风光
汉口江滩	休闲装扮少女拥抱江岸，江景辽阔	少女展开双臂，江景壮丽
木兰景区	土家族服饰少女跳摆手舞，歌声赞颂	少女舞蹈，歌词赞美，景区美景

19.3.2　优化分镜细节

初步的分镜脚本完成后，还需要进行微调。不仅需要对每个镜头进行细化设计，还需要考虑镜头之间的过渡和衔接，确保故事流畅、连贯，所以接下来要根据以下 3 点进行微调。

- 镜头描述：对场景的运动镜头语言进行描述，如推进、拉远等。
- 画面细节描述：对场景的具体细节进行描述，以方便后面视频生成的效果。
- 动作 / 声音细节：对场景中少女的动作或声音的细节进行描述，使其与背景音乐对应。

根据以上 3 点内容，我们需要对脚本中的每个片段内容进行调节，这里以黄鹤楼片段内容为例。我们首先将脚本内容中片段 1 的内容输入文心一言之中，随后输入提示词：请根据上述内容设计出分镜脚本，包含镜头描述、画面细节内容和动作/声音细节内容，以表格形式呈现。

最终生成的结果如表 19-2 所示。

表 19-2　黄鹤楼分镜镜头脚本

镜头描述	画面内容	动作/声音	备注
近景特写	身着华美汉服的少女面部特写，笑容温婉	少女轻轻微笑，眼神温柔	强调少女的美丽与气质
中景过渡	少女手臂缓缓抬起，准备挥手	微风拂过衣摆，发出轻微声响	营造动态美感，预示动作开始
近景动作	少女向镜头挥手致意	少女手部特写，手指纤长，动作优雅	展现少女的礼貌与亲和力
中景切换	少女朱唇轻启，准备吟唱歌曲	面部表情专注，眼神深邃	预示即将开始的吟唱表演
近景声音	少女吟唱，歌声悠扬	背景音乐渐强，融合古典乐器声	展现歌声的魅力，传递历史情感
拉远镜头	镜头缓缓后撤，黄鹤楼门户逐渐显露	少女背影与黄鹤楼门户形成美好构图	展示环境，营造历史氛围
广角全景	黄鹤楼全貌展现，飞檐翘角，气势恢宏	少女身影缩小，与黄鹤楼融为一体	展现黄鹤楼的壮丽，同时保留少女作为画面的点睛之笔
镜头缓缓旋转	环绕黄鹤楼与少女，展现多角度美景	背景音乐达到高潮，旋律更加激昂	增强视觉冲击力，加深观众印象
近景特写（回忆闪回）	短暂插入黄鹤楼的历史画面（如古代文人墨客游览场景）	黑白或暖色调处理，营造怀旧感	暗示黄鹤楼的悠久历史与文化底蕴
回归现实	镜头回到当前，少女继续吟唱，但表情更加沉醉其中	歌声中带有更多情感，仿佛与古人共鸣	强调少女对黄鹤楼文化的理解与传承
结尾镜头	少女吟唱结束，面向镜头微笑，背景是夕阳下的黄鹤楼	画面柔和，充满温馨与希望的色彩	留给观众深刻印象，结束整个场景

其余片段的分镜细节调整与上述黄鹤楼的调整步骤一致，此处不再赘述。

19.4　AI 绘画出图

利用 AI 绘画技术生成关键帧是 AI 视频制作最关键的步骤，对 AI 视频制作的品质与流畅度具有决定性影响。在《AI·武汉》文旅视频中，从以下 3 点来构思每个片段的关键帧。

- ❑ 控制镜头运动：运用 AI 绘画的扩图和缩图功能实现镜头运动，主要以推进和拉远为主。
- ❑ 处理场景图：从网上寻找代表武汉文化的风景图作为关键帧，对于一些图需要进行修改，以免侵权。
- ❑ 生成片头与片尾：利用 AI 绘画技术生成艺术字，丰富片头和片尾内容，提高视频的艺术水平。

本节将从素材收集、艺术字生成与 AI 扩图三个方面讲解 AI 绘画出图过程。

19.4.1　素材收集

在《AI·武汉》文旅视频中，我们根据脚本内容在网上寻找相关素材，在寻找素材时应注意以下 4 点：

- ❑ 具有代表性：素材需要具有当地的特点，让观众一看到便能联想到当地的画面，如武汉的黄鹤楼、长江大桥等。
- ❑ 具有艺术美感：素材最好具有一定的艺术美感，尽量避免出现人物误入镜头的现象，也为后期添加少女形象提供了便利，如武汉大学樱花的风景图。
- ❑ 分辨率高：在挑选图片时，最好选择分辨率较高的图片，以免后期视频制作时产生模糊效果，影响最终视频的美感。
- ❑ 防止侵权：在找寻图片时，最好找免费使用的图，以免涉及侵权。如果实在需要别人的图，可以进行二次创作或者与作者联系。

根据上述 4 点内容，我们从网上挑选相关的图片，下面以黄鹤楼片段内容为例进行介绍。

根据脚本中片段 1 的内容，在黄鹤楼场景中，需要寻找黄鹤楼门前图、黄鹤楼中景图和黄鹤楼航拍图。最终，我们从小红书上挑选相关图，但是所选的黄鹤楼门前图中出现了路人误入的情况，所以还需要修改一下，将图中的人物去除，以免侵权。去除路人的方法有很多，这里主要讲解 3 种方法，分别为 AI 绘画的重绘技术、PhotoShop 修改和手机自带的 AI 消除技术。

1. AI 绘画的消除技术

通过 AI 绘画的消除技术可以将图中误入的路人消除掉，但是消除后可能会在人物原来的地方产生擦除迹象，甚至会改变人物后方的背景，所以此类方法具有不稳定性，需要重复操作，还需要增加提示词并调整相应参数。这里主要使用 Object Remover 平台进行消除，其网址为 https://objectremover.com/zh-tw?utm_source=aihub.cn，最终消除图如图 19-29 所示。

2. PhotoShop 修改

如果通过 AI 绘画的消除技术难以获得好的结果图，也可以自行进行消除。最常用的消除工具就是 Photoshop，因此该方法主要适用对 Photoshop 软件有一定基础的读者，具体制作过程可以参考网上教程，此处不再赘述。

3. 手机自带的 AI 消除技术

一些专攻拍照技术的手机都会自带 AI 消除功能，如 VIVO X80 手机等，读者只需要在相册的编辑功能中找到 AI 消除功能即可，具体使用方法可以参考网

图 19-29　最终消除图

上教程，此处不再赘述。

最终所有片段找到的图片如图 19-30 所示。

黄鹤楼

户部巷

湖北省博物馆

汉口江滩

武汉大学樱花

武汉长江大桥

东湖风景区

木兰文化生态旅游区

图 19-30　网上寻找的素材图合集

19.4.2　艺术字生成

在《AI·武汉》文旅视频中，打算在视频的片头与片尾增加艺术字内容，从而提高视频的艺术美感。在设计艺术字时应注意以下 3 点：

❑ 背景：艺术字的背景最好选择武汉当地具有代表性的场景，如长江大桥、黄鹤楼等。

❑ 内容：对于片头内容可以设计成宣传片的名称，对于片尾可以设计出一句结束语，其中最好带有"武汉"两个字，从而明确视频的主题内容。

❑ 形式：艺术字的形式最好能很快吸引观众的注意力，并且保证内容清晰，不用十分绚丽。

根据以上 3 点内容，我们从片头和片尾两个方面进行讲解。

1. 片头

对于片头艺术字的内容，我们应用宣传片的名称——"AI·武汉"为主要内容，中间可以加入红色爱心图标进行点缀；对于片头艺术字的背景，我们应用长江的风景图，以其来代表武汉的风景文化；对于片头艺术字的形式，我们应用与背景结合的形式，以背景轮廓来显示出艺术字内容。

我们使用 Prome AI 平台生成艺术字，其网址为 https://www.promeai.pro/，具体操作步骤如下：

（1）上传文字底图，文字内容为"AI武汉"，背景是纯白色底图，如图 19-31 所示。

（2）上传底图后，需要输入生成提示词，内容可以包含背景、字体生成形式等，具体提示词为：长江一幅史诗大场景，海阔天空的，云海，黄昏，波光粼粼，粉色云，犹如仙境，长江，水面上有几艘轮船，实景拍摄，超广角。

图 19-31　艺术字底图

（3）选择合适的风格和模式，这里我们选择真实—宏伟的风格和概念的模式。

（4）单击下方的"开始生成"按钮，等待几分钟后便能生成，具体操作如图 19-32 所示，最终效果图如图 19-33 所示。

图 19-32　Prome AI 具体操作

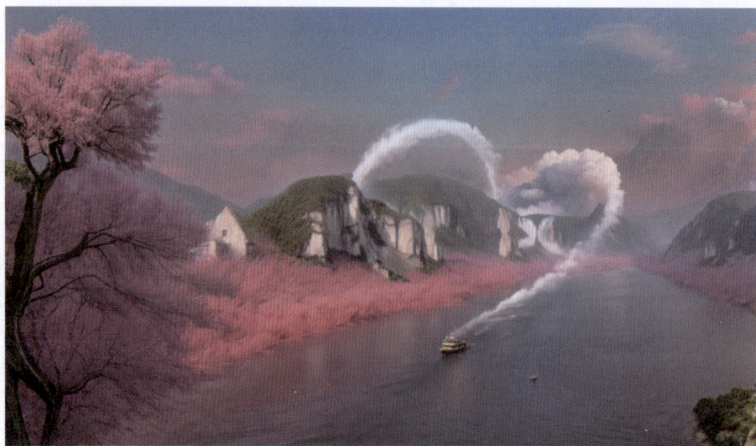

图 19-33　片头艺术字效果

2. 片尾

对于片尾艺术字的内容，我们使用"武汉欢迎您"；对于片头艺术字的背景，我们打算应用长江的风景图，以其来代表武汉的风景文化；对于片头艺术字的形式，我们打算应用与背景结合的形式，以背景的轮廓来显示出艺术字内容，最终效果图如图 19-34 所示。

图 19-34　片尾艺术字效果图

19.4.3　AI 扩图

在《AI·武汉》文旅视频中，如果网上没有找到能够实现镜头运动的关键帧，可以利用 AI 绘画的扩图功能来生成关键帧，从而实现镜头运动。利用 AI 绘画的扩图功能时应注意以下 3 点：

- ❑ 一致性：在扩图过程中需要保持与原图内容的一致性。
- ❑ 代表性：扩图后的内容应该为武汉的代表内容，避免出现其他地方的代表物。
- ❑ 合理性：扩图的内容应该是现实中存在的，避免出现非现实事物。

根据以上 3 点内容，我们对相关场景图进行扩图，这里以汉口江滩为例，我们主要运用的是 Midjourney 平台的扩图功能，具体操作可参考网上教程，此处不再赘述，最终效果图如图 19-35 所示。

扩图前　　　　　　　　　　　　扩图后

图 19-35　汉口江滩扩图效果图

其余片段的扩图流程一致，扩图效果如图 19-36 所示。

图 19-36　所有场景扩图效果图

19.5　视频制作

关键帧图片生成后，我们将进一步运用 AI 技术将这些静态图片序列巧妙地转化为生动流畅的视频内容，这里主要利用可灵 AI、即梦 AI 和 ComfyUI 视频工作流进行生成。在《AI·武汉》文旅视频中从以下 3 点来构思每个片段的生成内容：

- ❑ 镜头运动：主要运用起始帧的方法和自选运镜方法来生成运镜视频片段。
- ❑ 场景与少女融合：主要采用两种方法生成，一种是场景和少女独立生成视频片段，再将它们合并起来，另一种是先将少女与场景的关键帧合并在一起，再生成视频。
- ❑ 转场效果：主要利用相册转场素材进行转场，其次使用可灵 AI 的首尾帧功能和剪映中自带的转场效果进行转场。

本节将从控制人物运动、控制运镜方式和控制人物唱歌三个方面讲解视频制作方法。

19.5.1　控制人物运动

在《AI·武汉》文旅视频中，人物运动是最重要的环节。由于在生成的过程中人物运动十分不稳定，很容易发生扭曲变形，因此也是最困难的环节。在控制人物运动时应注意以下 3 点：

- ❑ 稳定性：在人物运动过程中，应尽可能保持人物运动的稳定性，避免其发生变形扭曲。
- ❑ 可实现性：在控制人物运动时，需要考虑当下 AI 的可实现性，因此应选择动作幅度较小的动作进行生成。
- ❑ 一致性：在运动的过程中，应尽量保持人物形象的一致性，至少保持脸部一致。

根据以上 3 点内容，我们对人物的运动方式进行控制，主要有两种方法，一种为"先分后合"，即场景和少女独立生成视频片段，再将它们合并起来，另一种为"合并生成"，即先将少女与场景的关键帧合并在一起，再生成视频。这里以黄鹤楼为例进行讲解。

1. 先分后合

鉴于当前动作引导类 AI 视频生成技术主要局限于处理透明背景的人物形象，我们采取了一种"先分后合"的策略来应对这一限制。具体来说，即先分别生成人物与背景的视频，随后将两者巧妙地合并，以产生所需的视频内容。OpenAI 提出其 Sora 模型可以实现此功能，但是并未向大众发布该功能，因此此类方法只能适用于更换人物视频背景的情况。

我们这里使用 ComfyUI 视频工作流中的 MimicMotion 工作流来生成少女运动的视频，具体操作可参考第 13 章的内容，此处不再赘述。

生成少女运动的视频后，我们将其导入剪映中，将其与黄鹤楼门前的图进行合并，从而生成相关片段。最后生成的视频效果并不好，由于两幅画面的相关参数不同，即使调整过相关参数，也可以很容易地看出合成的痕迹。

2. 合并生成

如果"先分后合"的方法难以生成满意的视频，那么可以采用"合并生成"的方法。

具体来说，先将人物和背景的关键帧融合在一起，随后让 AI 生成所需的视频。关键帧融合方法可参考场景设计的内容，此处不再赘述，这里使用可灵 AI 生成所需的视频片段。

需要注意的是，合并生成方法对于人物动作的控制效果并不好，所以生成的视频效果大多数是差强人意，而且该方法只能适用于人物动作幅度很小的情况。

因此，在实际应用中主要采用"先分后合"的方法，在一些人物动作幅度很小的情况下才使用"合并生成"方法。

19.5.2　控制运镜方式

在《AI·武汉》文旅视频中，运镜方式是提升视频观感的重要表现方式。在控制人物运动时应注意以下 3 点：

- ❏ 稳定性：在生成过程中，应尽可能保持镜头运动的稳定性，避免发生摇晃等问题。
- ❏ 一致性：镜头在运动过程中，应保持前后画面中有一样的事物，从而实现前后画面的过渡。
- ❏ 可实现性：在生成过程中，应尽可能选择当前 AI 能够实现的运镜方式。

根据以上 3 点，我们对运镜的控制方式主要有两种，分别为 AI 视频生成和 AI 扩图法。这里以黄鹤楼为例分别进行讲解。

1. AI 视频生成

这里主要利用即梦 AI 的图生视频功能，在调节参数时可以自行选择运镜方式，具体操作步骤如下：

（1）上传关键帧图像。在图 19-37 ①所示的区域上传黄鹤楼航拍的图片作为视频片段的第一帧。

（2）输入运镜方式关键词。在图 19-3 ②所示的区域输入运镜方式关键词，内容包括镜头运动方向、事物状态等，具体提示词为：镜头向前运动，物体保持不变。

（3）选择运镜方式。根据提示词内容可知，运镜方式应选择缩进，运动幅度可以选择小或中，如图 19-37 ③所示。这里不推荐选择大，因为会影响生成视频的效果。

（4）调节参数。在如图 19-37 ④所示的区域，运动速度推荐选择"适中"，生成时长可以选择生成 6 秒以上，具体看实际情况。

（5）生成视频。单击如图 19-37 ⑤所示的"生成视频"按钮，等待几分钟后便能生成视频。

2. AI 扩图法

除了使用 AI 视频平台外，也可以使用 AI 扩图法来控制运镜方式，具体操作如下：

（1）准备起始帧图。利用 AI 扩图工具将黄鹤楼中的景图扩大尺寸，从而得到黄鹤楼远景图。

（2）使用首尾帧功能。使用即梦 AI 的首尾帧功能，分别上传起始帧图，之后输入提示词并调节相关参数。

（3）生成视频。单击下方的"生成视频"按钮，等待几分钟后便能生成视频。

需要注意的是，AI 扩图方法的运镜方式较少，只能生成推进和拉远运镜方式的视频片段，所以推荐使用 AI 视频生成的方法。

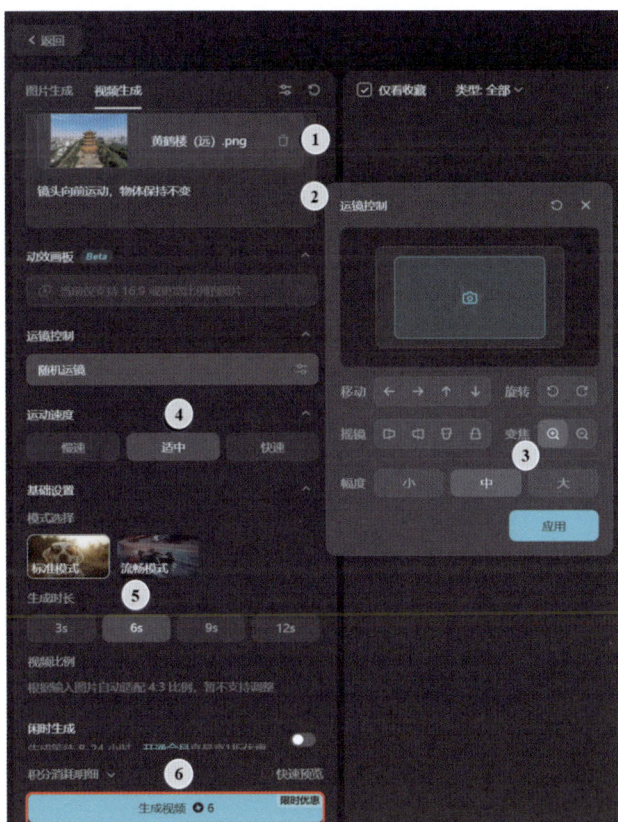

图 19-37　即梦 AI 具体操作图

19.5.3　控制人物唱歌

在《AI·武汉》文旅视频中，人物唱歌是主要环节，在控制人物唱歌时应注意以下 3 点：

- 稳定性：在人物唱歌过程中，应尽可能保持人物唱歌时脸型和嘴型的稳定性，避免其发生变形扭曲。
- 一致性：在人物唱歌过程中，应尽量保持人物口型与歌词内容的一致性。
- 可实现性：在控制人物唱歌时，需要考虑当下 AI 的可实现性，因此应选择分段式唱歌的方式进行生成。

根据以上 3 点内容，我们来控制人物唱歌的视频生成。我们主要使用通义千问（App）的"全民唱演"功能和 ComfyUI 视频工作流中的 LivePortrait 工作流来生成人物唱歌视频。LivePortrait 工作流的具体使用可参考第 13 章的内容，此处不再赘述。通义千问（App）的"全民唱演"功能具体操作如图 19-38 所示。

（1）进入"频道"页面，选择区域①中的"全民舞台"，单击区域②中的"自定义音频模板"按钮即可进入"自定义音频模板"页面。

（2）单击区域③中的"上传音视频"按钮上传生成的歌曲，歌曲时长为 2 ～ 10 秒，因此需要分段上传。

（3）单击区域④中的"演同款"按钮进入上传正脸照页面，然后上传正脸照，正脸照

281

的分辨率要求在 400×400-7000×7000。

（4）单击"立即生成"按钮，等待几分钟后便能生成视频。音频和正脸照要求如图 19-39 所示。

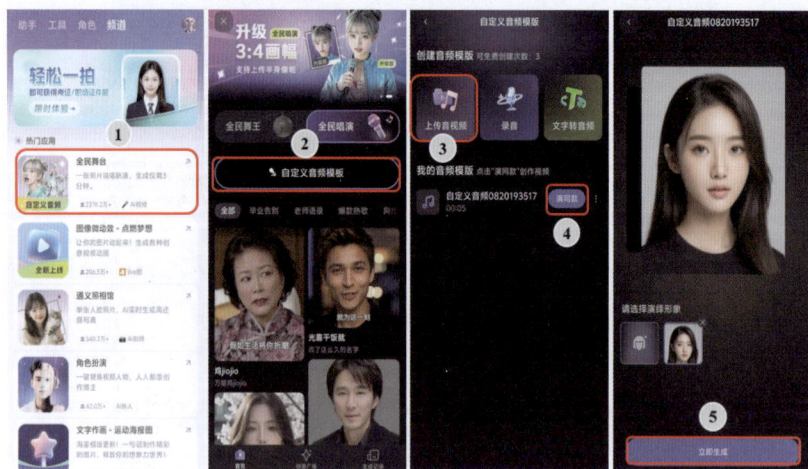

图 19-38　"全民唱演"操作步骤

图 19-39　音频和正脸照要求

19.6　添加声音

视频片段生成之后，接下来需要制作音频。在《AI·武汉》文旅视频中，音频内容主要包括背景音乐和氛围音效，因此我们从以下两点来构思音频内容：

❑ 背景音乐：宣传片主要以一首歌曲作为背景音乐。

❑ 氛围音效：在一些特定场景的视频片段中需要添加一些音效，从而提高视频的氛围感。例如，在播放长江大桥的航拍场景时，有一群小鸟飞过，这时就需要添加小鸟飞翔的相关音效，来提高画面的氛围感。

本节将从生成歌曲和氛围音效两个方面进行讲解。

19.6.1　生成歌曲

由于《AI·武汉》宣传片整体是以歌曲贯穿全片，因此我们需要制作歌曲。在《AI·武汉》文旅视频中，制作歌曲时应考虑以下 3 点：

❑ 歌词：歌词的主题应为武汉的代表场景，内容包括诗词、描述语句等。

❑ 旋律：由于制作的为宣传片，因此旋律主要以轻柔和欢快为主，可以在一些场景片段增添别的旋律，如在黄鹤楼场景的片段可以添加磅礴大气的旋律。

❑ 音色：由于宣传片的主要角色为少女"可可"，因此歌曲中的人声应选择稚嫩、柔美的少女音色。

接下来根据以上 3 点生成歌曲，这里主要使用 GPT 创作歌词，随后使用 Suno 创作歌曲。

1. 创作歌词

在创作歌词内容时，可以充分利用 GPT 的创作能力。在本案例中，我们让 GPT 生成一首歌曲，歌词内容包含脚本内容的 8 个场景。

我们以文心一言为例，使用提示词：假如你是一名歌手，请帮我写一首歌词内容包括黄鹤楼、武汉大学樱花、户部巷美食（热干面等）、长江大桥、湖北省博物馆、东湖风景区、汉口江滩和木兰文化生态旅游区，歌词内容按照上述顺序进行创作。

获得的歌词结果如下：

【歌名】江城绘梦

【副歌】
黄鹤楼上云轻绕，梦回千年古韵谣，
武大樱花笑春风，粉嫩了时光迢迢。
户部巷里烟火气，热干面香飘满街，
长江大桥跨天际，车水马龙绘新篇。

【第一节】
黄鹤一去不复返，楼空余白云间，
历史的风轻轻吹，吹过那古老砖檐。
登高望远心自宽，江城美景入眼帘，
每一砖每一瓦，诉说着岁月的故事篇。

【副歌】
武汉大学樱花雨，飘落青春的记忆，
粉白交织成梦境，漫步其中不思归期。
书声与花香交织，是青春最美的旋律，
在这片粉色的海洋里，我们曾轻轻相依。

【第二节】

户部巷深藏巷弄，美食香气诱人尝，

热干面热辣又鲜香，唤醒清晨的第一缕阳。

豆皮汤包滋味长，小吃摊前人如潮，

舌尖上的江城味道，是游子心中永远的乡。

【副歌】

长江大桥横跨江，钢铁巨龙舞飞扬，

车流不息人如织，见证时代的辉煌。

夜幕低垂灯火亮，两岸风光无限长，

每一盏灯火背后，是江城温柔的守望。

【桥段】

走进湖北省博物馆，历史长河缓缓淌，

曾侯乙编钟声声远，穿越千年响耳旁。

东湖碧波荡轻舟，山水间忘却烦忧，

自然与人文交响，绘出一幅和谐画轴。

【副歌＋尾声】

汉口江滩晚风轻，夕阳下波光粼粼，

漫步于此心宁静，江城美景醉人心。

木兰文化生态旅游区，英雄故事传千古，

青山绿水间寻梦，江城之恋永不落幕。

【尾声】

每一站都是风景，每一景皆是情深，

江城绘梦，梦回江城，爱在这里生根。

让我们携手共游，感受这方水土的温存，

江城之美，不言而喻，心中自有千千结。

2. 创作歌曲

歌词创作完后，接下来就可以来创作歌曲了。我们主要使用 Suno 来创作歌曲，其网址为 https://suno.com/about。Suno 有两种歌曲创作方式，第一种是简单的输入提示词，然后生成音乐，第二种是自定义歌曲并输入提示词进行创作。第一种方式非常简单不做介绍，此处阐述第二种创作方式，具体操作如下：

（1）自定义：进入 Suno 的音乐生成页面后，选择 Custom（自定义）模式即可开始歌曲自定义创作。

（2）输入歌词：可以自主创作歌词，也可以打开右上角的 Instrumental（乐器）功能只生成带有乐器的无歌词音乐。

（3）输入歌曲提示词：可以输入多个方面的提示词，从而全方位地控制生成歌曲的音乐风格。

（4）生成歌曲：输入完提示词后，就可以生成歌曲了，具体操作如图 19-40 所示。

图 19-40　Suno 具体操作

借助大模型和 Suno 平台，可以实现自主创作音乐，无论是歌词、乐器、节奏还是风格都能够自由更改。AI 音乐生成技术的出现无疑降低了音乐创作的门槛，无论是专业的音乐创作者，还是不懂乐理的普通音乐爱好者，都能借助 AI 音乐生成技术按照自己的想法独创音乐。

19.6.2　氛围音效

在一些特定场景片段中，我们需要添加一些氛围音效，从而提高视频的氛围感。在《AI·武汉》文旅视频中添加氛围音效时应考虑以下 3 点：

❑ 真实性：对于一些现实场景片段，应该添加真实的音效，如风声、雨声和鸟鸣等。

❑ 适用性：对于一些特定的场景片段，可选择的音效类型有很多，这时就需要挑选最合适的音效，因此要根据实际情况进行添加。

❑ 可实现性：在选择音效时，应考虑当前音效生成的技术。对于未达到自己需求的音效，应在其中选择最贴近需求的音效。

接下来根据以上 3 点内容添加音效。根据脚本内容可知，本宣传片需要添加的音效包括树随风摇曳的声音、风声、鸟儿飞翔的声音、街道吆喝的声音和人走路的声音等，具体添加方法有两种，分别为使用 AI 生成音效和挑选现成的音效。

1. 使用 AI 生成音效

在生成音效时，我们主要使用 Eleven labs 的 Sound Effects（音效功能）来生成音效，其网址为 https://elevenlabs.io/。下面以"汽车呼啸而过"为例，具体操作如下：

（1）在文本框中输入描述语，此处输入 a car whizzing by（一辆汽车呼啸而过）。

（2）进行参数设置，设置页面如图 19-41 所示，通过 Settings 可以控制生成的声音效果。通过 Duration 可以控制音效的生成时长。通过 Prompt Influence 可以控制提示词的影响程度，滑动条越往右移动，越接近描述的内容，越往左移动，生成的音效越富有创造性。

（3）生成的音效一共有 4 种效果，用户可以选择合适的音效进行下载。通过 AI 生成音效，可以直接合成想象中的音效。此种方式不仅能大大缩短制作音效和寻找音效的时间，同时可以获得更多富有创造性的音效，具体操作如图 19-42 所示。

图 19-41　Settings 设置页面

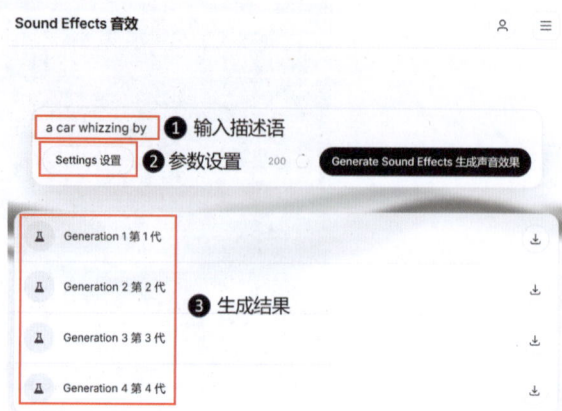

图 19-42　Eleven labs 具体操作

2. 挑选现成的音效

如果 AI 生成的音效不满足自己的需求，可以挑选现成的音效。我们主要在剪映的音效库中挑选合适的音效，如图 19-43 所示。

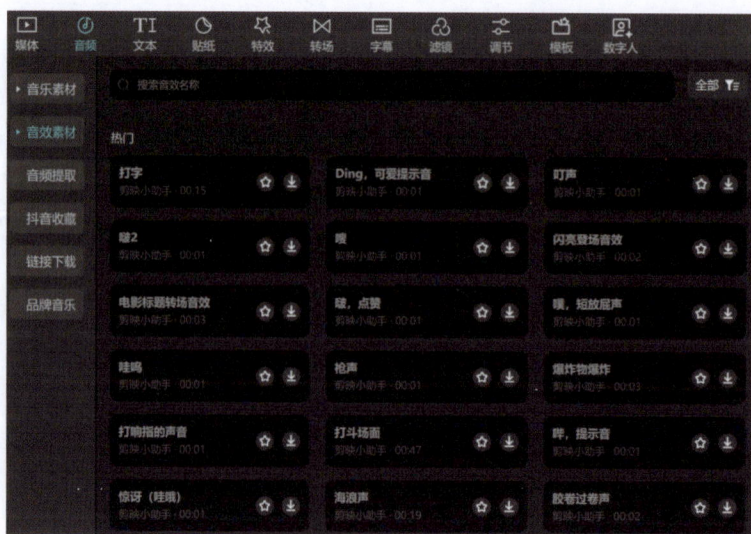

图 19-43　剪映音效素材库

最终需要添加的音效如表 19-3 所示。

表 19-3　添加的音效

场 景 片 段	音 效 名 称	作　　用
武汉大学樱花	风吹树叶晃动的哗哗声	与视频相呼应，增加樱花飘落的氛围感
户部巷美食	早市叫卖声	与视频相呼应，增加街道的繁华感
长江大桥	鸟儿拍打翅膀飞翔的声音	与视频相呼应，增加鸟儿飞翔的真实感
东湖绿道	跑步的脚步声	与视频相呼应，增加少女跑步的真实感
汉口江滩	湖泊的水声、风吹海浪声	与视频相呼应，增加汉口江滩水流动的真实感

19.7　后期制作

所有前期准备工作完成后，接下来就进入后期制作阶段，后期制作是制作文旅视频的重要环节。在《AI·武汉》文旅视频中，我们从以下两点来构思如何进行后期制作。

❑ 剪辑片段顺序：在进行后期制作前，需要合理规划剪辑片段的顺序，以提高效率。

❑ 视频质量：在进行后期制作过程中应排除所有视频中存在的问题，如去除穿帮镜头等，以此保证视频的质量。

本节将从剪辑和后期处理两个方面进行讲解。

19.7.1　剪辑

在《AI·武汉》文旅视频中，剪辑是后期制作最重要的环节，在剪辑时应注意以下3点：

❑ 流畅度：应保证在播放视频时视频能够十分流畅地进行播放。

❑ 对齐度：在剪辑的过程中应保证歌词内容与场景片段对齐。

❑ 观赏性：在剪辑的过程中可以在片段与片段之间适当增加转场效果，从而提高视频的观赏性。

根据以上3点内容，我们对宣传片进行剪辑。转场效果除了可以在剪映库中挑选以外，也可以自己制作，下面介绍一种简单的开场转场效果的制作方法。

此开场效果就像幕布拉开的效果一样，具体制作步骤如下：

（1）添加黑底素材。在第一段视频上方的轨道中添加一段黑底素材，将它的位置移动到遮挡画面上下方位置的一半即可。

（2）制作关键帧动画。单击基础页面右上角的关键帧，然后将时间轨道的时间线调节到1秒后的位置，紧接着将黑底素材拉到画面外，以显示所有画面。随后复制黑底素材到上面的时间轨道，操作一致，只是调整方向相反，具体操作如图 19-44 所示。

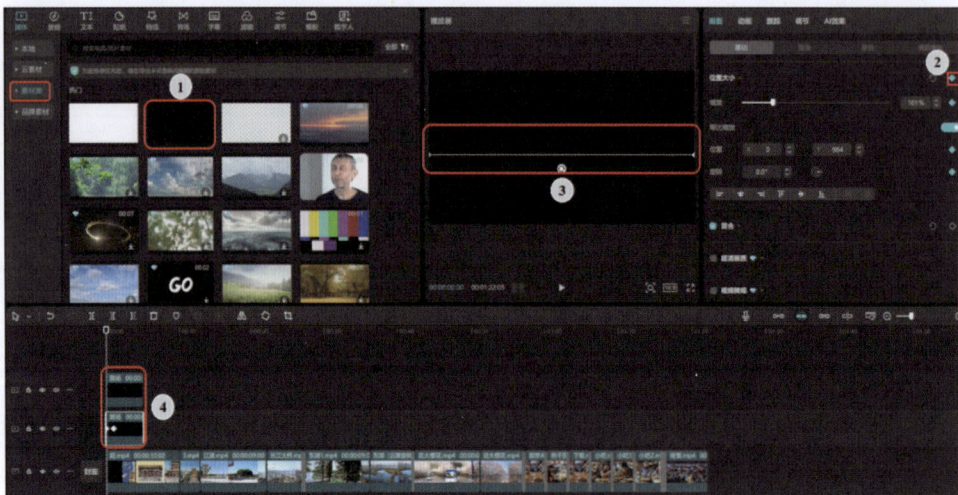

图 19-44　开场效果制作

19.7.2　后期处理

在《AI·武汉》文旅视频中，后期处理是后期制作的最后环节，同样也十分重要，在剪辑时应注意以下两点：

- ❑ 字幕内容：在编辑字幕时应仔细检查字幕的内容，以免出现错别字影响观感。
- ❑ 视频整体色彩：在完成视频的制作后，应让所有视频片段都统一色彩，以免影响观感。

根据以上两点内容对本宣传片进行后期处理。这里主要讲解宣传片的字幕内容，视频色彩整体来说并无区别。

如果不想自己制作字幕，可以使用剪映中的一键生成字幕的功能。该功能有两种形式，一种是识别字幕，另一种是文稿匹配，具体内容如下：

- ❑ 识别字幕是指根据"识别上传音频"中的人声自动在相应的位置生成字幕，该功能目前支持中文、英语、日语和韩语 4 种语言，并且每个月只能免费使用 5 次，次数用完后就要等下月。该功能只适用于人声十分清晰的歌曲，并且生成的字幕内容出现错别字的概率较大。
- ❑ 文稿匹配是指根据输入的音频文案自动在音频对应的位置生成字幕，该功能可以无限使用，由于是自行输入音频文案，因此生成的字幕出现错别字的概率较低。

以上两个功能不论使用哪一个，最终呈现的字幕格式都是系统默认的格式，因此后续需要自行调节字幕的格式。

附录 A

AI 视频平台与工具列表

　　下面将所有在线视频平台与工具整理成一个表格，并给出各个平台与工具的链接、功能与评价，供读者快速查找合适的在线平台与工具。

表 A-1　在线 AI 视频平台与工具

工　具	链　接	功　能	评　价
腾讯智影	https://zenvideo.qq.com/	文章转视频、文本配音、数字人播报、数字人与音色定制、字幕识别、智能抹除、智能横转竖、智能变声、视频解说	可在线使用，功能较多，操作简单，视频生成效果一般
秒创	https://aigc.yizhentv.com/index.html	图文转视频、数字人播报、文字转语音、AI 作画	可在线使用，功能多样，操作简单，生成效果较好
剪映	https://www.capcut.cn/	图片成文、智能裁剪、智能变声、音乐 / 字幕识别	可在线使用，操作简单，功能丰富，生成速度快，效果一般
Runway	https://app.runwayml.com/	文字转视频、镜头动态化、自动配音、动态笔刷、视频修复	登录使用，功能多样，完整功能收费，操作简单，生成效果较好
Pika	https://pika.art/home	文字转视频、图片转视频、智能识别元素、镜头动态化	登录使用，功能多样，特定功能收费，操作简单，生成效果较好
HeyGen	https://www.heygen.com/	视频解说、智能变声、数字人播报、自定义角色	生成背景单一，特定功能收费，无版权问题，操作简单，生成效果较好
度加创作工具	https://aigc.baidu.com/	文案转视频、图片转视频	需登录使用，功能全免费，操作简单，生成速度快，生成效果较差
快手云剪	https://onvideo.kuaishou.com/	文章生视频、语音转视频、图片转视频、音乐 / 字幕识别、视频去抖、图片美化、智能封面生成	可在线使用，操作简单，生成速度快，生成效果较差

续表

工 具	链 接	功 能	评 价
剪辑魔法师	https://www.xunjieshipin.com/jianjimofashi	视频合并/分离/压缩、视频加/去水印、人像抠图、文字转语音、音视频转换、画面裁切、文字转语音、声音提取	需下载使用，操作简捷，功能多样且强大，特定功能收费，生成效果较好
万彩 AI	https://ai.kezhan365.com/?from=microvideo	图文转视频、AI换脸、文案仿写、数字人、AI生成标题、AI写真、公众号创作	可在线使用，特定功能收费，功能多样，生成效果一般
33 搜帧	https://fse.agilestudio.cn/	文本转视频、智能裁剪	需下载使用，部分收费，操作简单，视频素材丰富
Q.AI	https://ai.cue.group/	文本转视频、文本转图片、数字人播报	可在线使用，海量素材库，生成速度快，生成效果一般
Fliki	http://fliki.ai	文本转视频、视频剪切、语音提供方言、增减视频时长、自定义视频风格	注册登录使用，特定功能收费，视频风格多样，生成效果较好
Genmo	https://www.genmo.ai/	文本转视频、图片转视频	可在线使用，操作简单，特定功能收费，生成效果较好
Synthesia	https://www.synthesia.ai	文本转视频、图片转视频	需登录使用，生成效果一般
Synthesys	https://www.synthesys.ai/	文本转语音、数字人播报、文本转视频	需登录使用，生成效果一般
Lumen5	https://lumen5.com	文本转视频、文章链接转视频	需登录使用，特定功能收费，素材模板多样，操作简单，生成效果一般
Artflow	https://app.artflow.ai/	图文转视频、数字人播报	登录使用，特定功能收费，生成效果较好
Invideo	http://ai.invideo.io	文本转视频、后期编辑、更换配音、自定义视频模版	视频素材丰富，功能强大，满足个性化需求，操作简单，生成效果较好
Picory	https://pictory.ai/	文本转视频、自定义配/字幕、智能配音	登录使用，功能多样，操作简单，特定功能收费，视频质量一般
Deepbrain.AI	https://www.deepbrain.io/	多国语言更换、文章转视频、文档转视频、转换PPT、链接转视频	登录使用，功能强大，特定功能收费，生成速度较快
Veed	https://www.veed.io/	数字人播报、智能语音识别转换、语音克隆	可在线使用，功能多样，生成效果一般
Elai	https://elai.io/	文本转视频、文本转语音	登录使用，特定功能收费，生成效果一般
Colossyan	https://www.colossyan.com/	数字人播报、文本转视频、自定义音乐/视频背景	需登录使用，特定功能收费

工　具	链　接	功　能	评　价
Domo AI	https://domoai.app/	图文转视频	需登录使用
Opus Clip	https://www.opus.pro/	文本转视频、AI 视频评分、智能裁剪	需登录使用，功能丰富且强大，特定功能收费，生成效果较好
可灵 AI	https://klingai.kuaishou.com/	AI 绘画出图、AI 视频（文生视频和图生视频）	需登录使用，特定功能付费使用，生成效果好
即梦 AI	https://jimeng.jianying.com/	AI 绘画出图、AI 视频（文生视频和图生视频）	需登录使用，特定功能付费使用，生成效果好
PixVerse V2	https://app.pixverse.ai/	AI 视频（文生视频和图生视频）	需登录使用，特定功能付费使用，生成效果好
清影	https://chatglm.cn/video/	AI 视频（文生视频和图生视频）	需登录使用，特定功能付费使用，生成效果好
Luma AI	https://lumalabs.ai/dream-machine	AI 视频（文生视频和图生视频）	需登录使用，特定功能免费使用，生成效果好，但视频不允许商用，如果商用则需要充值一定费用

参 考 文 献

[1] 猫先生. AIGC ｜一文梳理「AI 视频生成」技术核心基础知识和模型应用 [EB/OL].
[2023-12-20]. https://mp.weixin.qq.com/s/KQJF2FxyTiIB62doiBBAzQ.

[2] Xing Z，Feng Q，Chen H，et al. A Survey on Video Diffusion Models[J]. ACM Computing
Surveys，2024..

[3] 烽火研报. 2024 年自动驾驶行业报告：Sora 技术引领未来趋势 [EB/OL]. [2024-05-21].
https://www.fhyanbao.com/article/kEGCKQf6.

[4] 赵可傲，韩菲琳. 面向 AIGC 的文生视频应用进展与对比分析 [J]. 现代电影技术，
2024(6)：31-38.

[5] 甘南. AI 和短剧接连冲击，电影行业如何应对 [EB/OL]. [2024-04-22]. http://www.
news.cn/ent/20240422/e9e1fbe3471345cca0c17670faadfb73/c.html.

[6] 每经影视. "远不是一键成片那么简单" AI 影视作品侵权第一案原告发声 [EB/OL].
[2024-06-02]. https://mp.weixin.qq.com/s/t1L8kwOgvGHVhJyBvLJf_w.

[7] 艾奇 SEM. 抵制 AI 入侵，好莱坞全面大罢工 | 一周资讯 [EB/OL]. [2023-07-17].
https://www.sohu.com/a/700857437_329837.

[8] 刘承. 63 年来首次全面停摆！好莱坞大罢工抵制 "AI 入侵" [EB/OL]. [2023-07-20].
https://www.163.com/dy/article/IA39J8LJ0519H3QD.html.

[9] 孔海丽，芦子衿. "国产 Sora" 落地提速 AI 改写视频产业链 [EB/OL]. 21 世纪经济报道，
[2024-06-25]. https://www.21jingji.com/article/20240625/herald/327b7952cfde563960c6e
113d36cd955.html.

[10] 黄丽. 人工智能生成内容著作权保护的行为规制模式——以 Sora 文生视频为例 [J]. 新
闻界，2024：1-15. https://doi.org/10.15897/j.cnki.cn51-1046/g2.20240703.001.

[11] 德里克文. AI 不是侵权助手，AI 时代影视版权第一案立案！[EB/OL]. [2024-05-13].
https://mp.weixin.qq.com/s/6-FOIkGTXRHN4oP5cCeleQ.

[12] 许靖. 深度视频生成和伪造检测技术研究 [D]. 合肥：中国科学技术大学，2022.

[13] 辜居一. 中国近年来研究与创作人工智能绘画的基本现状综述 [EB/OL]. [2019-10-27].
https://mp.weixin.qq.com/s/qMS7u9Ywtzd3ns-waMHdUQ.

[14] 石濑.《山海奇镜》全网刷屏背后：一个传统影视人要做一家 AI 原生公司 |AI 新榜对
话 [EB/OL]. [2024-07-18]. https://mp.weixin.qq.com/s/Vj-NMDg7kzLd1a3fKxBwg.

[15] Zhou P，Wang L，Liu Z，et al. A survey on generative ai and llm for video generation,
understanding, and streaming[J]. arXiv preprint arXiv：2404.16038，2024.

[16] Hou X，Sun K，Shen L，et al. Improving Variational Autoencoder with Deep Feature
Consistent and Generative Adversarial Training[J]. Neurocomputing，2019，341：183-
194.

[17] Cho J，Puspitasari F D，Zheng S，et al. Sora as an agi world model? a complete survey on text-to-video generation[J]. arXiv preprint arXiv：2403.05131，2024.

[18] Vahdat A，Kreis K. Improving diffusion models as an alternative to GANs [EB/OL]. [2022-04].https://developer.nvidia.com/zh-cn/blog/improving-diffusion-models-as-an-alternative-to-gans-part-1/.

[19] Alexey D. An image is worth 16x16 words: Transformers for image recognition at scale[J]. arXiv preprint arXiv：2010.11929，2020.

[20] Melnik A，Ljubljanac M，Lu C，et al. Video Diffusion Models: A Survey[J]. arXiv preprint arXiv：2405.03150，2024.

[21] Ho Jonathan，Salimans Tim，Gritsenko A，et al. Video Diffusion Models[J]. Advances in Neural Information Processing Systems，2022，35：8633-8646.

[22] Peebles W，Xie S. Scalable diffusion models with transformers[C]//Proceedings of the IEEE/CVF International Conference on Computer Vision. 2023：4195-4205.

[23] 彩色蚂蚁. 通俗深入的理解 Sora 的架构原理 [EB/OL]. 大数据论文和项目解读专栏，[2024-03-07]. https://mp.weixin.qq.com/s/wvO7E7lr9Q1AKPPHTULUtA.